热带气候动力学引论

李天明　徐邦琪　著

科 学 出 版 社

北　京

内 容 简 介

本书主要关注热带气候动力学的基本理论和机制。首先，介绍热带大气和海洋的简单动力模型；然后，讨论海气相互作用对热带气候态形成的影响，介绍季节内振荡的观测结构、演化特征和传播生成机制等；最后，向读者展示热带气旋的生成机理，介绍 ENSO 和季风的动力学原理及海气相互作用。本书图文并茂，附有问题，不仅能加深大气科学相关专业的学生对关于气候动力学基本知识的认知，更能使学生掌握大气科学、海洋科学领域中的科学研究方法（访问科学书店 www.ecsponline.com，检索图书名称，在图书详情页“资源下载”栏目中可获取本书附带学习资料）。

本书可作为大气科学、海洋科学等相关专业高年级本科生及研究生的教材。

图书在版编目（CIP）数据

热带气候动力学引论/李天明，徐邦琪著. —北京：科学出版社，2017.11

ISBN 978-7-03-055018-7

Ⅰ. ①热… Ⅱ. ①李…②徐… Ⅲ. ①热带气候–研究 Ⅳ. ①P462

中国版本图书馆 CIP 数据核字（2017）第 264069 号

责任编辑：王腾飞 曾佳佳 高慧元 / 责任校对：樊雅琼

责任印制：张 伟 / 封面设计：许 瑞

科学出版社 出版

北京东黄城根北街 16 号

邮政编码：100717

http://www.sciencep.com

北京建宏印刷有限公司 印刷

科学出版社发行 各地新华书店经销

*

2017 年 11 月第 一 版 开本：720 × 1000 1/16

2023 年 5 月第四次印刷 印张：13

字数：262 000

定价：99.00 元

（如有印装质量问题，我社负责调换）

前　　言

本书部分内容曾作为夏威夷大学、台湾大学、南京信息工程大学研究生的上课讲义。

本书主要内容包括：①热带大气和海洋的基本动力学；②简单和中等复杂的大气及海洋模型；③观测中热带大气和海洋的主要模态；④这些模态的理论和机制。

本书特别关注以下几个热带模态的海气相互作用和物理过程。①热带的气候平均态。例如，热带辐合带（Intertropical convergence zone，ITCZ）关于赤道的不对称性，以及赤道海温和风场的年循环。②西北太平洋热带气旋的生成和天气尺度变率。③大气季节内振荡，包括赤道热带季节内振荡（Madden-Julian Oscillation，MJO）和北半球夏季季节内振荡(Boreal Summer Intra-seasonal Oscillation，BSISO)的移动和触发。④ENSO（El Niño Southern Oscillation）和印度洋偶极子的机理。⑤季风变率。

本书着重介绍并讨论了许多理论和观点来增进学生对观测现象的理解。作者李天明教授在夏威夷大学休年假时，到台湾大学大气科学系讲授此课，由于有众多来自其他大学的学生听课，课堂不得不移到演讲厅。有位从事中尺度气象研究的博士生对李天明教授说："假如早些知道热带气候动力学如此有趣，我会选择气候动力作为我博士论文的主题。"李天明教授在南京信息工程大学授课时，约有150 位研究生和年轻教师听课，为了能坐在前排座位，许多学生提前半小时便来到教室等待。

作者希望本书不仅能加深大气科学相关专业学生对气候动力学基本知识的认知，更重要的是能帮助学生掌握大气科学、海洋科学领域中的科学研究方法。

由于作者水平有限，书中难免会有疏漏之处，恳请广大读者批评指正。

致　谢

本书作者深切感谢 Bin Wang 教授分享他的赤道波动动力学讲义，也要感谢 George Philander、Bin Wang、C. P. Chang 教授长期以来的合作与支持。本书得到了以下项目和课题的资助：国家重点基础研究发展计划（973 计划）“热带和中高纬季节内振荡的动力机理及延伸期预报方法研究（2015CB453200）”、国家自然科学基金重点项目“影响 ENSO 强度和不对称演变的机理研究（41630423）”、国家自然科学基金面上项目“DYNAMO 国际观测计划期间 MJO 对流触发的动力机理分析及多模式比较（41475084）”、美国国家自然科学基金（AGS-1565653）、江苏省基础研究计划重点项目“江淮流域灾害性天气的延伸期预报方法研究（BK20150062）”、江苏高校品牌专业建设工程资助项目（TAPP）、江苏省双创团队 R2014SCT001 和江苏省高等教育优势学科（PDPA）。

本书的 SOEST 贡献号为 10050，IPRC 贡献号为 1261，ESMC 贡献号为 164。本书英文版 *Fundamental of Tropical Climate Dynamics* 将在 Springer 出版。

目　　录

第 1 章　热带大气和海洋的简单动力模型

1.1　赤道 β 平面近似下自由波动的解

本节将讨论在赤道 β 平面假设下，线性化浅水模型中自由波动的解（Matsuno，1966）。线性化浅水模型的控制方程组可写为

$$\frac{\partial u}{\partial t} - \beta y v = -\frac{\partial \phi}{\partial x} \tag{1.1a}$$

$$\frac{\partial v}{\partial t} + \beta y u = -\frac{\partial \phi}{\partial y} \tag{1.1b}$$

$$\frac{\partial \phi}{\partial t} + C_0^2\left(\frac{\partial u}{\partial x} + \frac{\partial v}{\partial y}\right) = 0 \tag{1.1c}$$

其中，C_0 表示重力波速。该线性化的浅水模型方程组适用于描述在基本流为静止的情况下，具有不同垂直结构模态的解，C_0 的数值不同对应不同的垂直结构（详见 1.2 节），$C_0 = 50\text{m/s}$ 对应大气中的第一个斜压模态，$C_0 = 2.5\text{m/s}$ 对应海洋中的第一个斜压模态。

式（1.1）中共有两个参数——β 和 C_0，用来构建两种内部尺度参数：一个长度尺度参数 $L = \sqrt{C_0 / \beta}$（赤道罗斯贝波变形半径），以及一个时间尺度参数 $\tau = 1/\sqrt{\beta C_0}$。设 C_0 为速度尺度参数，则 C_0^2 为 ϕ 的尺度参数。利用以上特征尺度参数，式（1.1）可以改写为以下无量纲化的方程组：

$$\frac{\partial u'}{\partial t'} - y'v' = -\frac{\partial \phi'}{\partial x'} \tag{1.2a}$$

$$\frac{\partial v'}{\partial t'} + y'u' = -\frac{\partial \phi'}{\partial y'} \tag{1.2b}$$

$$\frac{\partial \phi'}{\partial t'} + \frac{\partial u'}{\partial x'} + \frac{\partial v'}{\partial y'} = 0 \tag{1.2c}$$

式（1.2）中的一撇表示无量纲化的变量。当侧边界条件为 y 趋近于无穷大时，解有界（即 u'、v'、ϕ' 为有限数值）。

1.1.1 赤道开尔文波

首先，讨论式（1.2）对应的一个特殊解，即当经向速度永远为 0 时（即 $v' \equiv 0$）方程的解。此时，式（1.2）可化为

$$\frac{\partial u'}{\partial t'} = -\frac{\partial \phi'}{\partial x'} \tag{1.3a}$$

$$y'u' = -\frac{\partial \phi'}{\partial y'} \tag{1.3b}$$

$$\frac{\partial \phi'}{\partial t'} + \frac{\partial u'}{\partial x'} = 0 \tag{1.3c}$$

式（1.3b）表示纬向风和经向气压梯度在赤道及赤道附近始终满足地转平衡。式（1.3a）和式（1.3c）共同得到一个波动方程：

$$\frac{\partial^2 u'}{\partial t'^2} - \frac{\partial^2 u'}{\partial x'^2} = 0$$

以上波动方程对应的一个通解形式为

$$u' = F(x' \mp t')Y(y')$$

其中，F 是一个任意函数。将该波解代入式（1.3a）可得

$$\phi' = \pm u'$$

将以上解代入式（1.3b）可得

$$y'Y(y') \pm \frac{\mathrm{d}Y}{\mathrm{d}y'} = 0$$

以上方程对应的解为

$$Y(y') = Y(0)\mathrm{e}^{\mp y'^2/2}$$

注意以上解中只有“−”对应的情况满足有限侧边界条件，因此式（1.3）对应的唯一有物理意义的解的无量纲化表达式为

$$u' = \phi' = F(x' - t')\mathrm{e}^{-y'^2/2}$$

而有量纲的表达式为

$$u = \phi / C_0 = F(x - C_0 t)\mathrm{e}^{-\beta y^2/(2C_0)}, \quad v \equiv 0 \tag{1.4}$$

式（1.4）代表的波解称为赤道开尔文波，控制方程式（1.3）与沿岸开尔文波的控制方程形式完全一样，只是这里的科里奥利力用 βy 表示。赤道开尔文波有以下特征。

（1）赤道开尔文波向东移动，其位相速度为重力波速 C_0。

（2）开尔文波振幅最大集中在赤道上，并以 e-折尺度 $\sqrt{2C_0/\beta}$ 向两极递减。对于大气中的第一个斜压模态，$C_0 \approx 50\ \mathrm{m/s}$，$\sqrt{2C_0/\beta} \approx 2000\ \mathrm{km}$，而对于海洋

中的第一个斜压模态，$C_0 \approx 2.5\ \mathrm{m/s}$，$\sqrt{2C_0/\beta} \approx 460\mathrm{km}$。越高阶的斜压模态对应的开尔文波振幅向赤道集中的程度越显著。

（3）$v=0$，而 u 与 ϕ 精确地满足地转平衡。在北（南）半球，面朝移动的方向，高压在右（左）。

（4）开尔文波是非频散波，因为 F 代表任意的波包，在传播时波形保持不变。这意味着群速度与相速度相等，即能量传播速度也是 C_0。

（5）物理上，科里奥利参数在赤道两侧变号，使开尔文波气压场（或位势高度场）在赤道两侧堆集。赤道可看成一无形的边界。这揭示了赤道具有类似波导的作用。

图 1.1 给出赤道开尔文波对应的纬向速度和气压的水平结构特征。

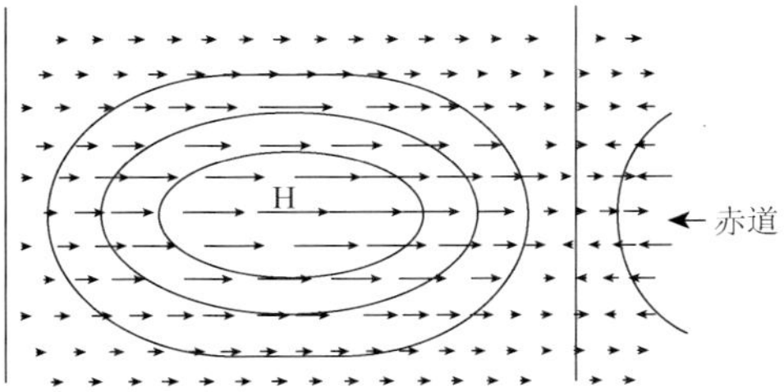

图 1.1　特征解对应的气压和速度分布（Matsuno，1966）

1.1.2　广义的频散关系

以下讨论当经向速度不为 0 时方程对应的解的形式。由于式（1.2a）～式（1.2c）的系数依赖于 y，可以将波解中对应 x 方向和 y 方向的部分进行分离。因此，波解可设为如下形式：

$$(u',v',\phi') = \mathrm{Re}(U(y),V(y),\Phi(y))\mathrm{e}^{\mathrm{i}(kx-\omega t)}$$

侧边界条件为当 $y \to \pm\infty$ 时，$U(y)$、$V(y)$、$\Phi(y)$ 有界。

将以上波解形式代入式（1.2）可得

$$-\mathrm{i}\omega U - yV = -\mathrm{i}k\Phi \tag{1.5a}$$

$$-\mathrm{i}\omega V + yU = -\mathrm{d}\Phi / \mathrm{d}y \tag{1.5b}$$

$$-\mathrm{i}\omega\Phi + \mathrm{i}kU + \mathrm{d}V / \mathrm{d}y = 0 \tag{1.5c}$$

将 U 和 Φ 消掉，得到一个关于 V 的方程。根据式（1.5a）和式（1.5c）求解 U 和 Φ 可得到

$$U = \frac{1}{k^2-\omega^2}\left(\mathrm{i}k\frac{\mathrm{d}V}{\mathrm{d}y} - \mathrm{i}\omega yV\right) \tag{1.6a}$$

$$\Phi = \frac{1}{k^2 - \omega^2}\left(\mathrm{i}\omega\frac{\mathrm{d}V}{\mathrm{d}y} - \mathrm{i}kyV\right) \tag{1.6b}$$

将式（1.6a）和式（1.6b）代入式（1.5b）可得

$$\frac{\mathrm{d}^2V}{\mathrm{d}y^2} + \left[(\omega^2 - k^2) - \frac{k}{\omega} - y^2\right]V = 0 \tag{1.7}$$

注意在推导式（1.6a）和式（1.6b）的过程中，假设$k^2 \neq \omega^2$。

式（1.7）与简谐振动的薛定谔（Schrodinger）方程相同，只有当$\omega^2 - k^2 - k/\omega$等于一个正的奇数时，才满足侧边界条件。即

$$\omega^2 - k^2 - k/\omega = 2m + 1,\quad m = 0,1,2,\cdots \tag{1.8}$$

式（1.7）的解为

$$V(y) = V_m(y) = \mathrm{e}^{-y^2/2}H_m(y),\quad m = 0,1,2,\cdots \tag{1.9}$$

其中，$H_m(y) \equiv \sum_{l=0}^{m/2}\frac{(-1)^l m!}{l!(m-2l)!}(2y)^{m-2l}$是$m$阶的Hermite多项式：

$$\frac{\mathrm{d}^2H}{\mathrm{d}y^2} - 2y\frac{\mathrm{d}H}{\mathrm{d}y} + 2mH = 0$$

$H_m(y)$多项式的前6阶分别为

$$H_0(y) = 1,\quad H_1(y) = 2y$$

$$H_2(y) = 4y^2 - 2,\quad H_3(y) = 8y^3 - 12y$$

$$H_4(y) = 16y^4 - 48y^2 + 12,\quad H_5(y) = 32y^5 - 160y^3 + 20y$$

$H_m(y)$有如下特性：

$$\int_{-\infty}^{\infty} H_m(y)H_n(y)\mathrm{e}^{-y^2}\mathrm{d}y = \begin{cases} 0, & m \neq n \\ 2^m m!\sqrt{\pi}, & m = n \end{cases} \tag{1.10}$$

设$V_m(y) \equiv \mathrm{e}^{-y^2/2}H_m(y)/\sqrt{2^m m!\sqrt{\pi}}$，则有

$$\int_{-\infty}^{\infty} V_m(y)V_n(y)\mathrm{d}y = \begin{cases} 0, & m \neq n \\ 1, & m = n \end{cases} \tag{1.11}$$

需要指出的是，当m为偶数（奇数）时，$V_m(y)$关于赤道对称（反对称）。在区域$(-\infty,\infty)$内有m个波节。其中，$y = \sqrt{2m+1}$是经圈上的拐点。$V_m(y)$在$|y| < \sqrt{2m+1}$的范围内振荡，而当$|y| > \sqrt{2m+1}$时单调递减。因此，阶数越低的模态振幅越集中在赤道上。

1.1.3　水平结构

经向速度$V(y)$的第m阶特征解$V_m(y)$在式（1.9）中有描述。$U(y)$和$\Phi(y)$可

以利用以下 Hermite 多项式的迭代关系，通过式（1.6a）和式（1.6b）得到

$$\frac{\mathrm{d}H_m(y)}{\mathrm{d}y} = 2mH_{m-1}(y)$$

$$H_{m+1}(y) = 2yH_m(y) - 2mH_{m-1}(y)$$

当 $m \geqslant 1$ 时，u'、ϕ' 和 v' 场可以写为

$$v'_m = \mathrm{Re}\, V_m(y)\mathrm{e}^{\mathrm{i}(kx-\omega t)}$$

$$u'_m = \mathrm{Re}\frac{\mathrm{i}}{2}\left(\frac{V_{m+1}}{\omega - k} + \frac{2m}{\omega + k}V_{m-1}\right)\mathrm{e}^{\mathrm{i}(kx-\omega t)}$$

$$\phi'_m = \mathrm{Re}\frac{\mathrm{i}}{2}\left(\frac{V_{m+1}}{\omega - k} - \frac{2m}{\omega + k}V_{m-1}\right)\mathrm{e}^{\mathrm{i}(kx-\omega t)}$$

1.1.4　频散关系图

式（1.8）是无量纲化的频散方程，描述了无量纲化的波数和频率的关系。为了不失普遍性，指定 ω 总是为正，而 k 可以为正（对应东移）也可以为负（对应西移）。图 1.2 给出频率 ω 和 k 的关系图。

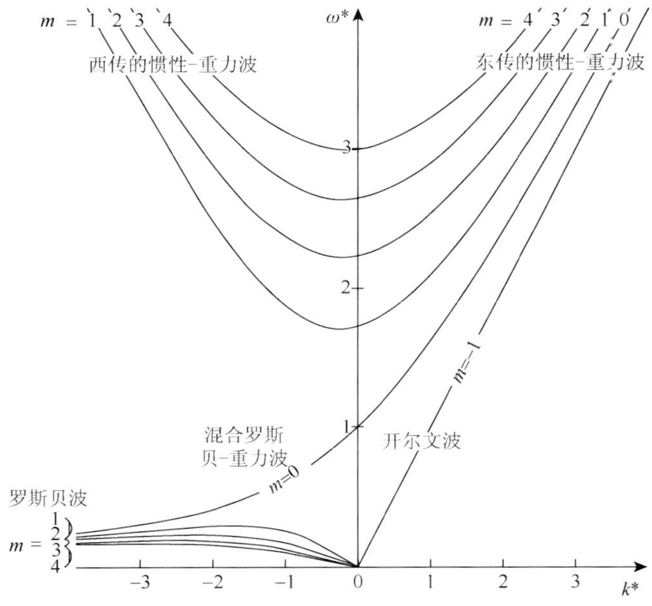

图 1.2　赤道波动（最高为 $m = 4$ 阶）对应的频散曲线图（Kiladis et al.，2009）

y 轴对应无量纲化的频率 ω；x 轴对应无量纲化的纬向波数 k

频散方程式（1.8）指出赤道附近存在三种不同的自由波动。

首先讨论当$m \geqslant 1$时的情形。频散方程可写为

$$k_m = -\frac{1}{2\omega} \pm \sqrt{\omega^2 + 1/4\omega^2 - (2m+1)}, \quad m = 1,2,3,\cdots$$

对于自由波动，纬向波数必须是一个实数（纬向波数为虚数意味着波动的振幅随x轴呈e指数衰减或增长）。为了使k为实数，必须满足

$$\omega^2 + \frac{1}{4\omega^2} - (2m+1) \geqslant 0$$

因此有

$$\omega \geqslant \sqrt{\frac{m+1}{2}} + \sqrt{\frac{m}{2}} \geqslant 1 + \frac{1}{\sqrt{2}}, \quad m = 1,2,\cdots \tag{1.12a}$$

或

$$\omega \leqslant \sqrt{\frac{m+1}{2}} - \sqrt{\frac{m}{2}} \leqslant 1 - \frac{1}{\sqrt{2}}, \quad m = 1,2,\cdots \tag{1.12b}$$

式（1.12a）和式（1.12b）对应两组不同的波动：一组为高频波动（$\omega \geqslant 1 + 1/\sqrt{2}$）；另一组为低频波动（$\omega \leqslant 1 - 1/\sqrt{2}$）。

频散方程式（1.8）两边同时对k求微分，可以得到纬向群速度的表达式为

$$C_{gx} \equiv \frac{\partial \omega}{\partial k} = \frac{2k\omega + 1}{2\omega^2 + k/\omega}$$

当$2k\omega = -1$时，有

$$C_{gx} = 0 \tag{1.13}$$

如果在图 1.2 中画出$2k\omega = -1$的曲线，它与频散曲线的交叉点位于频率的极值处，其中

$$\omega_{\text{extrema}} = \begin{cases} \sqrt{\dfrac{m+1}{2}} + \sqrt{\dfrac{m}{2}}, & \text{高频模态} \\ \sqrt{\dfrac{m+1}{2}} - \sqrt{\dfrac{m}{2}}, & \text{低频模态} \end{cases}$$

交叉点代表高频波和低频波的纬向群速度为 0。

1.1.5　低频赤道罗斯贝波

对于低频的波动，无量纲化的频率小于$1 - 1/\sqrt{2} \approx 0.29$，对应有量纲的频率为$\omega_* \leqslant 0.29\sqrt{\beta C_0}$。对于大气中的第一个斜压模态，$C_0 = 50\ \text{m/s}$，对应频率$\omega_* \leqslant 10^{-5}\text{s}^{-1}$或周期$T_* \geqslant 7.3\ \text{d}$；对于海洋中的第一个斜压模态，$C_0 = 2.5\text{m/s}$，对应频率$\omega_* \leqslant 2.15 \times 10^{-5}\text{s}^{-1}$或周期$T_* \geqslant 34\ \text{d}$。

对于低频的波动，ω 非常小，因此 $\omega^2 \ll 1/\omega^2$ 。频散方程可以近似表示为

$$k_{m\pm} = -\frac{1}{2\omega} \pm \sqrt{\frac{1}{4\omega^2} - (2m+1)} < 0 \tag{1.14}$$

或

$$\omega = -\frac{k_m}{{k_m}^2 + (2m+1)} \tag{1.15}$$

频散方程式（1.15）说明经向模态指数 m 越高，则波动频率 ω 越低。

有量纲形式的相速度可写为

$$\frac{\omega_*}{k_*} = -\frac{\beta}{k_*^2 + \dfrac{\beta}{C_0}(2m+1)} \tag{1.16}$$

式（1.16）与 β 平面管道中的罗斯贝波频散关系式基本一致，除了 y 方向的波数表达式略有不同，这是由于这里的侧边界趋近于无穷 $(y = \pm\infty)$ 。因此这些低频波动的解称为赤道罗斯贝波，它是由 f 随纬度变化而产生的。

波数为 k_{m+} 的长罗斯贝波（即式（1.14）中取“+”号）对应的群速度向西（图 1.2 中频散曲线的斜率为负），而波数为 k_{m-} 的短罗斯贝波（即式（1.14）中取“–”号）对应的群速度向东（图 1.2 中频散曲线的斜率为正）。

对于长罗斯贝波，当 $k \to 0$ 时，可得

$$\frac{\omega}{k} \approx -\frac{1}{2m+1}, \quad m = 1, 2, \cdots \tag{1.17}$$

式（1.17）说明长罗斯贝波近似无频散。对应的有量纲的向西的相速度是重力波速 C_0 的 $(2m+1)^{-1}$ 倍。因此，长罗斯贝波的相速度最多是开尔文波速度的 1/3。假设赤道太平洋的第一个斜压模态对应 $C_0 = 2.5$ m/s ，则 $m = 1$ 的罗斯贝波速度近似为 0.8m/s ，这意味着罗斯贝波自东向西穿越太平洋需要 6 个月的时间。

图 1.3 描述了赤道罗斯贝波在 $m = 1$ 和 $m = 2$ 时分别对应的位势和速度分布。对于罗斯贝波，压力和风场满足地转关系。对于 $m = 1$ 的解，u 和 ϕ 关于赤道对称，而 v 关于赤道反对称。对于 $m = 2$ 的解，u 和 ϕ 关于赤道反对称，而 v 关于赤道对称。

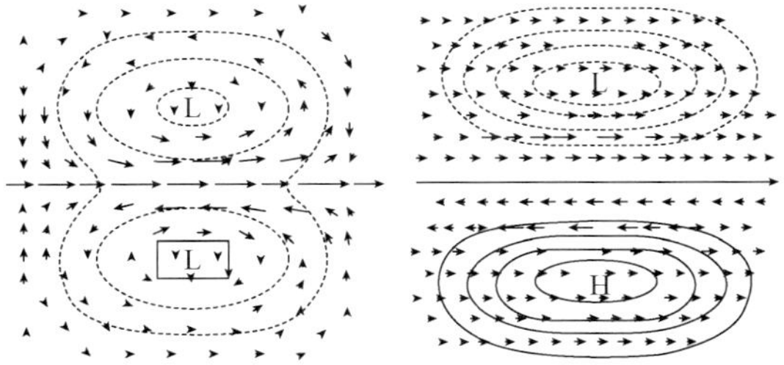

(a) m=1　　(b) m=2

图 1.3　赤道罗斯贝波（Matsuno，1966）

1.1.6　高频惯性-重力波

对于高频波动，无量纲化的频率大于$1+1/\sqrt{2}\approx 1.71$，或者有量纲的频率$\omega_* > 1.71\sqrt{\beta C_0}$。假设大气的第一个斜压模态对应$C_0$=50m/s，则$\omega_* \geqslant 5.77\times 10^{-5}\text{s}^{-1}$，或者周期$T_* \leqslant 1.26\text{d}$。假设海洋的第一个斜压模态对应$C_0 = 2.5\text{m/s}$，则$\omega_* \geqslant 1.29\times 10^{-5}\text{s}^{-1}$，或者周期$T_* \leqslant 5.63\,\text{d}$。经向模态指数 m 越大，则波动对应的周期越短。

对于高频的波动，有$1/2\omega \ll 1$和$\omega^2 \gg 1/\omega^2$，则频散关系可以近似表示为

$$k_m = \pm\sqrt{\omega^2 - (2m+1)}$$

或

$$\omega^2 = k_m^2 + (2m+1) \tag{1.18}$$

将式（1.18）转化为有量纲的形式：

$$\frac{\omega_*}{k_*} = \sqrt{C_0^2 + \frac{\beta C_0(2m+1)}{k_{*m}^2}}$$

这类似于f平面的惯性-重力波速的形式：

$$\frac{\omega_*}{k_*} = \sqrt{C_0^2 + \frac{f^2}{{k_*}^2 + {l_*}^2}}$$

其中，C_0为重力波速。根据相关文献（Matsuno，1966），高频的模态称为赤道惯性-重力波。

注意ω的极小值为$\omega = \sqrt{\frac{m+1}{2}} + \sqrt{\frac{m}{2}}$。

若重力波的波数为

$$k_{m+} = -\frac{1}{2\omega} + \sqrt{\omega^2 + \frac{1}{4\omega^2} - (2m+1)}$$

则纬向群速度C_{gx}向东（即图 1.2 的频散曲线斜率为正），若重力波的波数为

$$k_{m-} = -\frac{1}{2\omega} - \sqrt{\omega^2 + \frac{1}{4\omega^2} - (2m+1)}$$

则纬向群速度C_{gx}向西（即图 1.2 的频散曲线斜率为负）。

图 1.4 给出东传和西传的惯性-重力波对应 $m=1$ 和 $m=2$ 的解。它们是非地转的，并且表现出惯性重力波的特征。$m=1$ 的解更加集中在赤道上，ϕ 和 u 关于赤道对称但是 v 关于赤道反对称。而 $m=2$ 的解，ϕ 和 u 关于赤道反对称但是 v 关于赤道对称。

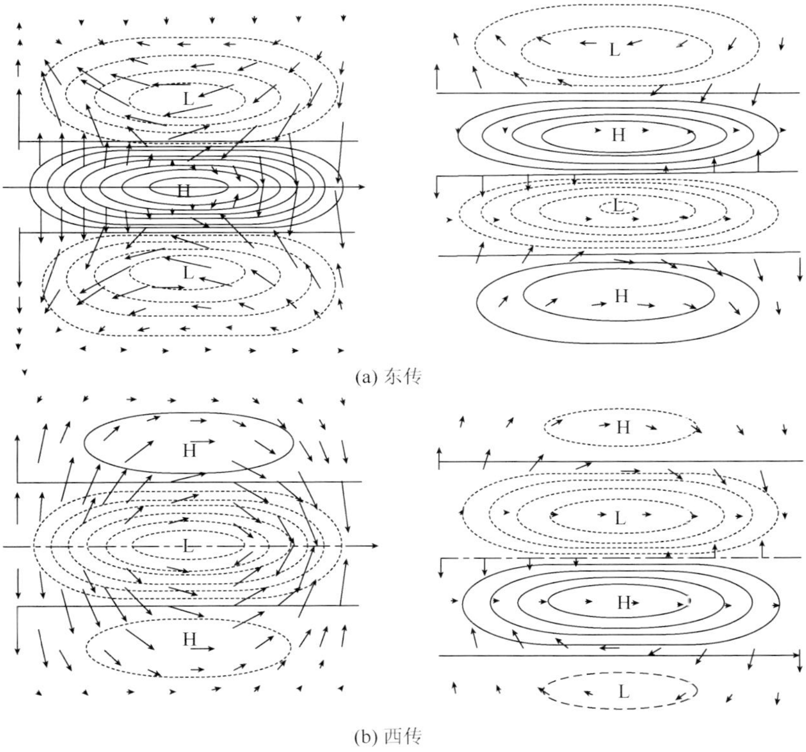

图 1.4　$m=1$ 和 $m=2$ 的惯性-重力波的气压和速度分布（Matsunɔ，1966）

1.1.7　混合罗斯贝-重力波

当 $m=0$ 时，方程的解是一个特殊解，与 $m\geqslant1$ 时方程的解十分不同，此时频散关系式变为 $\omega^2-k^2-k/\omega=1$，因此同一个 k 对应两个根：

$$k=\omega-\frac{1}{\omega} \tag{1.19}$$

和

$$k=-\omega$$

在推导式（1.6a）和式（1.6b）时，已经假设$\omega^2 \neq k^2$，因此，第二个根可以排除掉。

对于$m=0$，得到

$$V_0(y)=\mathrm{e}^{-y^2/2},\quad \frac{\mathrm{d}V_0}{\mathrm{d}y}=\frac{1}{2}V_1,\quad yV_0=\frac{1}{2}V_1$$

因此根据式（1.6a）和式（1.6b）可以得到

$$U=\Phi=\frac{\mathrm{i}\omega V_1}{2}$$

因此，有

$$v_0'=\mathrm{Re}\,\mathrm{e}^{-y^2/2}\mathrm{e}^{\mathrm{i}(kx-\omega t)}$$

$$u_0'=\phi_0'=\mathrm{Re}\,\mathrm{i}\omega V_1(y)\mathrm{e}^{\mathrm{i}(kx-\omega t)}$$

由于$k=\omega-1/\omega$，解可以化为

$$v_0'=\mathrm{Re}\,\mathrm{e}^{-y^2/2}\mathrm{e}^{\mathrm{i}[(\omega-1/\omega)x-\omega t]}$$

$$u_0'=\phi_0'=\mathrm{Re}\,\mathrm{i}\omega\mathrm{e}^{-y^2/2}y\mathrm{e}^{\mathrm{i}[(\omega-1/\omega)x-\omega t]}$$

式（1.19）对应的混合罗斯贝-重力波的频散关系可以用图 1.2 中的$m=0$的曲线表示。注意对于高频波（ω很大），可近似得到$k=\omega$，这是大波数重力波的极限。另外，对于低频波（ω很小），可近似得到$k=-1/\omega$，这是大波数罗斯贝波的极限。由于这个原因，这种$m=0$时的解对应的波动称为混合罗斯贝-重力（MRG）波或 Yanai 波。MRG 波动仅在赤道区域存在。

$m=0$的曲线与ω轴的交叉点在$\omega=1$，对应有量纲的周期$T_*=2\pi/\sqrt{\beta C_0}$。对于海洋里的第一个斜压模态，当$C_0=2.5\text{m/s}$时周期为 9.6d，对于大气里的第一个斜压模态，当$C_0=50\ \text{m/s}$时周期为 2.1d。短周期的 MRG 波动（周期小于T_*）向东移（$k>0$），而长周期的 MRG（周期大于T_*）向西移（$k<0$）。

然而，MRG 波的群速度始终向东，因为对于任何ω，都有

$$\frac{\partial\omega}{\partial k}=\frac{\omega^2}{\omega^2+1}>0$$

图 1.5 给出西移和东移的 MRG 波的速度和气压的水平结构（Matsuno，1966）。MRG 在赤道附近有顺时针或逆时针的环流，可能会在西北太平洋激发西北—东南向倾斜的天气尺度波列和热带气旋。对于西移和东移的 MRG，气压和纬向速度都是关于赤道反对称的，而经向风v关于赤道对称。

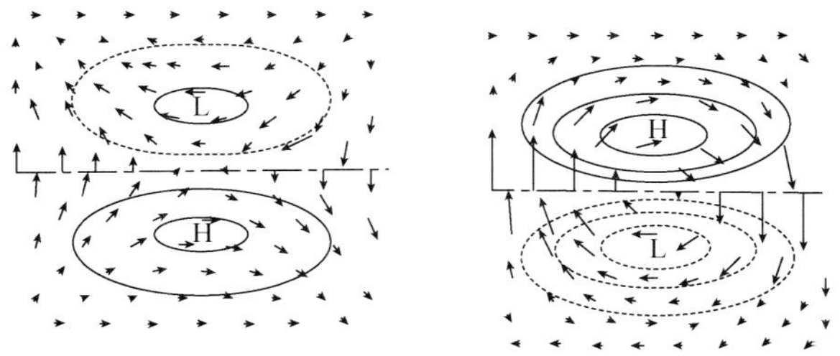

(a) 东移MRG(k=0.5)　　(b) 西移MRG(k=−0.5)

图 1.5 MRG 波的气压和环流场水平分布（Matsuno，1966）

1.2 层结大气中的垂直模态分解

1.1 节中讨论的浅水模型仅包含独立的变量 x、y 和 t，这些自由波动的垂直结构如何？本节将证明在基本流为静止的情况下，不同垂直结构的波动都可以用类似的浅水方程组来描述，只有重力波速的数值会发生变化。

p 坐标系下绝热层结大气中的线性化的原始方程可写为

$$\begin{cases} u_t' - fv' = -\phi_x' \\ v_t' + fu' = -\phi_y' \\ u_x' + u_y' + \omega_p' = 0 \\ \phi_{pt}' + \sigma\omega' = 0 \end{cases} \tag{1.20}$$

其中，静力稳定度参数为 $\sigma \equiv \dfrac{R}{p}\dfrac{1}{\rho g}(\gamma_d - \gamma) = \dfrac{N^2}{\rho^2 g^2} = \dfrac{C_\alpha^2}{p^2}$； $C_\alpha^2 = \dfrac{R^2}{g}(\gamma_d - \gamma)\overline{T}$ 。

考虑到在连续的大气中垂直速度在对流层顶和底趋近于 0，设 C_α为常数，则静力稳定度参数 $\sigma = \dfrac{C_\alpha^2}{p^2}$ 随高度递增（或随气压递减）。

由于静力稳定度参数 σ 仅随 p 改变，式（1.20）可设有如下形式的解：

$$\begin{cases} (u', v', \phi') = [u(x,y,t), v(x,y,t), \phi(x,y,t)]\dfrac{\mathrm{d}w}{\mathrm{d}p} \\ \omega' = \omega(x,y,t)w(p) \end{cases}$$

在以上解中，w 代表标准化的垂直速度的垂直廓线。将以上解代入式（1.20）可得到两组方程：

$$\begin{cases} u_t - fv = -\phi_x \\ v_t + fu = -\phi_y \\ u_x + u_y = -\omega \end{cases} \tag{1.21}$$

$$\phi_t \frac{\mathrm{d}^2 w}{\mathrm{d}p^2} + C_\alpha^2 \omega \frac{w}{p^2} = 0 \tag{1.22}$$

式（1.22）可以改写为

$$\frac{\dfrac{\mathrm{d}^2 w}{\mathrm{d}p^2}}{\dfrac{w}{p^2}} = -\frac{C_\alpha^2 \omega}{\phi_t} = -\frac{C_\alpha^2}{C^2} \tag{1.23}$$

其中，C 为常数。

根据式（1.23）可得

$$\begin{cases} \dfrac{\mathrm{d}^2 w}{\mathrm{d}p^2} + \dfrac{C_\alpha^2}{C^2}\dfrac{w}{p^2} = 0 \\ \phi_t + C^2 \omega = 0 \end{cases} \tag{1.24}$$

式（1.24）有如下解：

$$w(p) = C_1 p^{\frac{1}{2}+b} + C_2 p^{\frac{1}{2}-b}$$

其中

$$b = \left(\frac{1}{4} - \frac{C_\alpha^2}{C^2}\right)^{\frac{1}{2}}$$

将边界条件（即在表面 $p = p_\mathrm{s} = 1000\mathrm{hPa}$ 和对流层顶 $p = p_\mathrm{u} = 100\mathrm{hPa}$，垂直速度为 0，$\omega = 0$）代入可得

$$\begin{cases} C_1\, p_\mathrm{u}^{\frac{1}{2}+b} = -C_2\, p_\mathrm{u}^{\frac{1}{2}-b} \quad \Rightarrow \quad C_2 = -C_1\, p_\mathrm{u}^{2b} \\ C_1\, p_\mathrm{s}^{\frac{1}{2}+b} = -C_2\, p_\mathrm{s}^{\frac{1}{2}-b} \quad \Rightarrow \quad p_\mathrm{s}^{2b} = p_\mathrm{u}^{2b} \quad \Rightarrow \quad \left(\dfrac{p_\mathrm{u}}{p_\mathrm{s}}\right)^{2b} = 1 \end{cases}$$

$$p^x = \mathrm{e}^{\ln p^x} = \mathrm{e}^{x \ln p} = 1$$

$$x \ln p = \mathrm{i}2m\pi, \quad m = 0, 1, 2, \cdots$$

所以

$$b = \mathrm{i}\frac{m\pi}{\ln\left(\dfrac{p_\mathrm{s}}{p_\mathrm{u}}\right)}, \quad m = 1, 2, \cdots (b \neq 0, \text{否则 } w_{(p)} = 0)$$

因此，得到

$$C_m = C_\alpha \left[\frac{1}{4} + \frac{m^2\pi^2}{\left(\ln \dfrac{p_\mathrm{s}}{p_\mathrm{u}}\right)^2}\right]^{-\frac{1}{2}}, \quad m = 1, 2, 3, \cdots$$

将真实的层结大气的参数代入有

$$C_\alpha=\sqrt{\sigma_s p_s}=\sqrt{0.58\times10^{-2}\times1000^2}=76(\text{m/s})$$

因此，前四个垂直模态对应的重力波速度（C_m）数值如下：

$$\begin{cases}C_1=50\ \text{m/s}, & \text{第一斜压模(表示垂直方向除边界外有一个节点)}\\ C_2=26.2\ \text{m/s}, & \text{第二斜压模(表示垂直方向除边界外有两个节点)}\\ C_3=17.6\ \text{m/s}, & \text{第三斜压模}\\ C_4=13.3\ \text{m/s}, & \text{第四斜压模}\end{cases}$$

将式（1.24）代入式（1.21），对于每个垂直模态，纬向和经向风以及位势场满足以下浅水模型的方程，其中 C_m 表示第 m 个垂直模态对应的重力波速。

$$\begin{cases}u_t-fv=-\phi_x\\ v_t+fu=-\phi_y\\ \phi_t+C_m^2(u_x+v_y)=0\end{cases}$$

1.3　Gill 模型

前面内容推导了热带地区自由波动的解，本节研究热带波动和大气环流对定常加热是如何响应的。Gill（1980）考虑了一个线性化的浅水模型系统，其中垂直方向为第一斜压模态，即描述大气上层与下层风向反向的特征结构。通过引入一个特征长度尺度 $L=\sqrt{2C_0/\beta}$，无量纲化的浅水模型方程可写为如下形式：

$$\begin{cases}\dfrac{\partial u}{\partial t}-\dfrac{1}{2}yv=-\dfrac{\partial p}{\partial x}\\ \dfrac{\partial v}{\partial t}+\dfrac{1}{2}yu=-\dfrac{\partial p}{\partial y}\\ \dfrac{\partial p}{\partial t}+\dfrac{\partial u}{\partial x}+\dfrac{\partial v}{\partial y}=-Q\\ w=\dfrac{\partial p}{\partial t}+Q\end{cases}$$

其中，u、v 和 p 表示无量纲化的低层纬向风、经向风和位势高度（或气压）；w 和 Q 表示无量纲化的中层垂直速度和非绝热加热。

为了得到一个稳态的解，可以将方程中所有与时间微分有关的项都替换为线性瑞利摩擦（Rayleigh friction）项或牛顿阻尼（Newtonian damping）项：

$$\begin{cases}\varepsilon u-\dfrac{1}{2}yv=-\dfrac{\partial p}{\partial x}\\ \varepsilon v+\dfrac{1}{2}yu=-\dfrac{\partial p}{\partial y}\\ \varepsilon p+\dfrac{\partial u}{\partial x}+\dfrac{\partial v}{\partial y}=-Q\\ w=\varepsilon p+Q\end{cases}$$

其中，ε 是固定为常数的衰减系数。

考虑两种特殊加热场分布下的解。第一种情况，加热场关于赤道对称并有如下形式：

$$Q(x,y)=F(x)\exp\left(-\frac{1}{4}y^2\right)$$

第二种情况，加热场关于赤道反对称并有如下形式：

$$Q(x,y)=F(x)y\exp\left(-\frac{1}{4}y^2\right)$$

假设加热场在有限的区域内沿纬向分布，其分布函数如下：

$$F(x)=\begin{cases}\cos kx, & |x|<L\\ 0, & |x|>L\end{cases}$$

其中，$k=\pi/(2L)$。

经过一些数学上的变形之后，Gill（1980）推导出这个线性系统的解析解。

对于第一种情况中关于赤道对称的加热场，有两个部分的响应。第一个部分响应的函数表达式为

$$\begin{cases}(\varepsilon^2+k^2)q_0=0, & x<-L\\ (\varepsilon^2+k^2)q_0=-\varepsilon\cos kx-k\{\sin kx+\exp[-\varepsilon(L+x)]\}, & |x|<L\\ (\varepsilon^2+k^2)q_0=-k[1+\exp(-2\varepsilon L)]\exp[\varepsilon(L-x)], & x>L\end{cases}$$

$$\begin{cases}u=p=\dfrac{1}{2}q_0(x)\exp\left(-\dfrac{1}{4}y^2\right)\\ v=0\\ w=\dfrac{1}{2}[\varepsilon q_0(x)+F(x)]\exp\left(-\dfrac{1}{4}y^2\right)\end{cases}$$

主要位于加热区域内部及其以东区域，具有赤道开尔文波的特征。

第二个部分响应的函数表达式为

$$\begin{cases}[(2n+1)^2\varepsilon^2+k^2]q_{n+1}=-k\{1+\exp[-2(2n+1)\varepsilon L]\}\exp[(2n+1)\varepsilon(x+L)], & x<-L\\ [(2n+1)^2\varepsilon^2+k^2]q_{n+1}=-(2n+1)\varepsilon\cos kx+k\{\sin kx-\exp[(2n+1)\varepsilon(x-L)]\}, & |x|<L\\ [(2n+1)^2\varepsilon^2+k^2]q_{n+1}=0, & x>L\end{cases}$$

$$\begin{cases} p=\dfrac{1}{2}q_2(x)(1+y^2)\exp\left(-\dfrac{1}{4}y^2\right) \\ u=\dfrac{1}{2}q_2(x)(y^2-3)\exp\left(-\dfrac{1}{4}y^2\right) \\ v=[F(x)+4\varepsilon q_2(x)]y\exp\left(-\dfrac{1}{4}y^2\right) \\ w=\dfrac{1}{2}[F(x)+\varepsilon q_2(x)(1+y^2)]\exp\left(-\dfrac{1}{4}y^2\right) \end{cases}$$

主要位于加热区域外部及其以西区域，具有赤道罗斯贝波的特征。

图 1.6 给出对关于赤道对称的加热场的低层风场和气压场的响应，有以下特征值得注意。第一，尽管加热场局限在一个区域内，但是大气环流的响应范围远远超过加热区域，这是因为波动将强迫场的信号传播得比较远。第二，由于自然的耗散，响应最大的区域在加热场附近，随着距离加热场越来越远，大气环流的响应也越来越弱。第三，大气环流响应向加热场以东延伸的最远范围是向以西延伸范围的 3 倍，因为赤道开尔文波的速度大约是赤道罗斯贝波的 3 倍。第四，大气环流响应的经向尺度是由特征长度尺度——赤道罗斯贝波变形半径决定的。

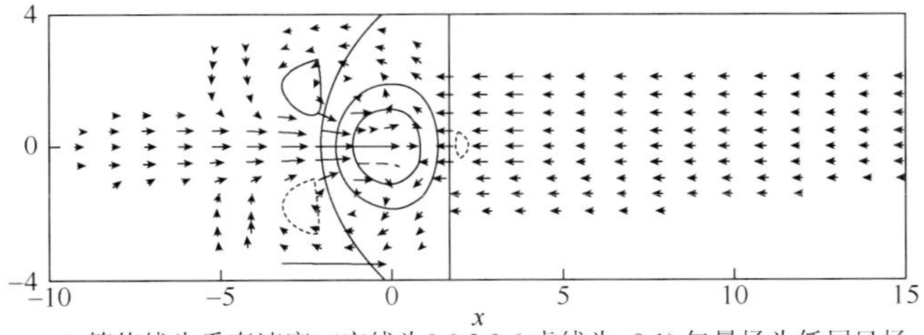

(a) 等值线为垂直速度w(实线为0,0.3,0.6,虚线为−0.1),矢量场为低层风场

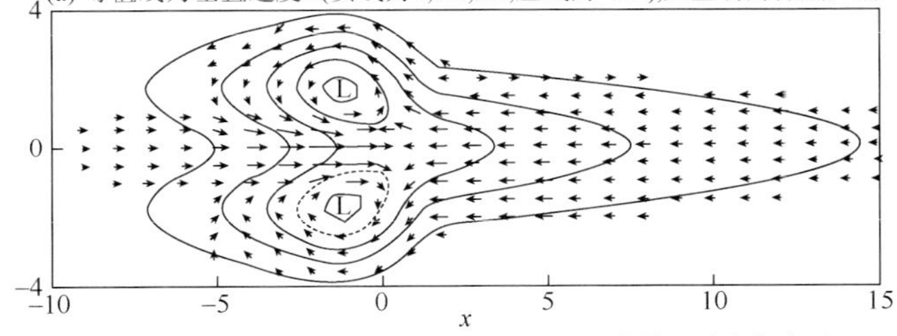

(b) 等值线为低层气压场(等值线间隔为0.3),其他区域为负值区

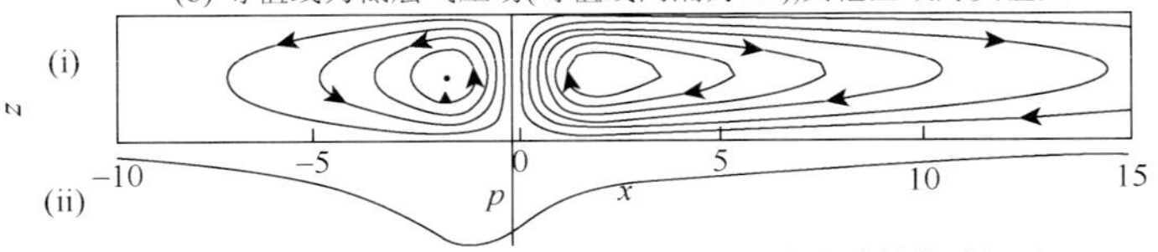

(c) (i) 为沿经向积分的流函数;(ii)为沿经向积分的扰动气压

图 1.6　大气环流对关于赤道对称加热场的响应（Gill，1980）

加热场位于$|x|<2$ 的区域，衰减系数为 $\varepsilon=0.1$。在加热场区域主要为上升运动，并且上升运动的分布与加热场的分布基本一致。其他区域为下沉运动，下沉运动的分布与气压场分布基本一致。在加热场以西的西风区域中，赤道上的气压场比赤道两侧的要大。在加热场的西北和西南侧分别有一个气旋。在加热区域（对应气压槽）为上升运动，而其他区域为下沉运动。加热区右侧（沃克）环流圈强度是哈得来环流圈的 5 倍

对于第二种情况，加热场分布关于赤道反对称，大气环流响应的表达式如下：

$$\begin{cases} p = \dfrac{1}{2} q_3(x) y^3 \exp\left(-\dfrac{1}{4} y^2\right) \\ u = \dfrac{1}{2} q_3(x)(y^3 - 6y) \exp\left(-\dfrac{1}{4} y^2\right) \\ v = [6\varepsilon q_3(x)(y^2 - 1) + F(x) y^2] \exp\left(-\dfrac{1}{4} y^2\right) \\ w = \left[\dfrac{1}{2} \varepsilon q_3(x) y^3 + F(x) y\right] \exp\left(-\dfrac{1}{4} y^2\right) \end{cases}$$

图 1.7 给出关于赤道反对称加热场的低层风场和气压场的响应。和第一种情况不同，大气环流没有关于赤道对称的部分。例如，在加热场以东，没有赤道开尔文波形式的响应。加热场驱动了一个跨赤道的季风环流圈，气压场关于赤道反对称。

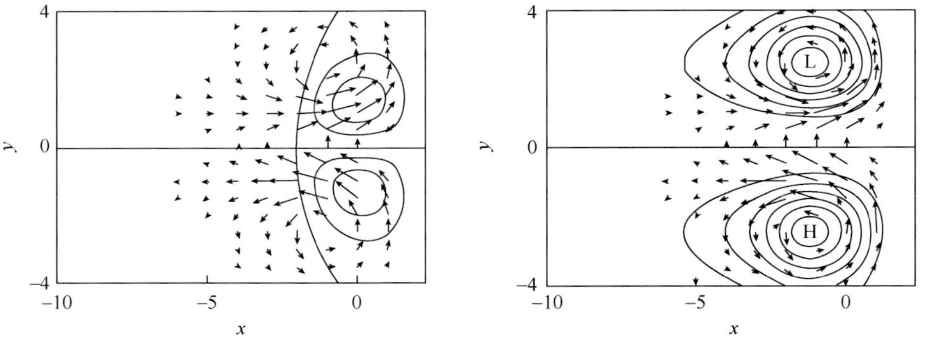

(a) 等值线为垂直速度w(等值线间隔为0.3)，矢量场为低层风场

(b) 等值线为扰动气压场(等值线间隔为0.3)，赤道以南为正(对应反气旋)，赤道以北为负(对应气旋)

图 1.7　大气环流对关于赤道反对称加热场的响应（Gill，1980）

加热场位于$|x|<2$ 的区域，衰减指数为 $\varepsilon = 0.1$。在加热场区域内部主要为上升运动，并且上升运动的分布与加热场的分布基本一致（北半球为正）。在加热区域以外，垂直运动的分布与气压场的分布基本一致，在北半球下沉，在南半球有弱的上升。在 $x>2$ 的区域没有运动。环流围着气压中心旋转，并且沿着气压梯度的方向穿过赤道。所有的变量场在 $x>2$ 的区域为 0

图 1.8 进一步给出混合型加热场的大气环流响应。由于加热场既有关于赤道对称的部分，又有关于赤道反对称的部分，所以大气环流的响应既包含关于赤道对称的开尔文波又包含关于赤道反对称的罗斯贝波的响应。这种混合型加热场在观测中很常见。

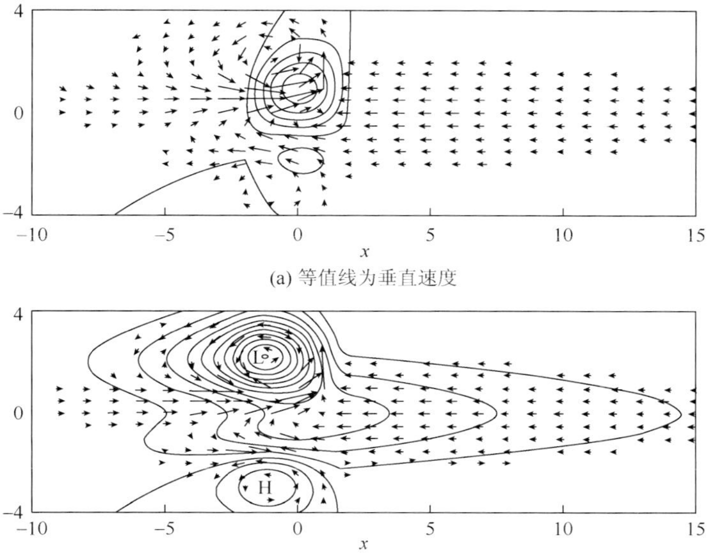

(a) 等值线为垂直速度

(b) 等值线为等压线

图 1.8　大气环流对对称加上非对称加热场的响应（Gill，1980）

加热场位于$|x|<2$的范围内，最大值位于赤道以北，其分布接近加热场函数的分布。在加热场以东，环流响应与图 1.6 一致，主要是由加热场关于赤道对称的部分引起的。在加热场以西，西风环流位于赤道和 y=2 之间的范围。赤道以南是东风环流。加热区域的西侧被低压控制，赤道上有低压槽。南半球为高压

1.4　Lindzen-Nigam 模式

大气低层风场除了受到对流层中部的热力强迫之外，还可能受到行星边界层（PBL）压力梯度的直接驱动。Lindzen 和 Nigam（1987）提出了 PBL 压力梯度与海平面温度（SST）梯度的关系。

假设对流层低层的温度可用以下公式表达：

$$T(\lambda,\theta,z)=\overline{T}_{\mathrm{s}}-\alpha z+T_{\mathrm{s}}'\left(1-\frac{\gamma z}{H_0}\right)$$

其中，α 表示在给定区域的纬向平均大气的垂直递减率；γ 表示扰动温度随着高度减弱的速率，此垂直廓线基于对流层温度随高度递减，且低层的扰动温度分布近似于 SST 形态（图 1.9）。

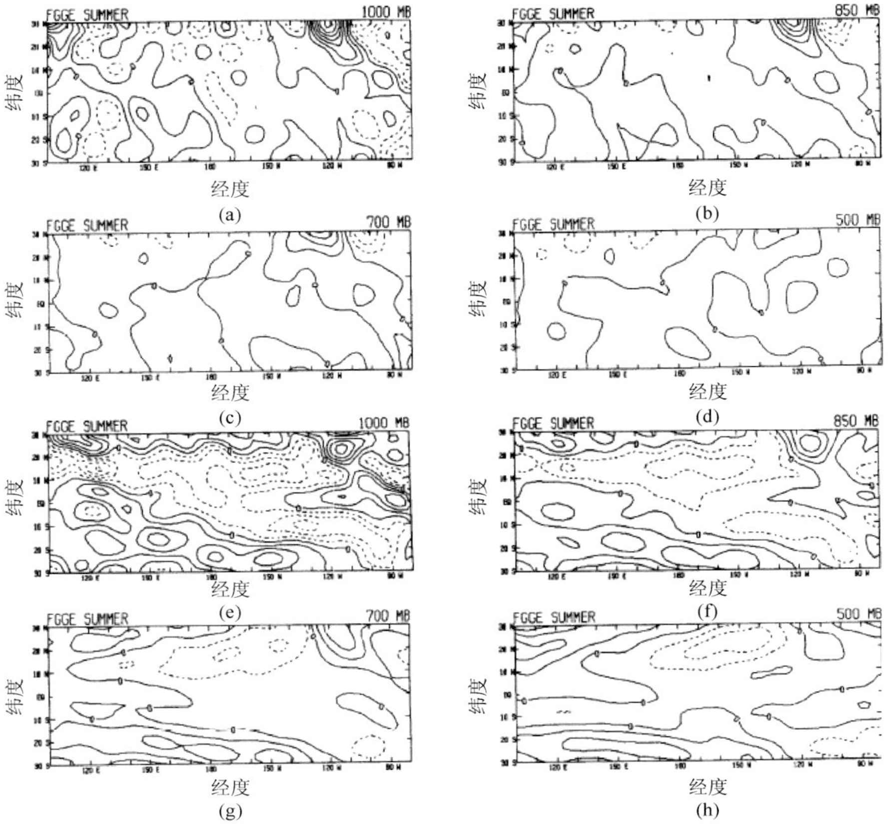

图 1.9　不同等压面上的扰动温度场与太平洋区域的梯度分布（Lindzen and Nigam，1987）

而其中等高线的间隔为 10^{-6}K/m （或者 1K / 1000km ）。图中虚线表示梯度为负，第一条实线表示值为 0

资料来源：欧洲中期天气预报中心（ECMWF）

给定上述的温度场，可用以下公式直接推导出空气密度：

$$\rho = \rho_0[1 - n(T - T_0)]$$

其中，$\rho_0 = \rho(T_0) = 1.225\text{kg}/\text{m}^3$；$T_0 = 288\text{K}$；$n = -\left(\dfrac{1}{\rho}\dfrac{\partial \rho}{\partial T}\right)_{T_0} = 1/T_0$。

于是，可得出

$$\rho = \rho_0(2 - nt)$$

将静力方程由地表积分到 PBL 的顶部，可以得出

$$p = (\lambda, \theta, z) = p_{\mathrm{T}} + g\rho_0(2 - nT_{\mathrm{s}})(Z_{\mathrm{T}} - z) + \frac{g\rho_0 n}{2}(\alpha + \gamma T_{\mathrm{s}}')(Z_{\mathrm{T}}^2 - z^2)$$

其中，p_{T} 表示 PBL 顶部的气压；$T_{\mathrm{s}} = \overline{T}_{\mathrm{s}} + T_{\mathrm{s}}'$。

对稳定的 PBL 流场来说，科里奥利力和压力梯度力能够近似被摩擦力平衡。于是可以得出

$$
\begin{cases}
-fv = \dfrac{1}{\rho a\cos\theta}\dfrac{\partial p}{\partial \lambda} + \dfrac{1}{\rho}\dfrac{\partial \tau_x}{\partial z} \\
fu = -\dfrac{1}{\rho a}\dfrac{\partial p}{\partial \theta} + \dfrac{1}{\rho}\dfrac{\partial \tau_y}{\partial z}
\end{cases}
$$

其中，λ、θ 分别代表经度和纬度；$a = 6.371\times10^6\,\mathrm{m}$ 为地球的半径；$f(2\Omega\sin\theta)$ 是科里奥利力参数；u 和 v 分别代表风速的纬向和经向分量；$\rho=\rho(\lambda,\theta,z)$ 为密度；$p=p(\lambda,\theta,z)$ 代表气压；τ_x 和 τ_y 分别表示垂直湍流应力的经向和纬向分量。

结合上述的动量方程，从 $z=0$ 到 $z=Z_\mathrm{T}$ 积分后可以得到

$$
\begin{cases}
-fV = -\dfrac{g}{a\cos\theta}\left(-Q\dfrac{\mathrm{d}T_\mathrm{s}'}{\mathrm{d}\lambda}\right) + \dfrac{\tau_{x|Z_\mathrm{T}} - \tau_{y|0}}{\rho_0 Z_\mathrm{T}} \\
fU = -\dfrac{g}{a}\left(-Q\dfrac{\mathrm{d}T_\mathrm{s}'}{\mathrm{d}\theta} - \dfrac{nZ}{\mathrm{d}\theta}\right) + \dfrac{\tau_{y|Z_\mathrm{T}} - \tau_{y|0}}{\rho_0 Z_\mathrm{T}}
\end{cases}
$$

其中

$$
Q = \left(\frac{nZ_\mathrm{T}}{2}\right)\left(1-\frac{2\gamma Z_\mathrm{T}}{3H_0}\right)
$$

$$
(U,V) = \left(\frac{1}{\rho_0 Z_\mathrm{T}}\right)\int_0^{Z_\mathrm{T}}(u,v)\rho\,\mathrm{d}z
$$

$$
(\tau_x,\tau_y)| = -\rho_0 C_d (U^2+V^2)^{1/2}(U,V)
$$

基于两个假定：①一个线性的表面风应力方程；②PBL 顶为自由表面，用来调整边界层辐合/辐散。Lindzen 和 Nigam 在 1987 年提出了以下的 PBL 动量方程，动量的变化来自于海平面温度梯度所引发的压力梯度力。

$$
\begin{cases}
-fV' = -\dfrac{g}{a\cos\theta}\left[(2-n\overline{T}_\mathrm{s}+n\alpha H_0)\dfrac{\partial h'}{\partial \lambda} - \dfrac{nH_0}{2}\left(1-\dfrac{2\gamma}{3}\right)\dfrac{\partial T_\mathrm{s}'}{\partial \lambda}\right] - eU' \\
fV' = -\dfrac{g}{a}\left[(2-n\overline{T}_\mathrm{s}+n\alpha H_0)\dfrac{\partial h'}{\partial \theta} - \dfrac{nH_0}{2}\left(1-\dfrac{2\gamma}{3}\right)\dfrac{\partial T_\mathrm{s}'}{\partial \theta} - \dfrac{nh'}{2}\dfrac{\partial \overline{T}_\mathrm{s}'}{\partial \theta}\right] - eV' \\
h' = \tau_c\dfrac{H_0}{a\cos\theta}\left[\dfrac{\partial U'}{\partial \lambda} + \dfrac{\partial (V'\cos\theta)}{\partial \theta}\right]
\end{cases}
$$

图 1.10 显示了 Lindzen-Nigam 模型中大气边界层环流对 ECMWF FGGE 数据中北半球夏季 1000kPa 温度强迫的响应关系。其中，信风和南太平洋辐合能够很好地被模拟，低层环流的特征与观测大致吻合。值得注意的是，在赤道附近的辐散场对积云调整尺度（τ_c）很敏感，因此，需要一个合适的 τ_c 值（约 30min）来模拟出接近真实的辐散场。

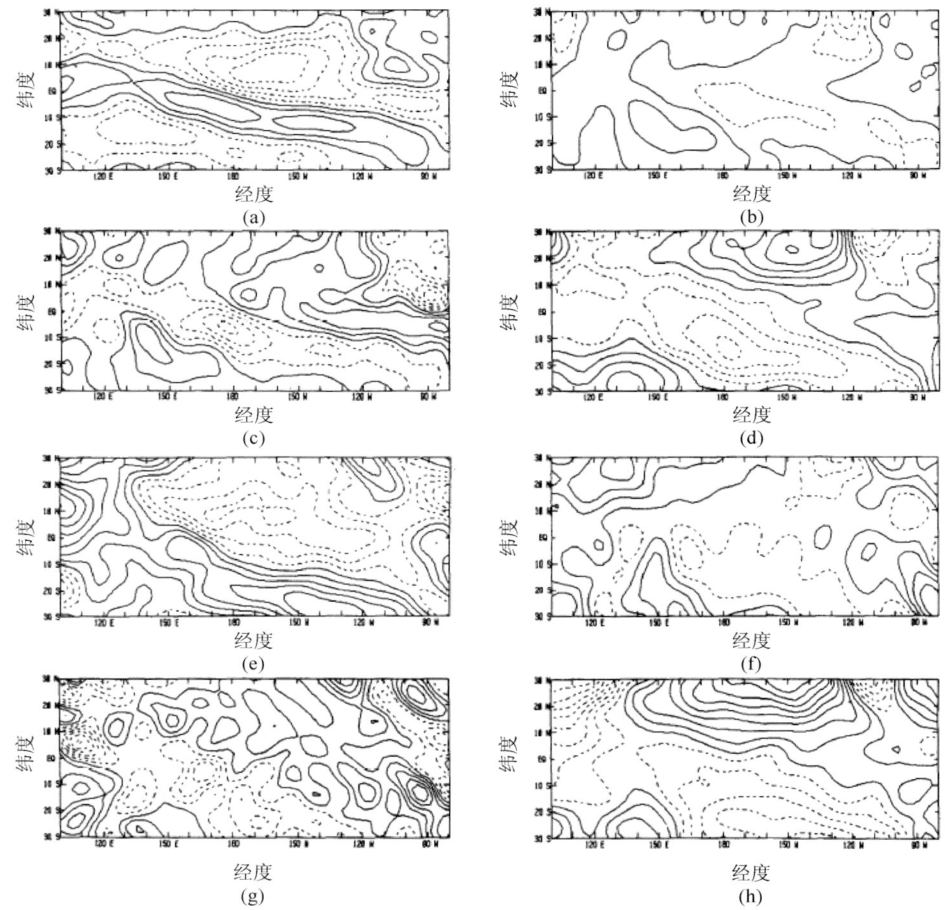

图 1.10　Lindzen-Nigam 模型模拟出的太平洋地区低层夏季流场（Lindzen and Nigam，1987）

此模型中边界层高度可被水平辐合调节；$\varepsilon = (2.5\text{d})^{-1}$，$\tau_c = 30\,\text{min}$，$H_0 = 3000\text{m}$。等值线的间隔如下：$U'$ 和 V' 为 1m/s，Div 为 $4\times10^{-7}\text{s}^{-1}$，$P'_{\text{SL}} = 100\text{Pa}$。其中小于零的值用虚线表示，第一条实线为 0 值

在笛卡儿坐标系下，Lindzen-Nigam 模型可以用如下形式表示（Wang and Li，1993）：

$$
\begin{cases}
Eu - fv = -\left(\dfrac{\partial \phi}{\partial x} - A\dfrac{\partial T}{\partial x}\right) & (1.25\text{a}) \\
Ev + fu = -\left(\dfrac{\partial \phi}{\partial y} - A\dfrac{\partial T}{\partial y}\right) & (1.25\text{b}) \\
\phi + B\left(\dfrac{\partial u}{\partial x} + \dfrac{\partial v}{\partial y}\right) = 0 & (1.25\text{c})
\end{cases}
$$

其中，u 和 v 表示表面风应力的纬向和经向分量；ϕ 表示在边界层顶部的位势高度；T 表示海平面温度；E 表示阻尼系数；$A = gH_0/(2T_0)$，表示由 SST 梯度引起的气压梯度的强度；$B = gH_0/\mu$，表示边界层顶气压反馈（back pressure）效应的强度；H_0 表示边界层的深度；T_0 表示参考温度；μ 表示边界层顶气压场调整时间（inverse relaxation time）。

上述的 Lindzen-Nigam 模型线性方程（式（1.25a）～式（1.25c）），在假设对流层中层的加热与 SST 成比例的情况下，与 Gill 模型在数学上是相当的。假设 $\varPhi = \phi - AT$，$\varepsilon = E$，$\dot{Q} = \mu AT$，$gH_0 = c_0^2$，将这些变量代入式（1.25a）～式（1.25c），可以得到

$$\begin{cases} \varepsilon u - fv = -\dfrac{\partial \varPhi}{\partial x} \\ \varepsilon v + fu = -\dfrac{\partial \varPhi}{\partial y} \\ \mu\varPhi + c_0^2\left(\dfrac{\partial u}{\partial x} + \dfrac{\partial v}{\partial y}\right) = -\dot{Q} \end{cases} \tag{1.26}$$

上述方程与 Gill 模型的数学形式相似，但物理上 Gill 模型描述了低层风与位势高度对中层加热的响应。

1.5 Cane-Zebiak 简单海气耦合模式

Cane-Zebiak 模式是首个模拟出类似 ENSO 变率的海气耦合模式(Cane，1984；Zebiak and Cane，1987)。Cane-Zebiak 模式中大气模块的控制方程为 Gill 模式，其加热异常与平均和扰动 SST 成比例（Zebiak，1986）。

$$\begin{cases} +\varepsilon u_a^n - \beta_0 y v_a^n = -(p^n/\rho_0)_x \\ \varepsilon v_a^n + \beta_0 y u_a^n = -(p^n/\rho_0)_y \\ \varepsilon(p^n/\rho_0) + c_a^2[(u_a^n)_x + (v_a^n)_y] = -\dot{Q}_s - \dot{Q}_1^{n-1} \end{cases}$$

其中

$$\dot{Q}_s = (\alpha T)\exp[(\bar{T} - 30)/16.7]$$
$$\dot{Q}_1^n = \beta[M(\bar{c} + c^n) - M(\bar{c})]$$

且

$$M(x) = \begin{cases} 0, & x \leqslant 0 \\ x, & x > 0 \end{cases}$$

其中，$\bar{T}$ 代表月平均 SST；T 代表 SST 异常；$\bar{c}$ 表示给定的月平均地表风场辐合；c^n 表示 n 次迭代辐合异常，定义为

$$c^n \equiv -(u_a^n)_x - (v_a^n)_y$$

海洋模块的控制方程（Cane，1984）包括上层海洋动力方程和海洋温跃层深度（h）的连续方程：

$$u_t - \beta_0 yv = -g'h_x + \tau^{(x)}/(\rho H) - ru \quad (1.27a)$$

$$\beta_0 yu = -g'h_y + \tau^{(y)}/(\rho H) - rv \quad (1.27b)$$

$$h_t + H(u_x + v_y) = -rh \quad (1.27c)$$

其中，H 表示温跃层平均厚度，且 $u = H^{-1}(H_1u_1 + H_2u_2)$，下标 1 和 2 分别表示浅表层和深层。

第 1 层和第 2 层之间的切变控制方程为

$$r_s u_s - \beta_0 yv_s = \tau^{(x)}/(\rho H_1) \quad (1.27d)$$

$$r_s v_s + \beta_0 yu_s = \tau^{(y)}/(\rho H_1) \quad (1.27e)$$

其中，$u_s \equiv u_1 - u_2$。

式（1.27a）～式（1.27e）定义了表面流 u_1，通过给定混合层高度（H_1），可以得到夹卷（entrainment）速度 $w_s = H_1[(u_1)_x + (v_1)_y]$。

浅表层温度方程如下：

$$\begin{aligned}\frac{\partial T}{\partial t} &= -u_1\nabla(\overline{T} + T) - \overline{u}_1\nabla T - [M(\overline{w}_s + w_s) - M(\overline{w})] \\ &\quad \times \overline{T}_z - M(\overline{w}_s + w_s)\frac{T - T_e}{H_1} - \alpha_s T\end{aligned}$$

其中，$\overline{u}_1(x,y,t)$ 和 $\overline{w}_s(x,y,t)$ 分别是平均水平流和上升流；$\overline{T}_z(x)$ 表示给定的平均垂直温度梯度；夹卷温度异常 T_e 定义为 $T_e = \gamma T_{sub} + (1-\gamma)T$。$T_{sub}$ 可以表示为

$$T_{sub} = \begin{cases} T_1\{\tanh[b_1(\overline{h} + h)] - \tanh(b_1\overline{h})\}, & h > 0 \\ T_1\{\tanh[b_1(\overline{h} + h)] - \tanh(b_2\overline{h})\}, & h < 0 \end{cases}$$

其中，$\overline{h}(x)$ 表示给定的浅表层平均厚度。

图 1.11 给出了模式模拟 Niño3 区 SST 异常（SSTA）的演化过程。简单耦合模式重现了平均周期为 3～5 年的不规则年际振荡。与 SST 振荡有关的地表风压力和海洋温跃层深度异常也显示出类似特征，即显示出耦合模态及海气相互作用的特征。

图 1.12 和图 1.13 分别给出了 El Niño 和 La Niña 成熟位相时 SST 和表面风异常的分布。东赤道太平洋上出现正 SSTA 时，西风异常相应出现在 SSTA 最大值中心西侧（图 1.12），两个异常的气旋性涡旋出现在 SSTA 大值中心的西边，显示出对赤道中太平洋加热异常的罗斯贝波响应，与开尔文波有关的东风异常则出现在加热异常的东侧。相反地，当赤道太平洋出现冷 SSTA 时，大气为低层反气旋异常（图 1.13）。

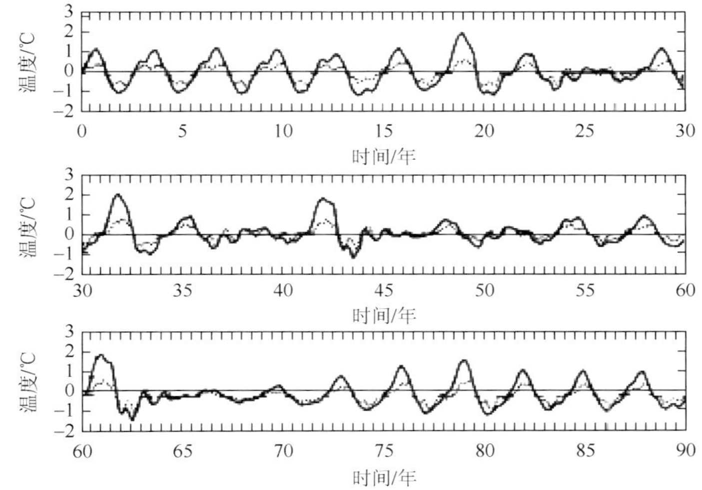

图 1.11　模式模拟的区域平均 SSTA 的时间序列（90 年）（Zebiak and Cane，1987）

实线和虚线分别表示 Niño3 区（5°N～5°S，90°W～150°W）和 Niño4 区（5°N～5°S，150°W～160°E）的变化情况

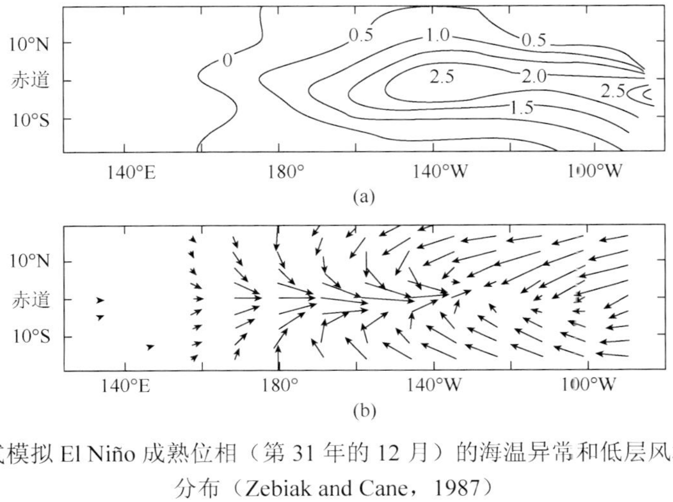

图 1.12　模式模拟 El Niño 成熟位相（第 31 年的 12 月）的海温异常和低层风场异常的水平分布（Zebiak and Cane，1987）

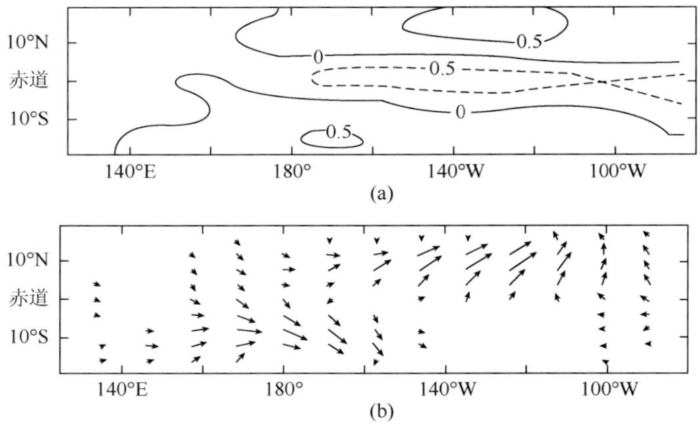

图 1.13　模式模拟第 32 年 9 月处于 La Niña 位相的海温异常和低层风场异常的水平分布（Zebiak and Cane，1987）

1.6　2.5 层热带大气模式

如前面内容讨论的，Gill 模型强调热带大气对对流层中层加热的响应，而 Lindzen-Nigam 模型则强调 PBL 大气对于 SST 梯度引起的动量强迫的响应。Wang 和 Li（1993）将这两个模式结合起来，形成了同时考虑自由大气中的凝结加热和边界层 SST 强迫的 2.5 层模式。图 1.14 描绘了该模式的垂直结构。

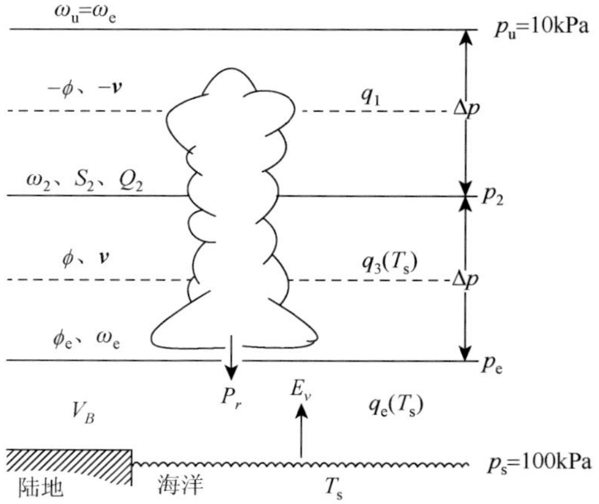

图 1.14　2.5 层模式示意图（Wang and Li，1993）

考虑赤道β平面中的线性控制方程组，自由大气中的运动、连续和热力方程可以写成如下形式：

$$\frac{\partial V}{\partial t}+\beta yk\times V=-\nabla\phi+F_{\mathrm{r}}$$

$$\nabla\cdot V+\frac{\partial\omega}{\partial p}=0$$

$$\frac{\partial}{\partial t}\left(\frac{\partial\phi}{\partial p}\right)+S(p)\omega=-\frac{R}{C_{\mathrm{p}}p}(Q_{\mathrm{p}}+Q_{\mathrm{r}})$$

其中，V、ϕ、ω 分别代表水平速度矢量、位势高度和垂直 p 速度；Q_{p} 和 Q_{r} 表示与降水和辐射相联系的非绝热加热；S 为静力稳定度参数。假设整层水汽辐合积分和蒸发的一部分（用 b 表示）会转化为降水，可得如下形式的方程：

$$P_{\mathrm{r}}=b\left[E_{\mathrm{v}}-\frac{1}{g}\int_{p_{\mathrm{u}}}^{p_{\mathrm{s}}}\nabla\cdot(\overline{q}V)\mathrm{d}p\right]$$

降水通过如下方程与 Q_{p} 相联系：

$$L_{\mathrm{c}}P_{\mathrm{r}}=\frac{1}{g}\int_{p_{\mathrm{u}}}^{p_{\mathrm{s}}}Q_{\mathrm{p}}(p)\mathrm{d}p$$

将 PBL 顶（p_{e}）和对流层顶（p_{u}）的垂直 p 速度写为

$$p=p_{\mathrm{e}}\text{时，}\omega=\omega_{\mathrm{e}}$$

$$p=p_{\mathrm{u}}\text{时，}\omega=\omega_{\mathrm{u}}$$

自由大气正压部分（上下两层环流场一致）为

$$V_{+}=\frac{1}{2}(V_3+V_1),\quad \phi_{+}=\frac{1}{2}(\phi_3+\phi_1)$$

自由大气斜压部分（上下两层环流场反号）可表示为

$$V_{-}=\frac{1}{2}(V_3-V_1),\quad \phi_{-}=\frac{1}{2}(\phi_3-\phi_1)$$

因此，正压模态满足

$$\frac{\partial V_{+}}{\partial t}+\beta y\hat{k}\times V_{+}=-\nabla\phi_{+}-\varepsilon_{*}V_{+}$$

$$\nabla\cdot V_{+}+\frac{1}{2\Delta p}(\omega_{\mathrm{e}}-\omega_{\mathrm{u}})=0$$

斜压模态满足

$$\frac{\partial V_-}{\partial t} + \beta y\hat{k} \times V_- = -\nabla\phi_- - \varepsilon_* V_-$$

$$\omega_2 = \omega_e + \Delta p \nabla \cdot V_-$$

$$\frac{\partial \phi_-}{\partial t} + \frac{s_2 \Delta p}{2}\omega_2 = -\frac{R\Delta p}{2C_p p_2}(Q_{p2} + Q_{r2})$$

由于热带对流层环流具有显著的第一斜压模态垂直结构，为了简化模型，假设对流层顶的垂直 p 速度等于 PBL 顶的垂直 p 速度（即 $\omega_u = \omega_e$），以便忽略自由大气正压模态分量。这样处理后，正压模态和斜压模态就不耦合了。

考虑一个充分混合的 PBL，边界层的运动方程满足

$$k \times \beta y V_B = -\nabla\left(\frac{1}{p_s - p_e}\int_{p_e}^{p_s}\phi \mathrm{d}p\right) - \frac{\rho_s g K_D}{p_s - p_e}V_B \tag{1.28a}$$

$$\omega_e = (p_s - p_e)\nabla \cdot V_B \tag{1.28b}$$

其中，$V_B \equiv \frac{1}{(p_s - p_e)}\int_{p_e}^{p_s} V\mathrm{d}p$。

式（1.28b）表明边界层顶的垂直速度与边界层辐合成正比。根据相关文献（Lindzen and Nigam，1987）可知边界层的温度廓线正比于 SST。上述边界层的运动方程可以写成

$$k \times \beta y V_B = -\nabla\phi_e + \frac{R}{2}\frac{(p_s - p_e)}{p_e}\nabla T_s - \frac{\rho_s g K_D}{p_s - p_e}V_B$$

其中，ϕ_e 为边界层顶的位势高度；T_s 为 SST；K_D 是边界层的摩擦系数。

结合自由大气斜压模态控制方程组和边界层运动方程，可以得到如下一组无量纲控制方程组。方程组中含有三个独立变量：V、ϕ_e、V_B，分别代表低层风矢量、低层位势高度、PBL 风矢量。

$$\frac{\partial}{\partial t}V + yk \times V = -\nabla\phi - \varepsilon V$$

$$\frac{\partial}{\partial t}\phi + N\phi + (1-\delta I)\nabla \cdot V = -NG(T_s - \overline{T}_s) + d(\delta B - 1)\nabla \cdot V_B - \delta F|V_B|(T_s - T_*)$$

$$-yk \times V_B = -\nabla\phi + A\nabla T_s - EV_B$$

上述方程组的无量纲参数的公式和物理含义见表 1.1。

表 1.1　2.5 层大气模式使用的参数

参数	定义
$\varepsilon = \dfrac{\varepsilon_*}{\sqrt{\beta C_0}}$	瑞利摩擦系数
$N = \dfrac{\mu}{\sqrt{\beta C_0}}$	牛顿冷却系数
$I = \dfrac{RL_c b}{C_p P_2 S_2 \Delta p}(\overline{q}_3 - \overline{q}_1)$	自由大气水汽辐合引起的加热系数
$B = \dfrac{RL_c b}{C_p P_2 S_2 \Delta p}\overline{q}_e$	边界层水汽辐合引起的加热系数
$G = \dfrac{\Delta p}{2p_2}\gamma$	长波辐射强迫系数
$d = \dfrac{p_s - p_e}{\Delta p}$	边界层厚度
$F = \left(\dfrac{C_0}{\beta}\right)^{1/2} \dfrac{\rho_s g L_c b}{2C_p p_2} C_E K_q$	蒸发强迫系数
$A = \dfrac{p_s - p_e}{2p_e}$	SST 梯度强迫系数
$E = \dfrac{\rho_s g K_D}{(p_s - p_e)\sqrt{\beta C_0}}$	边界层 Ekman 参数

非线性加热系数（δ）在不同情形下具有不同的数值。在第一种情形下，有

$$\delta = \begin{cases} 1, & P_r > 0 \\ 0, & \text{其他} \end{cases}$$

在第二种情形下，加热还取决于 SST 的阈值，即

$$\delta = \begin{cases} 1, & T_s \geqslant 301\text{K};\ P_r > 0 \\ 0, & \text{其他} \end{cases}$$

在第三种情形下，该参数随 SST 而变化，具体定义如下：

$$\delta=\begin{cases}1, & T_s \geqslant 301.5\mathrm{K};\ P_r>0 \\ (T_s-298.5)/3, & 298.5\mathrm{K}<T_s<301.5\mathrm{K},\ P_r>0 \\ 0, & \text{其他}\end{cases}$$

若以 1 月平均 SST 作为强迫场，模式可成功模拟出 1 月平均表层风场和降水场，如图 1.15 所示。

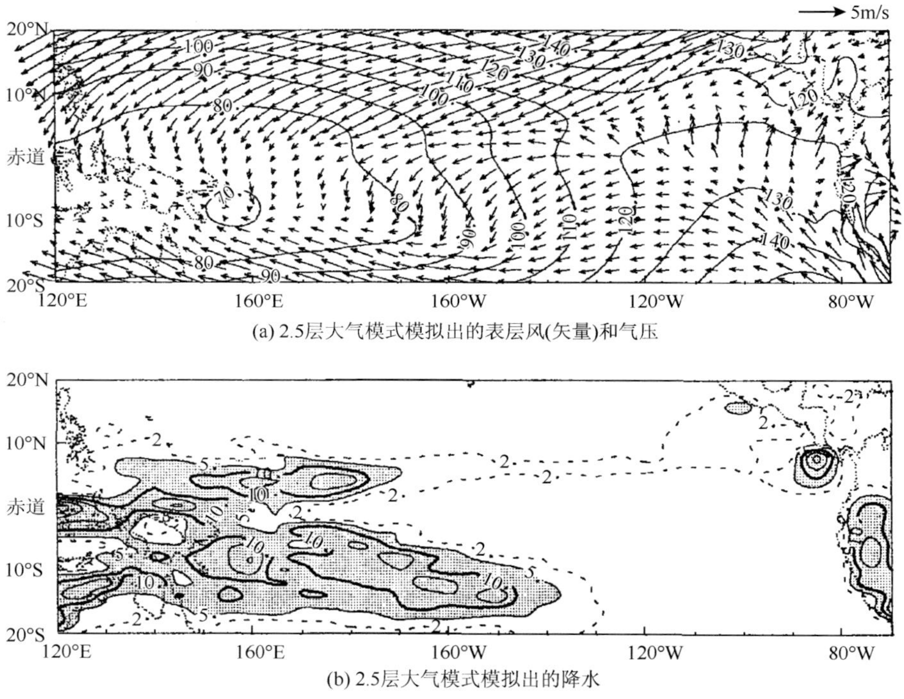

(a) 2.5层大气模式模拟出的表层风(矢量)和气压

(b) 2.5层大气模式模拟出的降水

图 1.15　模式模拟出 1 月平均表层风场和降水场（Wang and Li，1993）

单位：mm/d

图 1.16 阐明了模式中 SST 影响热带大气环流的基本物理过程。第一，SST 会通过凝结加热（非线性加热系数）、蒸发加热和长波辐射加热（Davey and Gill，1987）等过程直接影响对流层中层的非绝热加热过程。第二，SST 调制平均水汽分布，进而影响加热强度。第三，SST 可以通过引起边界层气压梯度力直接驱动边界层气流。2.5 层模式中的关键过程是自由大气与边界层具有活跃的相互作用。一方面，对流层低层的位势可以影响边界层的辐散；另一方面，PBL 的水汽辐合进一步影响对流层中层的非绝热加热，进而影响自由大气的风场和位势场。

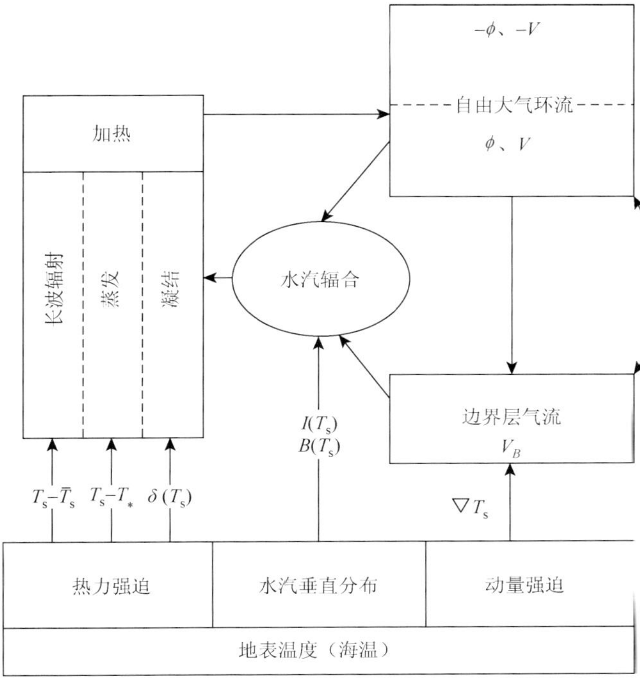

图 1.16　SST 影响热带大气环流物理过程的模式示意图（Wang and Li，1993）

值得指出的是，2.5 层模式框架不仅可用来研究大气平均环流对 SST 的影响，而且可以用来研究类似于 ENSO 海温异常强迫的大气响应。它也可以用来研究大气内部模态，如 Madden-Julian 振荡（MJO），这将在第 3 章作进一步介绍。

1.7　2.5 层热带海洋模式

Cane-Zebiak 模型的重要特征是突出赤道风应力强迫（与 ENSO 有关）引起的温跃层变化。然而，其对海洋混合层过程的处理较为粗糙。为了改进这个缺点，Wang 等（1995）研发了 2.5 层热带海洋模式，结合了 Cane-Zebiak 模型温跃层变化特色和 Kraus-Turner（1967）混合层动力热力过程。2.5 层海洋模式的垂直结构如图 1.17 所示。

海洋上层的运动可以用弱重力（reduced gravity）、布西尼斯克流体（Boussinesq fluid）在 z 坐标中的原始方程（Schopf and Cane，1983）来描述：

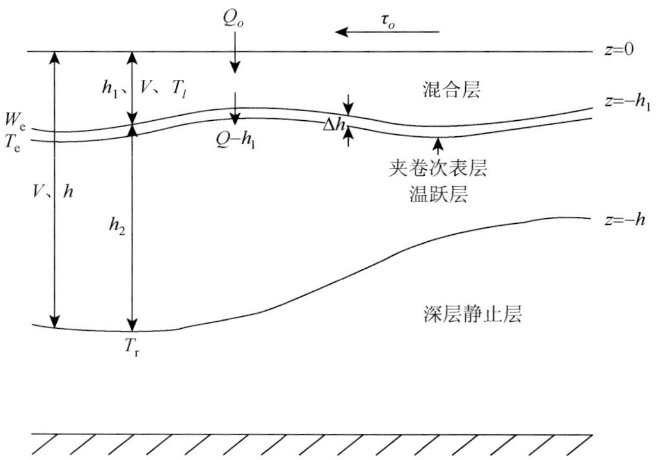

图 1.17　2.5 层海洋模式垂直结构原理图（Wang et al.，1995）

$z=-h_1$ 和 $z=-h$ 层分别代表混合层底部和温跃层的深度，两者都随时间和空间而变化

$$\frac{\partial P}{\partial z}=b\equiv\alpha g(T-T_{\mathrm{r}}) \tag{1.29a}$$

$$\frac{\partial V}{\partial t}+V\cdot\nabla V+w\frac{\partial V}{\partial z}+fk\times V=-\nabla_z P+\frac{1}{\rho_{\mathrm{r}}}\frac{\partial\tau}{\partial z}+\mu\nabla^2 V \tag{1.29b}$$

$$\nabla_z\cdot V+\frac{\partial w}{\partial z}=0 \tag{1.29c}$$

$$\frac{\partial T}{\partial t}+V\cdot\nabla T+w\frac{\partial T}{\partial z}=\frac{1}{\rho_{\mathrm{r}}c_{\mathrm{w}}}\frac{\partial Q}{\partial z}+\mu\nabla^2 T \tag{1.29d}$$

其中，b 是浮力；$\alpha=2.5\times10^{-4}/℃$ 是海水热膨胀系数；g 是重力；f 是科里奥利参数；$\rho_{\mathrm{r}}=10^3\mathrm{kg/m^3}$ 是内层参考密度；$c_{\mathrm{w}}=4.2\times10^3\mathrm{J/(kg\cdot℃)}$ 是水的比热容；$\mu=10^4\mathrm{m^2/s}$ 是水平湍流混合动量或热扩散系数；Q 是向下热通量；τ是垂直雷诺（Reynolds）应力；P 是与运动相关的扰动压力除以 ρ_{r} 得到的结果；V 和 w 分别是涡度的水平和垂直分量。为了简洁，式（1.29）忽略了曲率项。

为了方便描述海洋边界层底的夹卷过程，将 z 坐标变换为广义 s 坐标系（Kasahara，1974）：$s=s(x,y,z,t)=\frac{z}{\tilde{h}}$，其中，$\tilde{h}$ 可以表示混合层深度，也可以表示温跃层深度，当 $z=0$ 时，$s=0$；当 $z=\tilde{h}$ 时，$s=-1$。通过上述变换，混合层底部或温跃层底部 s 保持常数。s 坐标中相应的运动方程如下：

$$\frac{\partial\tilde{h}}{\partial t}+\nabla_s\cdot(\tilde{h}V)+\frac{\partial w_{\mathrm{e}}}{\partial s}=0 \tag{1.30a}$$

$$\frac{\partial V}{\partial t}+V\cdot\nabla_s V+\frac{w_e}{\tilde{h}}\frac{\partial V}{\partial s}+fk\times V=-(\nabla_s P-b\nabla_s z)+\frac{1}{\rho_r\tilde{h}}\frac{\partial\tau}{\partial s}+\mu\nabla^2 V \tag{1.30b}$$

$$\frac{\partial T}{\partial t}+V\cdot\nabla_s T+\frac{w_e}{\tilde{h}}\frac{\partial T}{\partial s}=\frac{1}{\rho_r c_w\tilde{h}}\frac{\partial Q}{\partial s}+\mu\nabla^2 T \tag{1.30c}$$

其中

$$\tilde{h}\equiv\frac{\partial z}{\partial s}=\left(\frac{\partial s}{\partial z}\right)^{-1} \tag{1.30d}$$

$$w_e\equiv\tilde{h}\frac{\mathrm{d}s}{\mathrm{d}t}=w-\left(\frac{\partial z}{\partial t}\right)_s-V\cdot\nabla_s z \tag{1.30e}$$

$$P\equiv\int_{s_h}^{s}b\tilde{h}\mathrm{d}s \tag{1.30f}$$

其中，$s_h\equiv s(x,y,-h,t)$ 代表 s 坐标中温跃层底部，即扰动压力消失的地点。

将控制方程分别应用于混合层和整个上部海洋，可以得到用于混合层和平均上层洋流的两套控制方程。

1.7.1 混合层方程

假定水平涡度和温度在混合层（ML）中是独立的。为了将 z 坐标中变化的混合层底部转换为恒定层（$z\leqslant -h_1$），可以使用

$$s=\frac{z}{h_1},\quad 0\geqslant z\geqslant -h_1$$

因此 $\tilde{h}=h_1$。将式（1.30a）～式（1.30c）针对 s 从−1 到 0 积分得到

$$\frac{\partial h_t}{\partial t}+\nabla\cdot(h_1V_1)=W_e \tag{1.31a}$$

$$\begin{aligned}\frac{\partial V_1}{\partial t}+V_1\cdot\nabla V_1+fk\times V_1=&-\frac{1}{2}[\nabla(b_1h)+b_1\nabla h_1]\\&-\frac{W_e}{h_1}\wp(W_e)V_s+\frac{\tau_0-\tau_{-h_1}}{\rho_r h_1}+\mu\nabla^2 V_1\end{aligned} \tag{1.31b}$$

$$\frac{\partial T_1}{\partial t}+V_1\cdot\nabla T_1=-\frac{W_e}{h_1}\wp(W_e)(T_1-T_e)+\frac{Q_0-Q_{-h_1}}{\rho_r c_w h_1}+\mu\nabla^2 T \tag{1.31c}$$

其中，V_1 是混合层的垂直平均洋流；$W_e=w_e$（$s=-1$）是混合层底部的夹卷速度（Schopf and Cane，1983）；$b_1=\alpha g(T_1-T_r)$ 是混合层的浮力；V_s 是混合层底部的垂直切变；$\wp(W_e)$ 是 W_e 的 Heaviside 阶梯函数；Q_0 和 Q_{-h_1} 分别是混合层底部和表面的向下通量。在式（1.31b）的推导过程中假定温度在温跃层是从 T_1 到 T_r 线性递减的。

若要预报 V_1、h_1 和 T_1，必须确定以下变量：①斜温层深度 h 和垂直切变 V_s；②夹卷速度 W_e 和夹卷水温 T_e；③海表雷诺应力 τ_0 和混合层底部雷诺应力 τ_{-h_1}，以及海表向下通量 Q_0 和混合层底部向下通量 Q_{-h_1}。

可以利用 Kraus-Turner 型的海洋混合层来估计夹卷率（W_e）：

$$W_e\wp(W_e)h_1\alpha g(T_1-T_e)=2m_s u_*^3-\frac{h_1}{2}[(1+m_b)B_0-(1-m_b)|B_0|]$$
$$-\frac{\alpha g}{\rho_r c_w}\left(h_1-\frac{2}{\gamma}\right)I_0$$

其中，u_* 是摩擦速度；B_0 和 I_0 表示净表面热通量和向下短波辐射。

1.7.2　温跃层深度和切变流的确定

利用以下的变换来推导整个海洋上层的运动方程和连续方程：

$$s=\frac{z}{h},\quad 0\geqslant z\geqslant -h \tag{1.32a}$$

由式（1.32a）和 $\tilde{h}\equiv\partial z/\partial s=h$ 可以将温度层底部变换成 $s=-1$。扰动压力为

$$P=\int_{-1}^{s}bh\mathrm{d}s\approx h\bar{b}(s+1) \tag{1.32b}$$

其中，$\bar{b}$ 是平均浮力。假设温跃层的温度从 T_1 到 T_r 线性递减，而 $\bar{b}$ 与 b_1 有关：

$$\bar{b}=\frac{b_1}{2}\left(1+\frac{h_1}{h}\right) \tag{1.32c}$$

对式（1.30a）和式（1.30b）进行垂直积分，并且联合式（1.32a）～式（1.32c）得到

$$\frac{\partial h}{\partial t}+\nabla\cdot(hV)=0$$

$$\frac{\partial V}{\partial t}+V\cdot\nabla V+fk\times V=-\nabla(\bar{b}h)+\frac{h}{2}\nabla\bar{b}+\frac{\tau_0}{\rho_r h}+\mu\nabla^2 V$$

其中，V 是温跃层深度以上的垂直平均流。在 $z=-h$ 处界面应力和夹卷均被忽略。

为了估计垂直切变 V_s，使用以下近似：

$$hV=h_1V_1+h_2V_2$$

其中，V_2 和 h_2 分别是平均垂直流和温跃层厚度。由 V 和 V_1 可得切变为

$$V_s=\frac{h}{h-h_1}(V_1-V)$$

次表层夹卷温度由下面的公式确定：

$$T_1 - T_e = \Delta h_e \frac{T_1 - T_r}{h - h_1}$$

表 1.2 列出了模型中使用的主要参数及标准值。

表 1.2　控制试验中模型参数和标准值

参数	代表意义	标准值
T_r	惯性层参考温度	10℃
R	太阳辐射穿透系数	0.55
G	太阳辐射衰减系数	$0.04m^{-1}$
C_D	阻力系数	1.3×10^{-3}
C_E	水汽输送系数	1.5×10^{-3}
h_0	等切变层厚度	10m
m_s	风搅拌湍流混合系数	0.4～1.25
m_b	对流湍流混合系数	0.2
Δh_e	夹卷层厚度	5m
μ	水平湍流动量和热扩散系数	$10^4m^2/s$
r_h	温跃层深度方程的瑞利阻尼系数	0
r	水平动量方程的瑞利阻尼系数	0

在气候态月平均风应力、云量和大气顶层太阳辐射强迫下，该模式能够再现 SST、混合层和上层海洋平均流，以及垂直夹卷速度混合层与温跃层深度的观测特征。在风应力和热通量观测场的强迫下，模式能够模拟与 ENSO 相关的 SST 年际距平模态。有关模式模拟的详细信息可参考相关文献（Wang et al.，1995）。

问　　题

1. 赤道β平面上的线性浅水方程如下：

$$\frac{\partial u}{\partial t} - \beta yv = -\frac{\partial \phi}{\partial x}$$

$$\frac{\partial v}{\partial t} + \beta yu = -\frac{\partial \phi}{\partial y}$$

$$\frac{\partial \phi}{\partial t} + c^2\left(\frac{\partial u}{\partial x} + \frac{\partial v}{\partial y}\right) = 0$$

（1）假设这些方程描述的是大气中斜压模态的最低层，这些独立的变量 u、v、ϕ代表什么？c 的物理意义是什么？如何决定 c 的数值？c 的典型数值是多少？

（2）推导无量纲形式的方程组。

（3）推导适宜的经向边界条件下的频散方程。

（4）该系统中存在哪些形式的自由波动？

（5）这些波动的位相和能量传播的特征为何？

2. （1）写出赤道开尔文波的浅水控制方程。

（2）该系统中开尔文波的垂直结构为何？

（3）基于正压和两层斜压模态中的物理原理，解释自由大气中的赤道开尔文波为什么沿赤道向东传播。

（4）赤道开尔文波的主要特征有哪些？

3. 证明在非绝热加热正比于 SST 的条件下，Gill 模型与 Lindzen-Nigam 模型具有相同的数学形式。

参 考 文 献

Cane M A. 1984. Modeling sea level during El Niño. J. Phys. Oceanogr.，15：213-221.

Davey M K，Gill A E. 1987. Experiments on tropical circulation with a simple moist mode. Quart. J. Roy. Meteor. Soc.，113：1237-1269.

Gill A E. 1980. Some simple solutions for heat-induced tropical circulation. Q. J. Roy. Met. Soc.，106：447-462.

Kasahara A. 1974. Various vertical coordinate systems used for numerical weather prediction. Mon. Wea. Rev.，102：509-522.

Kiladis G N，Wheeler M C，Haertel P T，et al. 2009. Convectively coupled equatorial waves. Rev. Geophys.，47：RG2003.

Kraus E B，Turner J S. 1967. A one-dimensional model of the seasonal thermocline. Part II：The General Theory and Its Consequences. Tellus，19：98-105.

Lindzen R S，Nigam S. 1987. On the role of sea surface temperature gradients in forcing low level winds and convergence in the tropics. J. Atmos. Sci.，44：2418-2436.

Matsuno T. 1966. Quasigeostrophic motions in the equatorial area. J. Meteor. Soc. Japan，44：25-43.

Schopf P S，Cane M A. 1983. On equatorial dynamics，mixed layer physics and sea surface temperature. J. Phys. Oceanogr.，13：917-935.

Wang B，Li T. 1993. A simple tropical atmospheric model of relevance to short term climate variation. J. Atmos. Sci.，50：260-284.

Wang B，Li T，Chang P. 1995. An intermediate model of the tropical Pacific Ocean. J. Phys. Oceanogr.，25：1599-1616.

Zebiak S E. 1986. Atmospheric convergence feedback in a simple model for El Niño. Mon. Wea. Rev.，114：1263-1271.

Zebiak S E，Cane M A.1987. A model El Niño-Southern Oscillation. Mon. Wea. Rev.，115：2262-2278.

第 2 章　海气相互作用对热带气候态形成的影响

2.1　热带辐合带的非对称性

观测表明，热带中东太平洋和热带大西洋的气候平均态相对于赤道分布具有显著的非对称性特征，充沛的降水和热带辐合带（ITCZ）位于赤道的北侧，而冷舌位于赤道的南侧（图 2.1）。单纯从气象学的观点出发，ITCZ 的不对称性主要与海平面温度（SST）在南

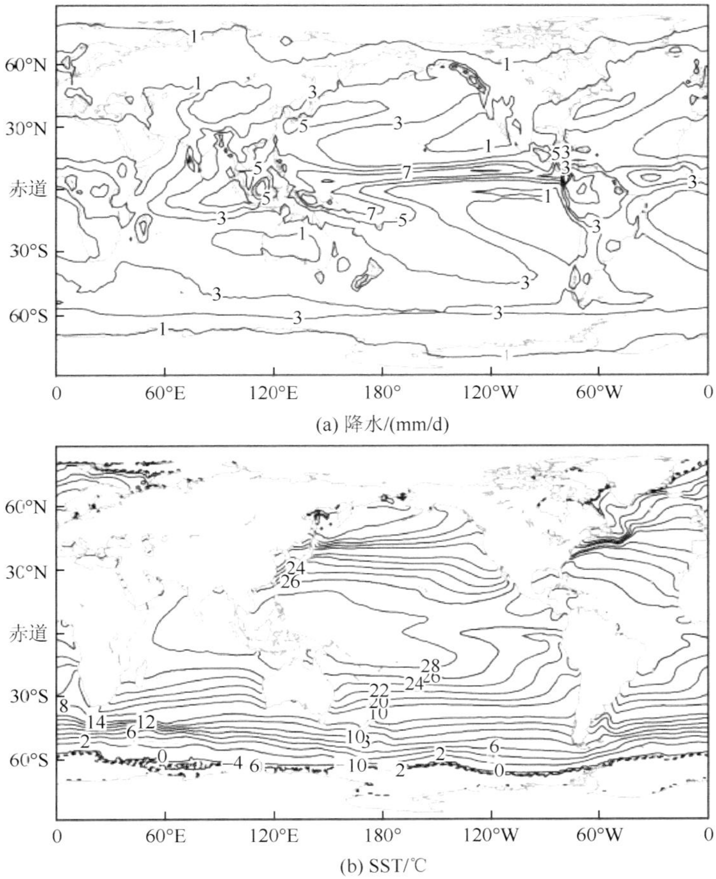

(a) 降水/(mm/d)

(b) SST/℃

图 2.1　1979～2012 年平均的全球降水与 SST

数据分别来自于 GPCP 的逐月降水资料和哈得来中心海冰和海表温度数据（HadISST）

北半球空间分布的不对称性有关；单纯从海洋学的观点出发，SST 的不对称性主要是由大气强迫的不对称性所导致的。这种环环相扣的观点正表明了海气相互作用的重要性。

如果把海气系统看做一个耦合的整体，大气层顶的太阳辐射为唯一的外部强迫，经过长时间平均后，热带辐合带将会关于赤道对称。那么可以提出这样的科学问题：在给定对称强迫的情况下，为什么会响应出非对称的耦合系统？是什么基本的物理过程造成了这种非对称性？为什么这种非对称性仅仅出现在热带东太平洋和热带东大西洋，而不出现在西太平洋和热带印度洋？

赤道东太平洋及东大西洋的 SST 和风场的平均态年循环变化也是一个极其有趣的现象。观测事实表明，太阳辐射一年之内跨赤道两次，因此大气层顶的太阳辐射为半年周期（6 个月），但在该地区 SST 与地表风场却表现为明显的 12 个月周期（图 2.2）。

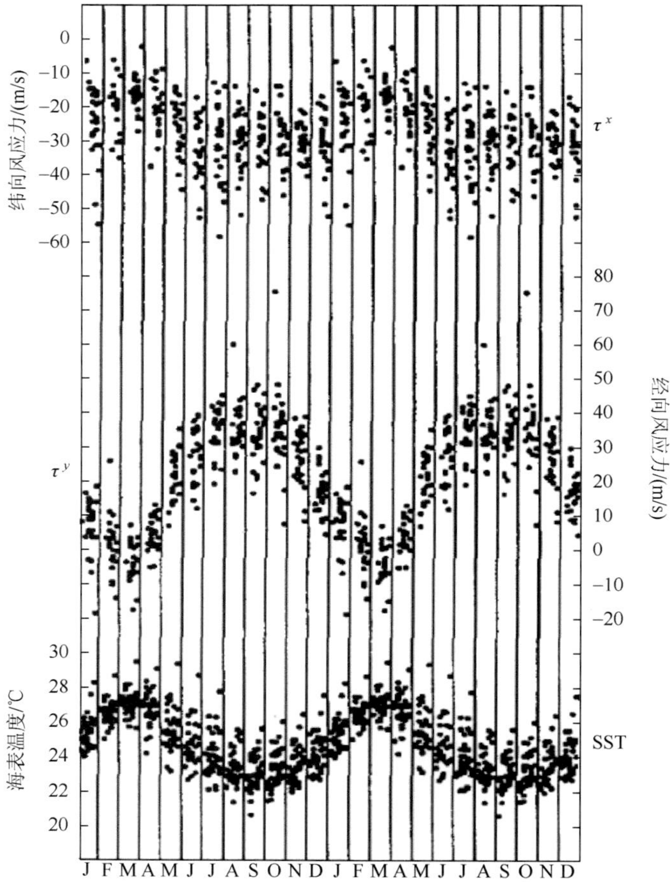

图 2.2　太平洋冷舌西侧的纬向风应力与北侧的经向风应力和冷舌区 SST 的时间演变图（Mitchell and Wallace，1992）

横坐标英文字母表示各月份缩写

同样地，可以从单纯气象学和海洋学的角度来解释这种年变化特征。然而，如果考虑地球气候系统是一个耦合的海气系统，则必须去探究为什么在外强迫（太阳辐射）为半年周期的情况下，大气和海洋的变化周期为一年。

为了回答上述科学问题，首先分析热带东太平洋区域的向外长波辐射（OLR）、风场和 SST 场从 3 月（冷舌最弱）开始的演变特征。图 2.3 展示了从 3 月到 5 月（5 月减去 3 月）与 5 月到 8 月（8 月减去 5 月）的差值场特征。随着时间的演变，SST 南北梯度增大，与此同时，跨赤道气流、海平面气压（SLP）和 OLR 场的非对称性增强。因此，观测分析表明，冷舌的发展与大气-海洋反对称模态的正反馈有关，即反对称的 SST 分布引发了跨赤道气流，而跨赤道气流又会继续增强 SST 的南北梯度，形成正反馈循环机制。

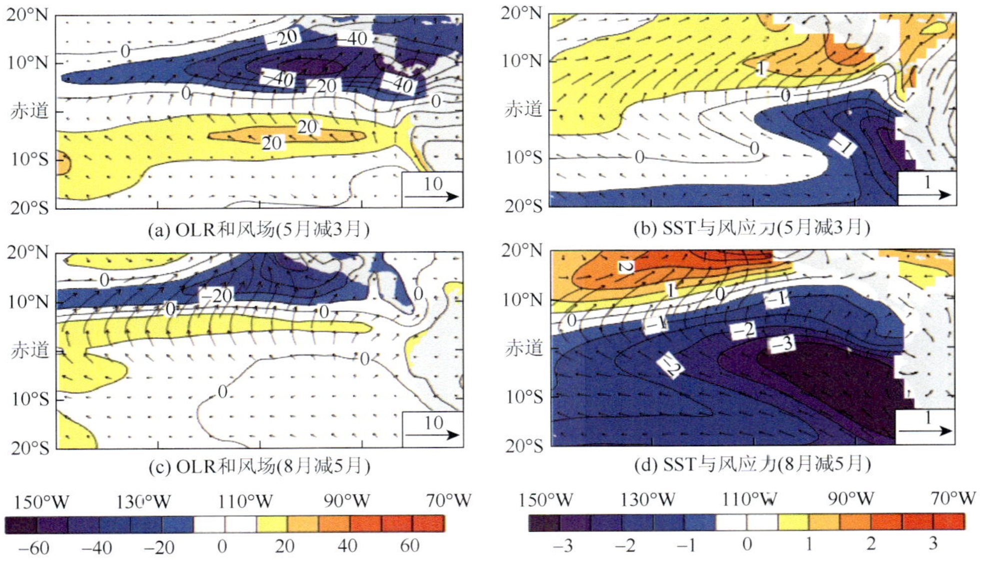

图 2.3　从 3 月到 5 月与 5 月到 8 月的差值场特征（Mitchell and Wallace，1992）

OLR 等值线间隔为 10W/m^2；SST 等值线为 0.5℃

2.2　相 关 理 论

受到观测演变事实的启发，本节提出几个理论来解释热带辐合带的非对称性。这些理论的基本思想为：反对称的模态是海气相互作用最不稳定的模态。Chang 和 Philander 在 1994 年首次提出了经向风-上翻流-海平面温度三者之间的正反馈机制。假设一个简单的海气相互作用模式，大气部分是 Lindzen-Nigam

模型（式（2.1）～式（2.3）），海洋部分是简化的 Cane-Zebiak 模型（式（2.4）～式（2.6））：

$$E\tau^{x} - f\tau^{y} = -\alpha\left(\frac{\partial \phi}{\partial x} - A\frac{\partial T}{\partial x}\right) \tag{2.1}$$

$$E\tau^{y} - f\tau^{x} = -\alpha\left(\frac{\partial \phi}{\partial y} - A\frac{\partial T}{\partial y}\right) \tag{2.2}$$

$$\phi + B\left(\frac{\partial \tau^{x}}{\partial x} + \frac{\partial \tau^{y}}{\partial y}\right) = 0 \tag{2.3}$$

其中，τ^x 和 τ^y 分别表示表面风应力的纬向和经向分量；ϕ 表示边界层顶的位势高度；T 表示海平面温度；E 表示由动量的垂直扩散以及表面拖曳而产生的机械阻尼；$A = gH_0 / (2T_0)$ 以及 $B = gH_0 / (\mu\alpha)$ 表示边界层顶气压反馈效应的强度；H_0 表示边界层厚度；T_0 表示参考温度；μ 为边界层顶气压调整的时间（inverse relaxation time）；参数 α 将风速转化为表面风应力。

观测分析已指出，在年循环的时间尺度上温跃层的变化是可以忽略的。忽略上层海洋波动以及温跃层变化的 Cane-Zebiak 模型可以简化为

$$T_t + \bar{u}_1 T_x + \bar{v}_1 T_y + \frac{\bar{w}}{H_1}(T - \gamma h) + \bar{u}_1 T_x + v_1 \bar{T}_y + w\bar{T}_z + \varepsilon T - \kappa\nabla^2 T = 0 \tag{2.4}$$

$$\begin{bmatrix} u_1 \\ v_1 \end{bmatrix} = \frac{H_2}{H}\begin{bmatrix} u_\mathrm{e} \\ v_\mathrm{e} \end{bmatrix},\quad w = \frac{H_1 H_2}{H}\nabla \cdot V_\mathrm{e} \tag{2.5}$$

$$\begin{bmatrix} u_\mathrm{e} \\ v_\mathrm{e} \end{bmatrix} = \frac{1}{\varDelta_0}\begin{bmatrix} r_\mathrm{s}\tau^{x} + f\tau^{y} \\ r_\mathrm{s}\tau^{y} - f\tau^{x} \end{bmatrix},\quad \varDelta_0 = H_1(r_\mathrm{s}^2 + f^2) \tag{2.6}$$

其中，H_1 和 H 分别表示定常的混合层厚度和平均温跃层厚度；H_2 表示 H 和 H_1 之差；$(\bar{u}_1, \bar{v}_1)$ 和 (u_1, v_1) 分别表示平均的纬向流、经向流和扰动的纬向流、经向流；h 表示温跃层厚度异常，假设为零。

对上述简单耦合模式进行特征值分析，结果显示有两个不稳定的模态（图 2.4）。第一模态表现为赤道反对称结构，第二模态表现为赤道对称结构。然而前者的增长率远大于后者，表明海气相互作用更易在反对称的模态下发展。值得注意的是，最不稳定的模态的波数为零，表明该模态倾向支持纬向均一的结构。

图 2.5（a）给出了海气相互作用如何有利于反对称不稳定模态的发展。在初始阶

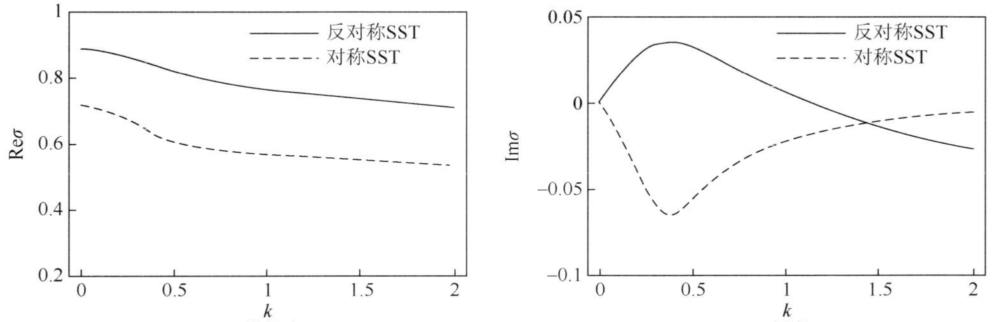

(a) 增长率　(b) 频率

图 2.4　耦合模式的增长率和频率随波数（x 轴）的变化（Chang and Philander，1994）

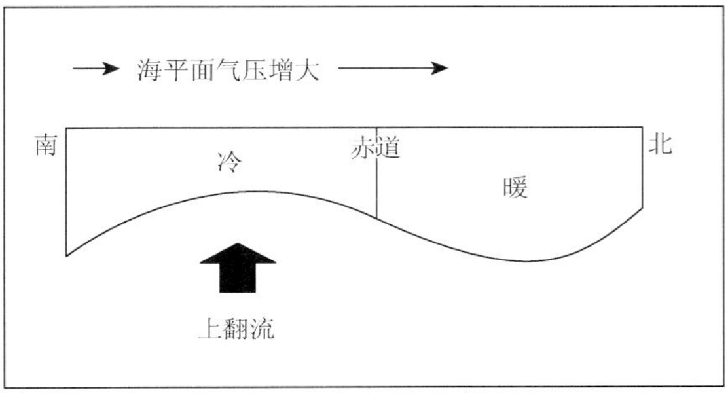

(a) 经向风-上翻-SST反馈机制

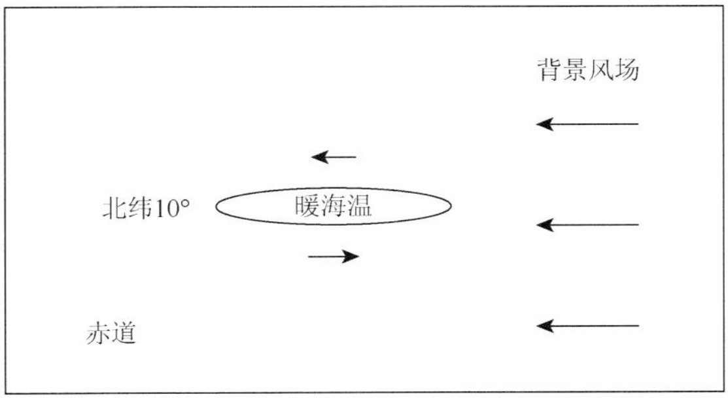

(b) 风-蒸发-SST反馈机制

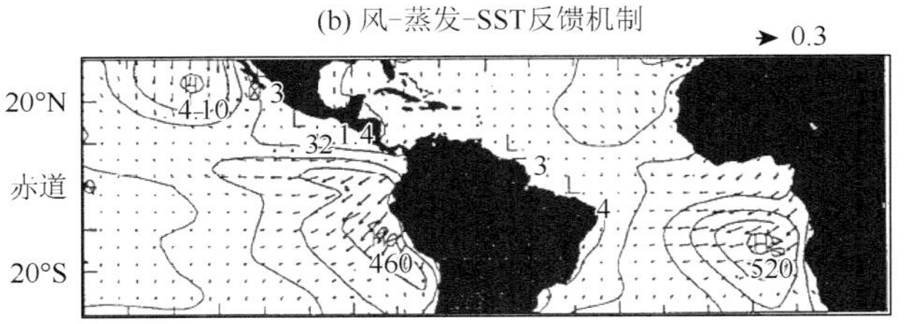

(c) 低层层云-辐射-SST反馈机制，等值线表示平均的层云云量

图 2.5　三类海气正反馈机制示意图（Li，1997）

段，在完全对称的平均态背景场中加入一个弱的北正南负的反对称 SST 扰动。如果对称的背景场是稳定的，这些初始扰动会因自然耗散而随时间逐渐消失。如果系统不稳定，那么反对称模态就会随着时间指数增长，建立起反对称的气候态。

反对称 SST 异常强迫一旦建立，就会引起由南向北的跨赤道气流。该气流驱动海洋 Ekman 流。海洋 Ekman 流在科里奥利力为零的赤道上存在最大的向北分量；而在赤道外的地区，洋流在科里奥利力作用下在南（北）半球向左（右）偏转，因此向北的 Ekman 流分量相对赤道较小。这样的经向洋流的分布导致赤道以南（北）海表辐散（辐合）。海表洋流的辐合（辐散）又会引起混合层底部的异常下沉（上升）速度，表现为赤道以南（北）上翻（下沉）。非对称的垂直速度进一步加强初始的反对称 SST 扰动，形成了一个 SST-经向风-海洋上翻流三者之间的正反馈循环。正是由于该正反馈机制的存在，反对称 SST 异常扰动得以发展。

Li（1997）称上述海气耦合不稳定为经向风-上翻流-SST 正反馈机制。除了这个动力海气正反馈机制，还存在风-蒸发-SST（Xie and Philander，1994）和低层层云-辐射-SST（Li and Philander，1996；Philander et al.，1996）两种热力海气正反馈机制。

风-蒸发-SST 反馈机制最早由 Neelin 等（1987）和 Emanuel（1987）在研究大气中低频振荡——Madden-Julian Oscillation（MJO）时提出，Xie 和 Philander（1994）进一步应用在热带辐合带不对称性的研究中。若背景风场如图 2.5（b）所示，假设起始时刻在北纬 10°的位置存在一个正 SST 异常，在该异常海温的驱动下，大气在其南（北）边激发西（东）风异常。南（北）边的西（东）风异常与背景东风反（同）向，因此会减少（增加）表面蒸发，从而导致 SST 随着时间增长，因此，海温暖异常向赤道移动。在靠近赤道的地方，平均东风导致的海洋上翻导致了冷舌的形成。冷舌的存在抑制大气对流的发展，阻止海温扰动向赤道移动。因此，海温暖异常及其引发的异常对流活动不得不停留在离赤道 5°～6°的地方。若没有冷舌存在，最大的海温中心将移到赤道上。

另一种海气相互作用为低层海洋层云和 SST 之间的正反馈（Li and Philander，1996；Philander et al.，1996）。不同于西太平洋暖水区的对流云，东太平洋冷水区上空多形成低层层云，见图 2.5（c）。这些层状云随着季节变化，云量在 SST 最低的 9 月达到最大。低层层云在海气耦合系统中起着极为重要的作用，因为它涉及一个正反馈循环：SST 越低，对流层下层静力稳定度越大，大气逆温增强，导致低层层云变厚；更多的云进一步阻碍短波辐射进入海平面，因此导致 SST 降低。观测资料分析表明，在热带东太平洋和大西洋，低层层云量与 SST 存在负相关关系。随着 SST 的降低，低层层云量剧增，进一步减少短波辐射进入海洋，造成更低的 SST。

这一系列海气相互作用正反馈过程为理解气候态的反对称提供了理论基础，但这三种反馈过程何者对反对称气候态的形成最为重要？Li（1997）尝试在统一框架下考虑这三种海气反馈过程，其发现上述三种海气相互作用过程在解释观测的东太平洋反对称现象中起到同等重要的作用。

当初始正 SST 扰动出现在北（南）半球，海气相互作用的反馈可使热带辐合带出现在赤道北（南）边。但为何观测到的热带辐合带总是处于赤道以北呢？此外，真实世界中的热带辐合带非对称现象只出现在热带东太平洋和热带东大西洋，为何不会出现在热带西太平洋或热带印度洋？是什么决定了热带辐合带的经度位置？这些问题将在 2.3 节进行说明。

2.3　陆地分布和非对称及海岸线形状不对称的影响

气候态的热带辐合带总处于北半球的一个可能原因是北半球有更多的陆地。Philander 等（1996）、Li（1997）运用大气模式（GFDL R30）探究了这个假设。为了理解非对称陆地单独的作用，模式的下边界条件给定为一个关于赤道对称的海平面温度场；在大气层顶，给定了关于赤道对称的年平均太阳辐射。模拟结果发现，尽管北半球陆地更多，但在赤道太平洋地区，模拟出的平均风仍然是关于赤道对称的。这一结论与热带大西洋很不一样。在热带大西洋，模式模拟出了由南向北的跨赤道气流。这种非对称风场的出现是由于较热的北非陆地与其南边较冷的海洋之间的热力对比。

热带太平洋两种重要的表面风场的特征值得关注（图 2.6（b））。首先，虽然海平面温度在纬向上不存在变化，但是赤道存在着很强的东风，一旦该东风影响海洋，就会驱动暖水向西聚集，而在东边引起次表面冷水上翻到表面，造成了海平面温度东—西不对称（暖池和冷舌的热力对比）。这种纬向上的海气相互作用是决定沃克环流强度的主要原因。其次，由于美洲大陆海岸线的倾斜，赤道以南（北）的信风基本上与海岸线平行（垂直）。我们知道，平行（垂直）于西海岸线的风在赤道以南（北）会激发沿着海岸线的次表层海水的强上翻（下翻）作用，造成冷（暖）的海平面温度。因此，当风场与海洋耦合，它就会通过引起秘鲁（巴拿马）沿岸海平面温度异常冷（暖），建立起海平面温度的南北不对称。一旦起始的弱海平面温度不对称建立，前面章节提到的一系列正反馈机制就会起作用，进一步放大赤道不对称，直到最终达到观测的强度。

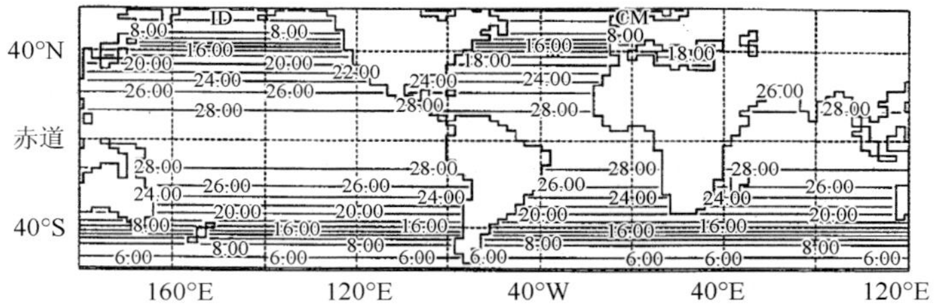

(a) 模式中给定的140°E到180°平均海平面温度场(℃)

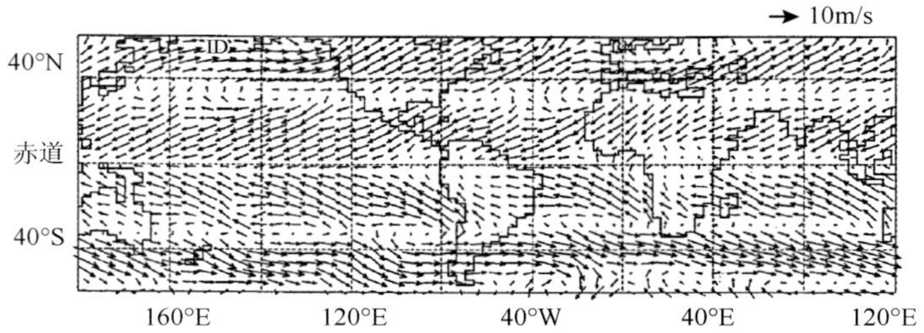

(b) 模拟出的表面风场

图 2.6 R30 模式的海温边界条件及模拟出的风场特征（Li，1997）

Li（1997）利用一系列耦合的敏感性试验来验证上述假设，并且理解各种海气相互作用的相对重要性。试验中，重点关注动力的海气相互作用，即大气仅通过风应力影响海洋，模式中的表面热通量固定成控制试验中的对称热通量分量，以便维持图 2.6（a）所示的对称海平面温度场。海洋模式从对称的海平面温度条件下开始积分（图 2.6（a））。由于赤道东风的迅速发展，西太平洋暖池、东太平洋冷舌的东西不对称也随之建立。由于美洲大陆西海岸线的倾斜，海平面温度的南北不对称的分布也开始发展（图 2.7（a））。伴随着不对称海平面温度分布的发展，赤道东太平洋出现了由南向北的跨赤道气流（图 2.7（b））。

该模式试验设置中的动力耦合包括两个十分重要的过程：①倾斜的海岸线导致南半球沿岸风引起冷水上翻，造成海平面温度降低从而导致赤道反对称模的建立；②经向风-海平面温度反馈进一步通过正反馈循环使得反对称模增长。前者主要涉及在海岸线附近地区的海气相互作用；后者具有更大纬向尺度，主要涉及大尺度海气相互作用过程。

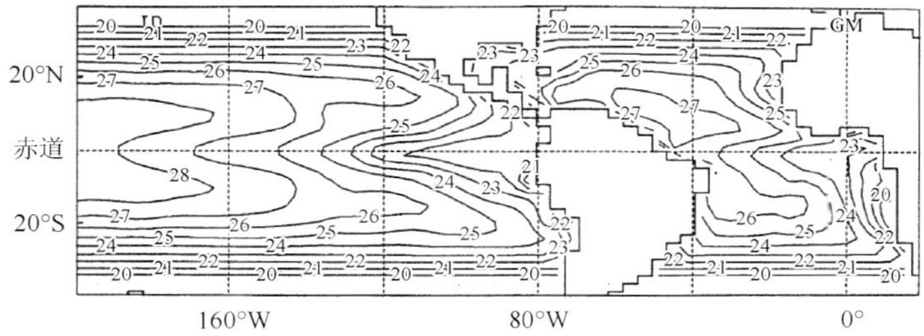

(a) 模式模拟的海表温度(℃)

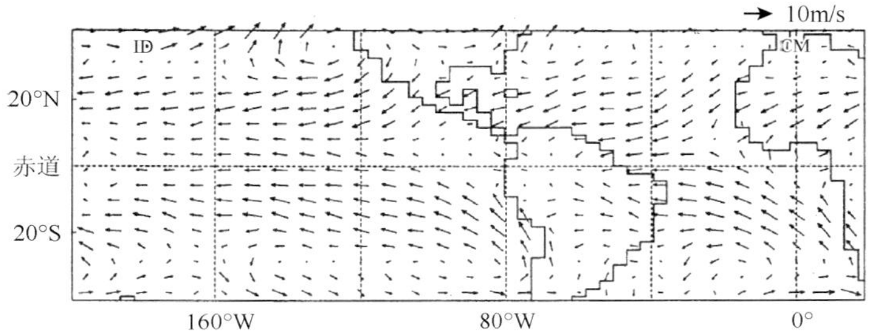

(b) 模式模拟的表面风场

图 2.7　模式从图 2.6（a）所示的对称海平面温度条件开始积分（Li，1997）

Philander 等（1996）的研究中，通过给定与经圈平行的理想美洲大陆西海岸，用数值试验进一步强调了海岸线倾斜在激发太平洋气候反对称过程中的重要性。理想数值试验结果表明，如果不存在海岸线的非对称性，赤道东太平洋不会出现海平面温度反对称分布。

除了动力海气反馈过程，当风-蒸发-海平面温度反馈和低层层云-辐射-海平面温度反馈在耦合模式试验中打开时，该赤道反对称模态的强度进一步加强，如图 2.8 所示。

综上所述，一系列耦合海气模式试验解释了热带太平洋和大西洋气候态热带辐合带处于北半球的原因。在大西洋，主要是由于较热的北非陆地与其南边较冷的海洋之间的热力对比。而在太平洋，主要是由于美洲海岸线的非对称性。特定的海岸线和陆地非对称造成了赤道以北产生更暖的海平面温度和由南向北的跨赤道气流。海气相互作用正反馈过程又使得海岸线和陆地激发的非对称进一步放大。

尽管热带辐合带处于赤道以北是由于上述海岸线和陆地非对称性，热带辐合带在经度上的位置主要还是由气候平均的温跃层深度决定。这是因为海气相互作用在温跃层较浅的地区最为活跃。信风主导了赤道太平洋和大西洋海盆尺度环流，而南北向的季风控制了热带印度洋的环流。因此，全球海陆分布决定了季风和信风地区，从而决定赤道海洋温跃层的东西倾斜度以及热带辐合带不对称的经度位置。

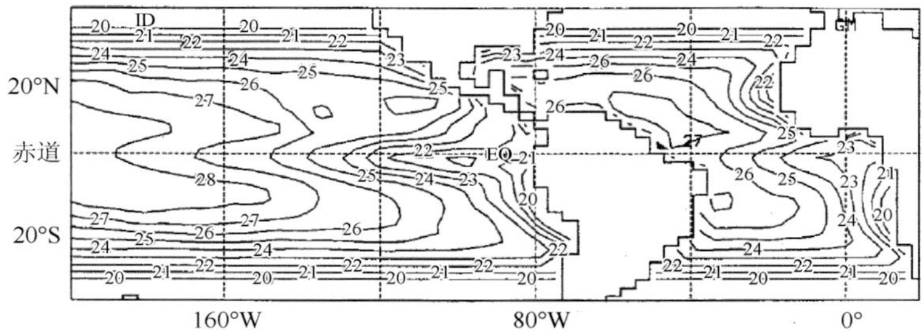

(a) 模式模拟的海表温度(℃)

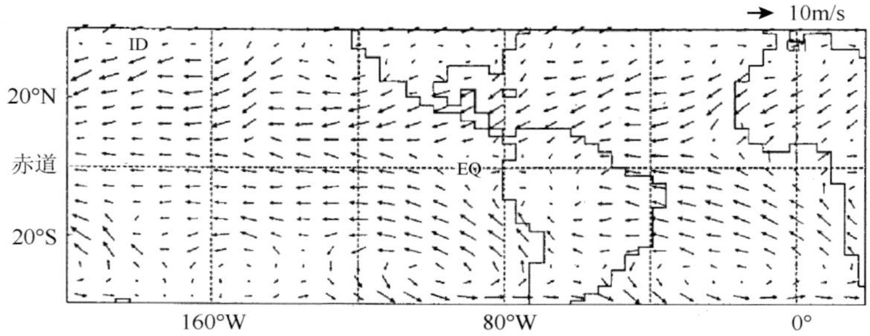

(b) 模式模拟的表面风场

图 2.8　海气耦合模式同时考虑动力海气相互作用、风-蒸发反馈作用以及低层层云-辐射反馈作用的模拟结果（Li，1997）

2.4　赤道上的年循环

赤道上 SST 和风场的一年周期性可能受各种因素影响。首先，大气层顶的太阳辐射为整年的谐波变化分布，且由对称分量和非对称分量共同组成。其中，对称分量主要是与地球绕太阳公转的椭圆轨道有关，1 月为近日点，6 月为远日点。而非对称分量主要与造成四季更替的地轴倾斜有关。但是非对称分量在赤道上振幅为零。那么上述哪种太阳辐射分量是最关键的呢？

其次，SST 和风场的年循环特征仅出现在平均态关于赤道非对称的赤道东太平洋和赤道大西洋。这种平均态的非对称性对于大气和海洋变量的年变化起着怎样的作用？

为了解决上述问题，Li 和 Philander（1996）构建了一个简单的海气耦合模式，在模式中给定平均态的特征，仅在大气顶层给定随时间变化的太阳辐射来驱动模式中其他变量的变化。

耦合模式中的大气部分为 Lindzen-Nigam 模型：

$$EV + \beta yU = \frac{\partial \phi}{\partial y} + A\frac{\partial T}{\partial y} \tag{2.7}$$

$$EU - \beta yV = \frac{\partial \phi}{\partial x} + A\frac{\partial T}{\partial x} \tag{2.8}$$

$$\varepsilon\phi = -C_0^2\left(\frac{\partial U}{\partial x} + \frac{\partial V}{\partial y}\right) \tag{2.9}$$

其中，U 和 V 为纬向风和经向风；ϕ 为大气边界层顶的位势高度；E 为边界层的摩擦系数；ε 为积云对流调整的时间倒数；$A=gH_0/(2T_0)$ 和 $C_0^2=gH_0$ 分别为由 SST 梯度导致的气压梯度作用的强度和边界层的正压重力波的波速；H_0 为边界层的高度；T_0 为参考温度。该研究中给定 $E = 1/2.5\text{d}$，$\varepsilon = 1/30\text{min}$，$H_0 = 3000\text{m}$，$T_0 = 288\text{K}$。

耦合模式中海洋部分类似 Zebiak 和 Cane（1987）的方法，但对切变流方程和 SST 方程进行了微小的修正：

$$\frac{\partial v}{\partial t} + fk \times v = -g'\nabla h + \frac{\tau}{\rho H} - rv + \upsilon\nabla^2 v \tag{2.10}$$

$$\frac{\partial h}{\partial t} + H\nabla \cdot v = -rh + \kappa\nabla^2 h \tag{2.11}$$

$$\frac{\partial \tilde{v}}{\partial t} + fk \times \tilde{v} = \frac{\tau}{\rho H_1} - r_s\tilde{v} + \upsilon\nabla^2\tilde{v} \tag{2.12}$$

$$\begin{aligned}&\frac{\partial T}{\partial t} + v_1 \cdot \nabla(\bar{T} + T) + \bar{v}_1 \cdot \nabla T \\ &= -[M(\bar{w} + w) - M(\bar{w})]\bar{T}_z - M(\bar{w} + w)T_z + \frac{Q}{\rho C_w H_1} - \alpha T + \kappa\nabla^2 T\end{aligned} \tag{2.13}$$

其中，v 表示平均上层海洋流；$\tilde{v}$ 为混合层和其下层的切变流；$v_1 = v + \frac{H_2}{H}\tilde{v}$ 代表地表流；$H_1 = 25\text{m}$、$H = 150\text{m}$ 分别为平均的混合层深度和温跃层深度；$H_2=H-H_1$；w 为混合层的垂直夹卷速度；$M(x)=x$，如果 $x>0$，那么 $M(x)=0$，否则为 Heaviside 函数；h 表示变化的温跃层；T 为海平面温度；T_z 为海洋表层与次表层的垂直温度梯度；Q 为与太阳辐射和潜热辐射热通量相关的地表热通量；g' 和 ρ 表示重力常数和上层海洋的海水密度；r、r_s 和 α 表示动量和热量的衰减系数，$r = 1/150\text{d}$，$r_s = 1/\text{d}$，$\alpha = 1/60\text{d}$；υ 和 κ 代表扩散系数（$3\times10^3\text{m}^2/\text{s}$）。变量名上带横线的变量表征年平均场，其他的则表示移除平均场后的异常场。

在大气层顶用随季节变化的太阳辐射强迫模式，辐射包含三个成分：①与太阳一年之中横跨两次赤道的经向运动相关的半年谐波分量；②与太阳-地球椭圆轨道相关的整年谐波对称分量；③与地轴倾斜相关的整年谐波的非对称分量。在存在太阳辐射和真实平均态的情况下，模式可以重现在热带太平洋地区观测到的 SST 年循环特征（图 2.9）。模式中模拟的赤道西太平洋 SST 大致为 6 个月的周期，而赤道东太平洋 SST 的周期为 12 个月，与观测结果一致。

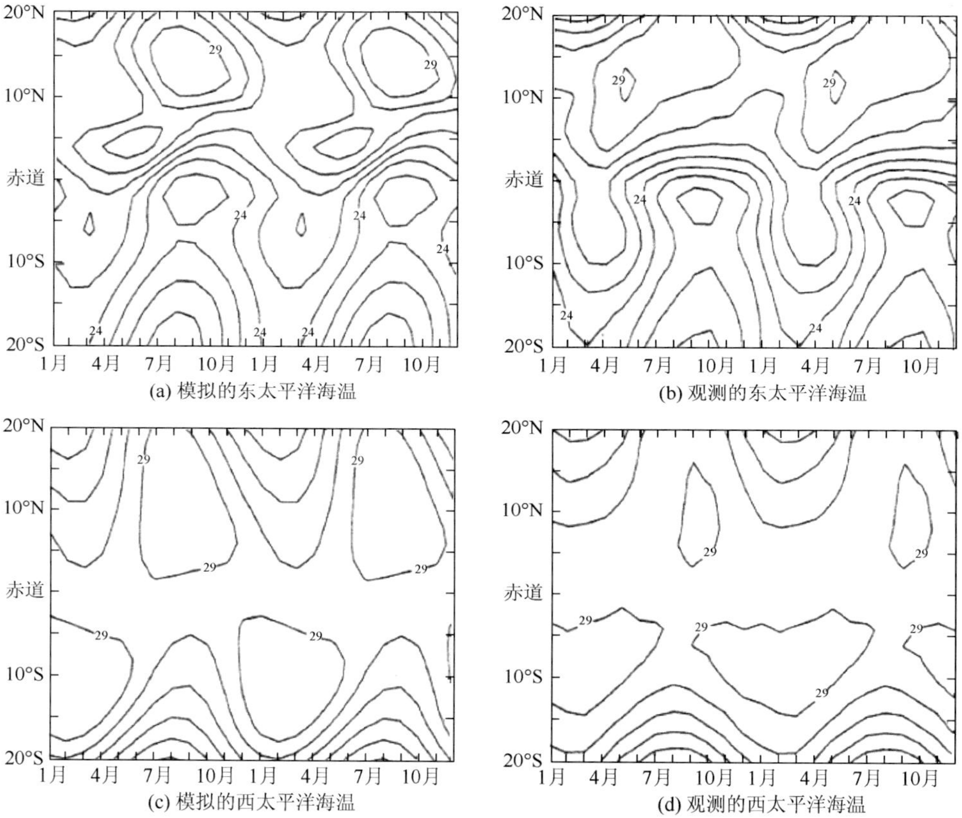

图 2.9　东太平洋（90°W～110°W）和西太平洋（160°E～180°）模式中和实际观测的 SST 年循环特征（Li and Philander，1996）

鉴于控制试验可以重现赤道东太平洋年循环特征的观测事实，进一步用敏感性试验来比较非对称的平均态和各个太阳辐射强迫分量相对重要性。当给定对称的平均态时，赤道东太平洋没有出现年循环。这表明了平均态的非对称性对于年循环有着重要作用。这种平均态的非对称如何影响年循环将会在后面章节讨论。关于太阳辐射强迫的各种分量，研究发现对称的整年谐波（与地球的椭圆轨道有关）和半年周期的谐波都不重要。最重要的强迫来源于地轴的倾斜，虽然在赤道上为零，但对赤道上 SST 年循环的形成十分关键。这是因为非对称性年谐波的太阳辐射导致了非对称性的 SST 异常，进而驱动了跨赤道气流，通过异常的温度平流和热通量导致赤道地区 SST 的改变。

图 2.10（a）展示了当只考虑动力作用时的海气耦合模式模拟的时间-纬度的 SST 场（包括潜热通量、云短波辐射变化在内的热通量均被人为地抑制）。可以看到在赤道上同样出现了 SST 的年循环现象。从图 2.10（b）可以看出，造成赤道 SST 年循环变化的关键过程是经向温度平流。注意到平均经向温度梯度 $\overline{T_y}$ 在东太平洋为正。因此，异常洋流 v' 的方向随季节而变化，在北半球夏季对赤道地区海温起着冷却作用，相反地在北半球冬季使得海水温度变暖。换言之，$-v'\overline{T}_y$ 项导致了赤道上 SST 的年循环变化现象，$-\overline{v}T_y'$ 也对赤道上 SST 的年循环变化现象有所贡献。因为平均洋流 $\overline{v}$ 为向北方向（这是由平均的向北跨赤道气流所导致），并且根据经向风-上翻流-SST 反馈机制（Chang and Philander，1994），异常的经向温度梯度 T_y' 会随异常跨赤道风的变化而改变。只有当非对称的平均态出现的时候，上述的异常经向平流过程才充当重要的角色。假如平均态是关于赤道对称的，那么 $\overline{T_y}$ 和 $\overline{v}$ 在赤道上均会消失。

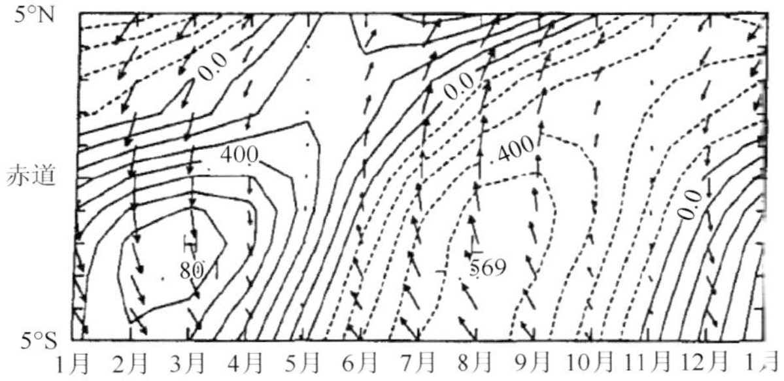

(a) 海温和风场

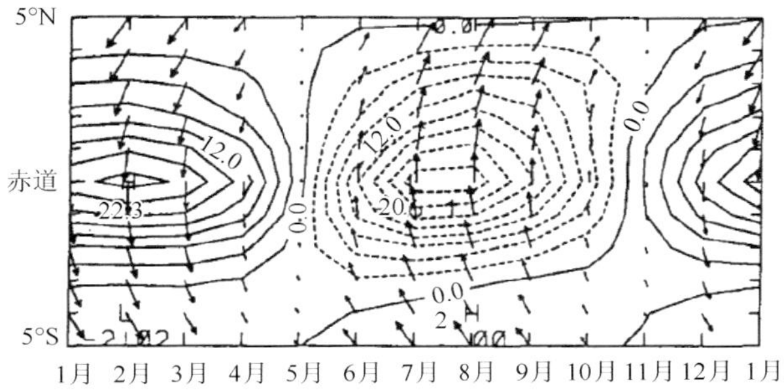

(b) 经向温度平流

图 2.10　仅有海洋耦合动力过程参与的模式模拟的 SST 场的时间-纬度剖面图和异常的经向温度平流（Li and Philander，1996）

图 2.10 的结果表明季节循环包含海洋对风的动力响应过程。即使风不驱使洋流运动，在给定赤道上为南风的平均态后，仅仅通过蒸发过程，都将造成赤道上的年循环的现象。其可能原因为北半球夏季风速加强和冬季风速减弱将会造成蒸发的年循环，进而导致 SST 出现一种年循环变化的现象。图 2.11 的点线描绘了赤道上 100°W 位置的 SST 的变化，变化振幅较小，但如果考虑地表蒸发和图 2.10 中讨论的动力响应过程变化，振幅将显著增大。若考虑到前面提到的低层云-辐射-SST 反馈过程，整年谐波的振幅将有进一步增大的可能。SST 越低，云层将越厚，使更少的太阳辐射到达海平面上。图 2.11 中的虚线展示了 SST 随动力响应过程、地表蒸发过程和层云反馈过程的变化。这种情形重现了控制试验中的 SST 季节变化，也最接近于观测事实中的振幅强度。

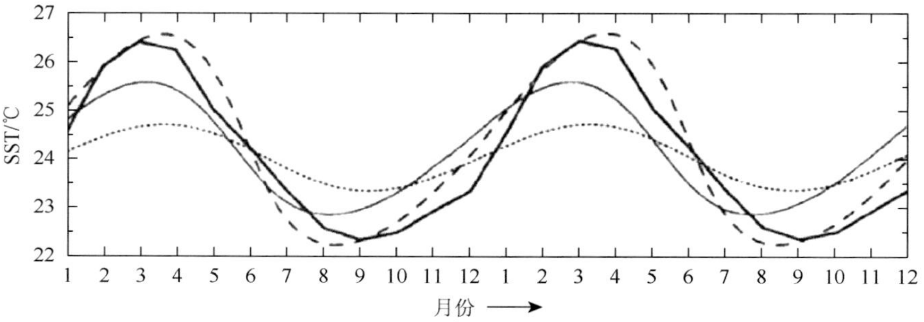

图 2.11　三种情况下 0°及 100°W 位置的 SST 的季节变化（Li and Philander，1996）

点线表示 SST 受控于蒸发效应，实线表示蒸发和海洋上翻流的情形，虚线表示 SST 受控于蒸发、海洋上翻流和低层层云的情形，粗实线为观测事实的变化结果。在以上三种模式模拟的情形中，均给定的为关于赤道非对称的真实平均态，模式被关于赤道非对称的年变化的太阳辐射强迫所驱动，美国的西海岸线与子午线一致

综上所述，赤道东太平洋在 SST 场、地表风场、云变化方面均有显著的年循环变化特征。现阶段很难去解释太阳辐射的季节变化是如何强迫从而导致这种年循环变化响应的，目前得到的结果都表明年循环变化是由随季节变化的太阳辐射的非对称分量强迫导致的。极有可能是由于气候平均态的非对称性造成这种年循环变化的响应，因为热带东太平洋的非对称性显著，但在西太平洋和印度洋并没有这种非对称的特点。用大气与简单的一维混合层海洋耦合的方法所得到的模式结果同样表明非对称性将会导致赤道上的年循环变化的现象。在这种耦合模式的情形下赤道上的南风将会在北半球晚夏加强，反之在南半球的晚夏减弱。与风相关的地表蒸发在 8 月和 9 月将会使赤道上的 SST 降低，在 3 月和 4 月则相反。换言之，模式中也拥有赤道上 SST 年循环变化的现象。但其振幅变化较小，假如考虑海洋对风的动力响应过程那么振幅将会增大。在考虑低层层云的影响时 SST 年

循环变化的振幅将更大，较冷的表层海水将会导致大气逆温从而形成层云，同时逆温进一步增强使得表层海水变得更冷。

除了气候平均态的非对称性对赤道年循环的变化有所影响，与地球绕太阳运行的椭圆轨道有关的太阳辐射年循环，美国西海岸线关于赤道的非对称性，同样对赤道年循环变化有一定的影响。这些因子的贡献不因考虑海气相互作用和低层云反馈作用与否而改变。

问　题

1. 描述 Chang 和 Philander（1994）提出的反对称和对称模态中包含了哪些不稳定的海气正反馈过程？在什么条件下，这些正反馈过程会起作用？其中的热力海气反馈过程包含了哪些形式？

2. 上述所讨论的海气相互作用过程均有利于南北半球的热带辐合带。观测中东太平洋和大西洋的热带辐合带为什么持续位于赤道北边？哪些因素促使热带辐合带倾向出现于赤道以北？

3. 太阳一年跨越赤道两次，为什么赤道东印度洋和东大西洋的海温和风场的主要周期显现为一年（12 个月）？有哪些海气过程在其中起了作用？假设东太平洋的气候平均态关于赤道对称，观测中的年循环特征会发生怎样的变化？

参 考 文 献

Chang P，Philander S G H. 1994. A coupled ocean-atmosphere instability of relevance to the seasonal cycle. J. Atmos. Sci.，51：3627-3648.

Emanuel K A. 1987. An air-sea interaction model of intraseasonal oscillation in the tropics. J. Atmos. Sci.，44：2324-2340.

Li T. 1997. Air-sea interactions of relevance to the ITCZ：The analysis of coupled instabilities and experiments in a hybrid coupled GCM. J. Atmos. Sci.，54：134-147.

Li T，Philander S G H. 1996. On the annual cycle of the equatorial eastern Pacific. J. Climate，9：2986-2998.

Mitchell T P，Wallace J M. 1992. The annual cycle in equatorial convection and sea surface temperature. J. Climate，5：1140-1156.

Neelin J D，Held I M，Cook K H. 1987. Evaporation-wind feedback and low-frequency variability in the tropical atmosphere. J. Atmos. Sci.，44：2341-2348.

Philander S G H，Gu D，Lambert G，et al. 1996. Why the ITCZ is mostly north of the equator. J. Climate，9：2958-2972.

Xie S P，Philander S G H. 1994. A coupled ocean-atmosphere model of relevance to the ITCZ in the eastern Pacific. Tellus，46：340-350.

Zebiak S E，Cane M A. 1987. A model El Niño-southern oscillation. Mon. Wea. Rev.，115：2262-2278.

第 3 章　季节内振荡

3.1　引　　言

MJO 是热带地区最主要的季节内振荡模态，是由 Madden 和 Julian（1971）首先发现的。他们发现 Canton 岛（位于赤道中太平洋）上的风场具有一个 40～50d 的周期，且这一行星尺度的季节内波动伴随着对流，沿着赤道缓慢地向东传播，如图 3.1 所示（Madden and Julian，1972）。其后的研究利用现代观测数据，进一步证实了其纬向上行星尺度的特征，并发现这一振荡的周期比最初发现的 40～50d 更宽，可以扩展到 10～90d。

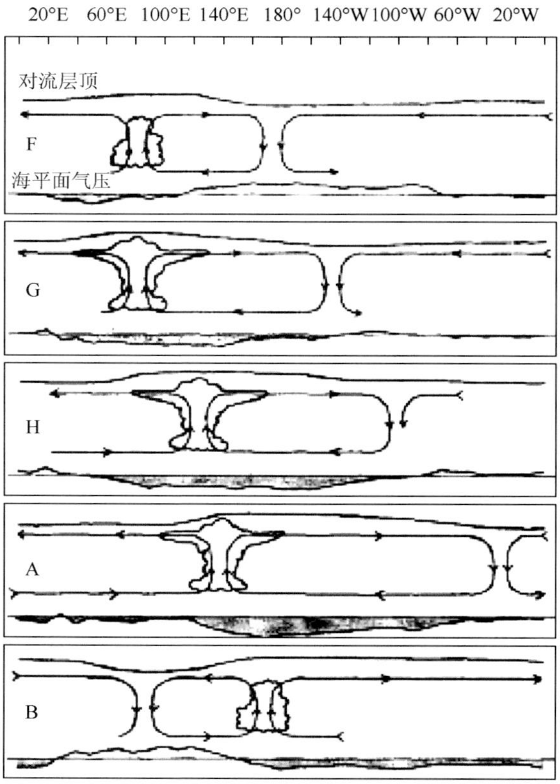

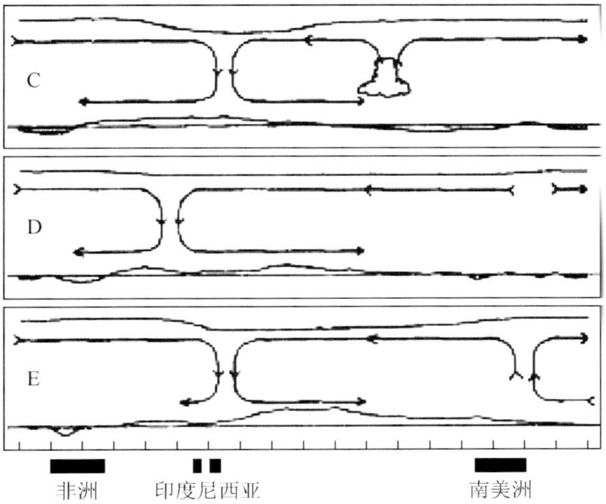

图 3.1　MJO 环流结构和位相传播示意图（Madden and Julian，1972）

MJO 是延伸期（10～30d）预报主要的可预报来源。MJO 和大气低频季节内振荡的准确预报对于填补短期天气预报和长期气候（逐月或者季节）预测之间的空隙至关重要。然而目前大部分业务模式对于 MJO 的预报水平还比较低（Jiang et al.，2015）。因此，理解 MJO 的传播和触发机制对于提高 MJO 模式的模拟能力非常重要。

3.2　观测结构和演化特征

图 3.2 所示为 MJO 在 100kPa、85kPa 和 20kPa 上合成的风场和散度场。对流中心位于赤道东印度洋时，MJO 低层环流的水平形态表现为开尔文-罗斯贝波耦合结构，两个气旋性涡旋位于 MJO 对流中心西侧的赤道两边，对流中心的东部为明显的东风。上层的环流总体上与低层环流相反。因此，在很大程度上，MJO 在自由大气中表现为第一斜压模态结构。

由于 85kPa 的风场辐合区与 20kPa 反位相，100kPa 上的风场辐合区超前于 85kPa。在 MJO 的散度、比湿、垂直 p 速度和纬向风场的经度-垂直剖面图（图 3.3）中均可以清晰地看到这个独特的边界层特征。在最大的对流中心可以很清楚地看到自由大气中 85kPa 以上低层辐合和高层辐散。图 3.3（a）中，在 30～40kPa 上存在一个最大上升运动的中心。85kPa 以下，散度场相对于对流中心存在明显的经向不对称，MJO 对流东侧辐合，西侧辐散。因此，上升运动随着高度的降低而向东倾斜。比湿廓线与垂直运动的廓线也非常一致，最大湿度中心与对流层中层（60～80kPa）的对流同位相，而在 80kPa 以下正湿度距平领先于对流，对流中心及其西侧的低层吹西风，而在对流东侧更大的水平范围内吹东风。

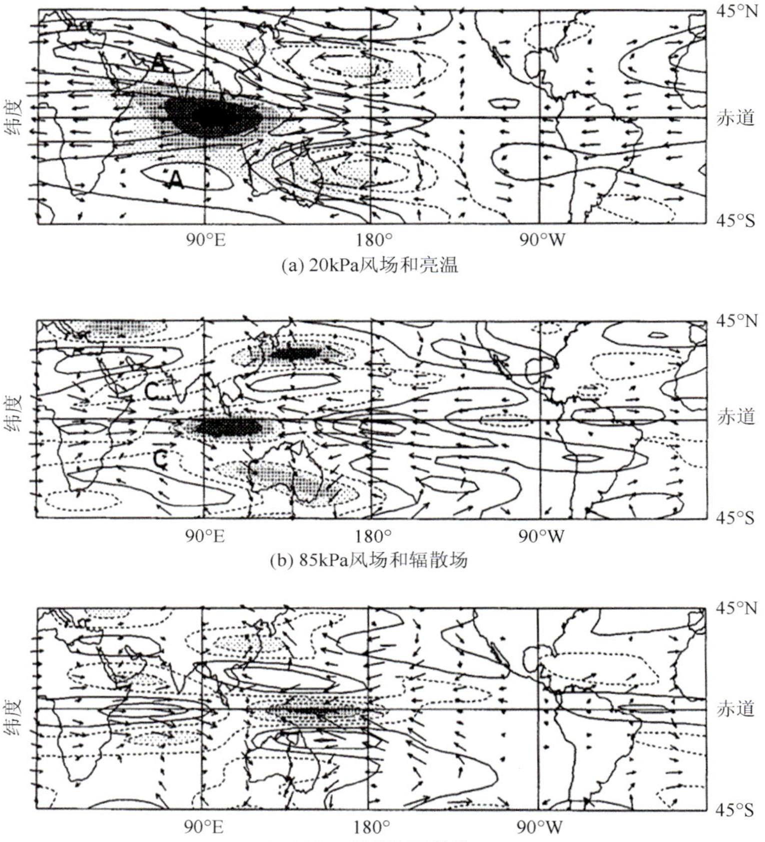

(a) 20kPa风场和亮温

(b) 85kPa风场和辐散场

(c) 100kPa风场和辐散场

图 3.2　MJO 在 100kPa、85kPa、20kPa 上合成的风场和散度场（Hendon and Salby，1994）

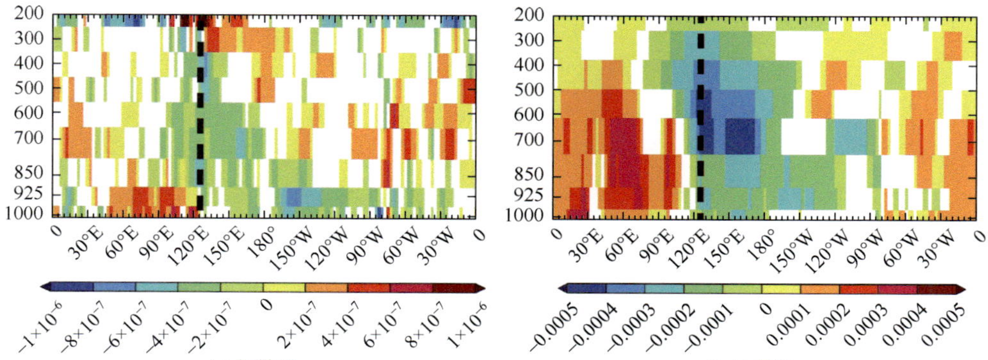

(a) 辐散场　　(b) 比湿场

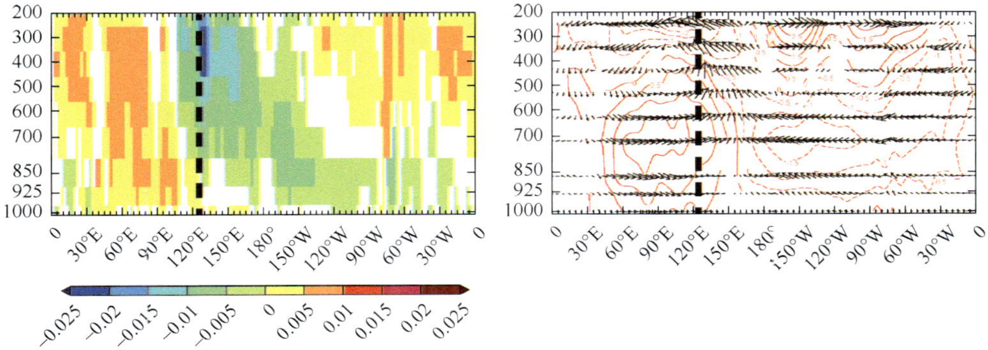

(c) 垂直p速度场　　(d) 纬向风场

图 3.3　MJO 对流位于 120°E 时 MJO 垂直结构的纬向分布（Sperber，2003）

3.3　东 传 机 制

前人已经提出了各种理论来理解 MJO 的东传。第一种理论认为 MJO 是一种对流耦合开尔文波，但是这样得到的 MJO 模态对于大部分不稳定模态更偏于短波长（Wang，1988a），而且东传相速度过快。另一种理论强调风引起的表面热通量交换（WISHE）反馈（Emanuel，1987；Neelin et al.，1987）。然而，这一机制需要在热带印度洋-西太平洋暖池存在平均东风才能成立，但观测事实并非如此（Wang，1988b）。还有一种理论认为 MJO 是一种与对流以及边界层摩擦效应耦合的开尔文-罗斯贝波对（Wang and Li，1994；Li and Wang，1994a）。这样一种自由大气波动-非线性非绝热加热-边界层相互作用的结果得到了与观测的 MJO 相似的水平和垂直结构（Hendon and Salby，1994；Jones and Weare，1996；Maloney and Hartmann，1998；Chao and Chen，1999；Moskowitz and Bretherton，2000；Sperber，2003）。最近更多的理论则强调海气相互作用（Flatau et al.，1997；Lau and Sui，1997；Hendon and Glick，1997；Shinoda and Hendon，1998；Wang and Xie，1998）与天气尺度涡旋之间的相互作用（Majda and Biello，2004；Biello and Majda，2005；Khouider and Majda，2006，2007；Biello et al.，2007）以及水汽扰动的作用（Maloney，2009；Hsu and Li，2012，Sobel and Maloney，2013）。

在后面章节将重点讨论波动-对流-摩擦辐合反馈机制（Wang and Li，1994）以及水汽反馈机制（Hsu and Li，2012）。

1.6 节中讨论了 Wang 和 Li（1993）发展的 2.5 层模式框架，在此基础上加入了非线性加热项（Wang and Li，1994）。该模式是由第一斜压模态的自由大气和分布均匀的边界层组成的。对流层自由大气中的低频运动满足赤道 β 平面上 p 坐标中的线性化原始方程组：

$$\begin{cases}\dfrac{\partial u'}{\partial t}=-\beta yv'-\dfrac{\partial\phi'}{\partial x}-\varepsilon u'+K\nabla^2u'\\ \dfrac{\partial v'}{\partial t}=-\beta yu'-\dfrac{\partial\phi'}{\partial y}-\varepsilon v'+K\nabla^2v'\\ \dfrac{\partial T'}{\partial t}=\dfrac{p}{R}\overline{S}\omega'+\dfrac{Q'}{C_{\mathrm{p}}}-\mu T'+K\nabla^2T'\\ \dfrac{\partial u'}{\partial x}+\dfrac{\partial v'}{\partial y}+\dfrac{\partial\omega'}{\partial p}=0\\ \dfrac{\partial\phi'}{\partial p}=-\dfrac{RT'}{p}\end{cases}\tag{3.1}$$

其中，u'、v'、ω'、ϕ' 和 T'分别表示扰动纬向和经向风速、垂直速度、位势以及温度；ε 和 μ 是瑞利摩擦系数和牛顿冷却系数；K 是扩散系数；$\overline{S}$ 是背景干静力稳定度参数。

假定水汽倾向为 0，基于水汽方程，扰动降水与垂直积分的水汽辐合成比例。降水率 P 可以写为

$$P=-\frac{\delta b}{g}[\omega'_{\mathrm{m}}(\overline{q}_2-\overline{q}_1)-\omega'_{\mathrm{e}}(\overline{q}_{\mathrm{e}}-\overline{q}_2)]\tag{3.2}$$

因此，对流层中层的扰动凝结加热与垂直积分的水汽辐合成比例：

$$Q'_{\mathrm{m}}=\frac{\delta bL_{\mathrm{c}}}{\Delta p}[-\omega'_{\mathrm{m}}(\overline{q}_2-\overline{q}_1)-\omega'_{\mathrm{e}}(\overline{q}_{\mathrm{e}}-\overline{q}_2)]\tag{3.3}$$

其中，δ 是非线性启动系数，当垂直积分的水汽辐合（辐散）时等于 1（0）；b 是恒定的加热效率系数；L_{c} 是潜热；Δp 是自由大气高度的一半；ω'_{e} 代表边界层顶的垂直速度；$\overline{q}_{\mathrm{e}}$、$\overline{q}_2$ 和 $\overline{q}_1$ 分别表示边界层、对流层低层和高层的背景平均比湿。

边界层动量方程满足气压梯度力、科里奥利力和瑞利摩擦之间的三力平衡关系。边界层动量方程组可以写为

$$\beta yv'_B-\frac{\partial\phi'_{\mathrm{e}}}{\partial x}-E_xu'_B=0\tag{3.4a}$$

$$-\beta y u_B' - \frac{\partial \phi_e'}{\partial y} - E_y v_B' = 0 \tag{3.4b}$$

$$\omega_e' = (p_s - p_e)\left(\frac{\partial u_B'}{\partial x} + \frac{\partial v_B'}{\partial y}\right) \tag{3.4c}$$

其中，p_s 为模式地表气压；ϕ_e' 为边界层顶（p_e）的扰动位势；u_B' 和 v_B' 分别为边界层垂直平均的纬向和经向风速；E_x 和 E_y 分别为纬向和经向瑞利摩擦系数。Li 和 Wang（1994b）讨论了使用不同的纬向和经向瑞利摩擦系数的原因。

当近似地认为扰动位势 ϕ_e' 等于对流层低层 ϕ' 时，上述方程构成了一个闭合方程组。模式对 40°S～40°N 的热带区域（5°经度×2°纬度的空间分辨率）求得数值解。其中忽略了扰动水汽，平均水汽由与海温相关的经验公式所确定（Li and Wang，1994b）。Wang 和 Li（1994）使用了 29℃的恒定海温进行模拟，而以实际海温分布进行模拟的结果可参考文献（Li and Wang，1994a）。

图 3.4 为模式模拟的 MJO 演变。位相传播速度为 10～15m/s，比观测到的速度要快。当使用经向相关的海温进行模拟时，模式可以反映出在暖池（冷舌）地区较慢（较快）传播的特征（Li and Wang，1994a）。

2.5 层模式模拟 MJO 的一个特征是边界层辐合超前于对流，这与观测结果相类似。模式中东传的根本原因是考虑了非绝热加热参数化。一方面，与 MJO 对流相关的对流层中层加热在西侧强迫出一个斜压罗斯贝波，在东侧强迫出一个斜压开尔文波，从而形成了开尔文-罗斯贝波对的水平分布。另一方面，与自由大气开尔文波响应相关的边界层顶低压异常引起的边界层辐合，使得热源向 MJO 对流东侧移动，导致了向东的加热倾向。由于自由大气波动-边界层-对流相互作用，MJO 波包向东移动。

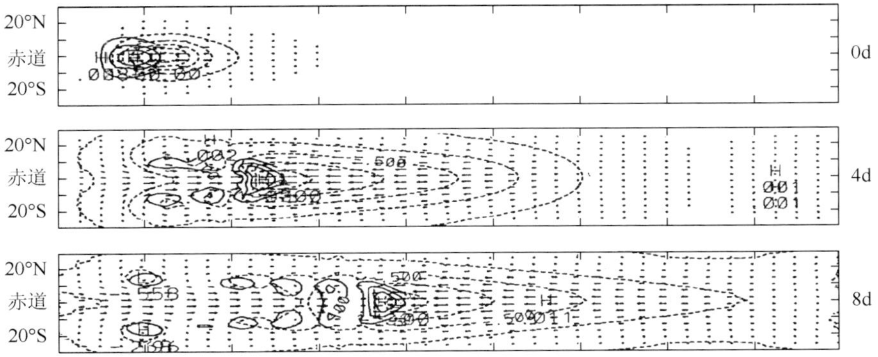

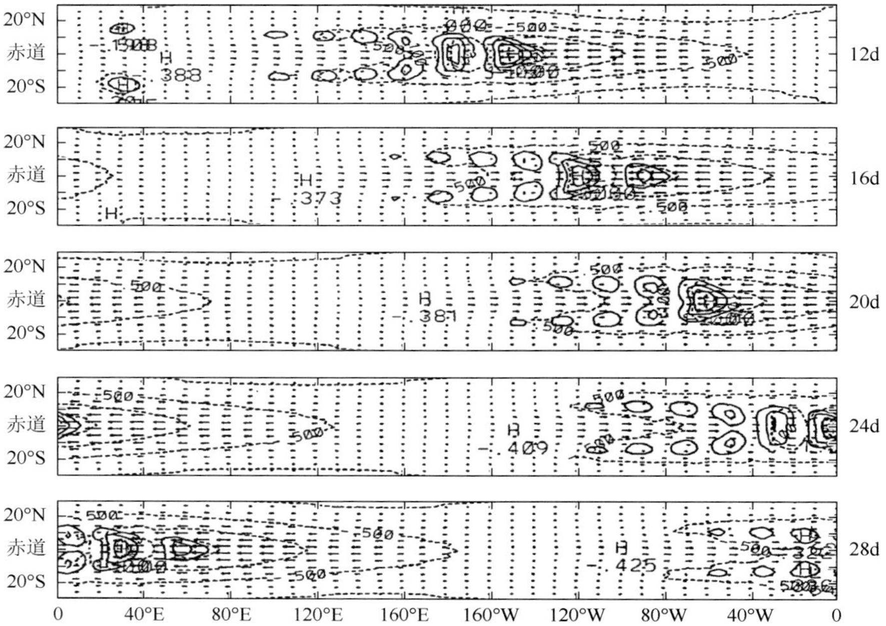

图 3.4　2.5 层模式模拟的降水（等值线）、低层风（矢量）和低层位势高度（等值线）场演变情况（Wang and Li，1994）

Wang 和 Li（1994）的工作中忽略了 MJO 尺度水汽扰动，用意在于将对流层中层凝结加热和边界层辐合同时联系起来。但是实际上存在着逐渐向上增湿的过程，只有当 MJO 对流东侧的大气变成对流不稳定时，新的对流才会出现。

图 3.3（b）中观测的水汽分布表明对流层中层水汽异常与 MJO 对流大致同位相，而边界层比湿异常超前于对流。为了证明这一水汽非对称如何通过大气不稳定来影响 MJO 传播，研究了季节内尺度相当位温（θ_e）的垂直廓线。相当位温取决于实际大气的比湿和温度廓线。如果气层最初是潮湿但不饱和，且气层中 $\partial\theta_e/\partial z<0$，那么称气层为潜在（或对流）不稳定。如果这样的气层通过足够的抬升达到饱和，那么整个气层都变得不稳定（Holton，1992；Emanuel，1994）。

图 3.5 反映了 MJO 对流东侧低层较高的相当位温。将 85～100kPa 和 40～50kPa 的相当位温之差定义为对流不稳定参数，结果发现在 MJO 对流东侧（西侧）大气存在较高的潜在不稳定（稳定）。所以，MJO 对流东侧的低层增湿是不稳定层结建立和新对流触发的重要前兆信号。

对于在固定位置的观察者，水汽随高度向西倾斜意味着观察者将看到向上的增湿过程，即接近饱和的潮湿气层从近地表发展并逐渐向上延伸至对流层中高层

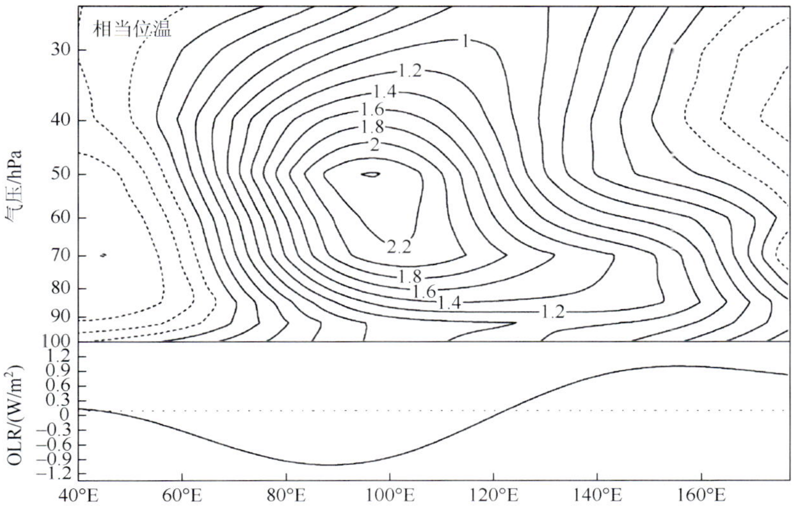

图 3.5　MJO 对流中心位于中东印度洋 95°E 处时，0°～10°S 平均的 MJO 尺度相当位温的纬度-高度剖面和对流不稳定指数（Hsu and Li，2012）

单位：K

（图 3.6）。这种情况与浅云和积云出现在深对流之前的事实一致（Johnson et al.，1999；Benedict and Randall，2007）。浅对流有助于向上输送水汽，从而导致大尺度对流的不断发展。

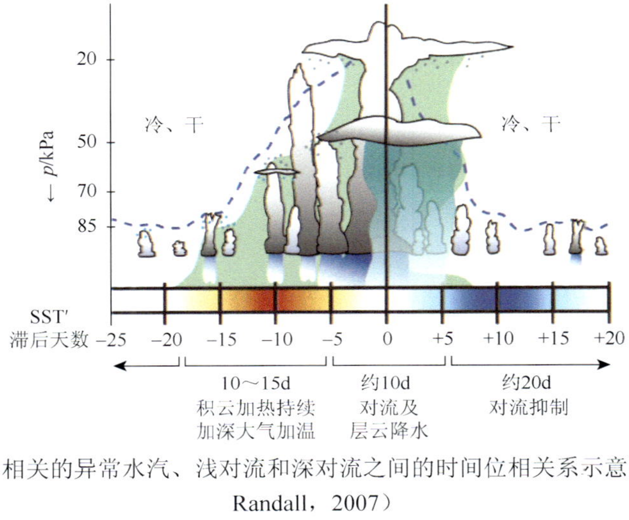

图 3.6　与 MJO 相关的异常水汽、浅对流和深对流之间的时间位相关系示意图（Benedict and Randall，2007）

横坐标表示相对于最大降水日（第 0 天）的滞后天数；纵坐标表示气压；云顶用蓝色虚线表示，而绿色阴影表示正水汽异常的区域。较浅对流云上方的淡蓝色点表示逸出的水汽，而层状云下方的灰点表示冰晶沉降和水汽上述讨论表明边界层水汽的纬向非对称是 MJO 东传的关键。但是什么导致了水汽非对称？为回答这一问题，Hsu 和 Li（2012）进行了边界层（70～100kPa）的水汽收支诊断。季节内尺度水汽变化可由水平和垂直水汽平流以及大气视水汽汇 Q_2 的变化所引发（Yanai et al.，1973）。

$$\left(\frac{\partial q}{\partial t}\right)' = -(V\cdot\nabla q)' - \left(\omega\frac{\partial q}{\partial p}\right)' - \left(\frac{Q_2}{L}\right)' \tag{3.5}$$

其中，q 是比湿；t 是时间；V 是水平风矢量；∇ 是水平梯度算子；p 是气压；ω 是垂直速度；Q_2 是大气视水汽汇；L 是潜热凝结系数，一般取 $L = 2.5\times10^6$J/kg。式（3.5）左右两边每一项都进行 20～90d 滤波以及 70～100kPa 垂直积分。

图 3.7 所示为式（3.5）中每一个水汽收支项的贡献。最大的贡献来自于垂直水汽平流项。此外，虽然约是垂直平流项的 1/5，但是水平水汽平流项也有助于 MJO 对流东侧的增湿。由于降水过程和对流东侧减少的表面蒸发，Q_2 项倾向于减少对流层低层的增湿。

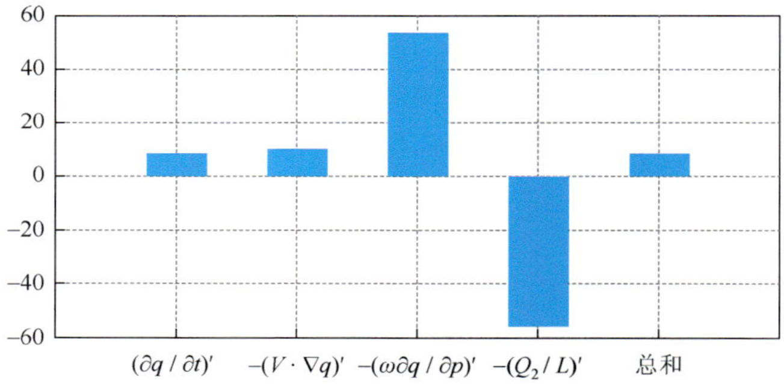

图 3.7　东印度洋 MJO 对流中心东侧区域（130°E～150°E，0°～10°S）垂直积分（70～100kPa）的季节内尺度水汽收支项（Hsu and Li，2012）

从左到右依次为观测的比湿倾向、水平水汽平流、垂直水汽平流、视水汽源汇项以及这些收支项的总和

将垂直水汽平流项进一步分解，分析表明 MJO 对流东侧的边界层增湿主要来自于扰动的异常上升运动对背景平均水汽的垂直平流。由于扰动的上升运动是边界层辐合（由于质量连续）引起的，所以关键问题就成为：是什么引起 MJO 对流东侧的边界层辐合？

图 3.8 所示为导致边界层辐合纬向非对称的关键过程。第一，在对流层中层，MJO 对流加热激发了斜压自由大气响应，东西两侧分别为开尔文和罗斯贝波响应。低层开尔文波在边界层顶为低压异常，因质量连续，会导致边界层中产生辐合气流。同时，边界层辐散发生于对流中心西侧的两个罗斯贝气旋性涡旋之间的

赤道上。所以 MJO 对流加热激发的自由大气波动效应可以导致边界层散度场的东西不对称。第二个过程则与海气相互作用有关。MJO 对流东侧表面蒸发减少，产生了暖海温异常，西侧则相反，蒸发增强，为冷海温异常。基于 1.4 节讨论的 Lindzen 和 Nigam（1987）提出的机制，这一非对称的海温异常导致了 MJO 对流东（西）侧的边界层辐合（辐散）。因此，非对称的边界层辐合可以由海温异常和自由大气波动效应两者所导致。

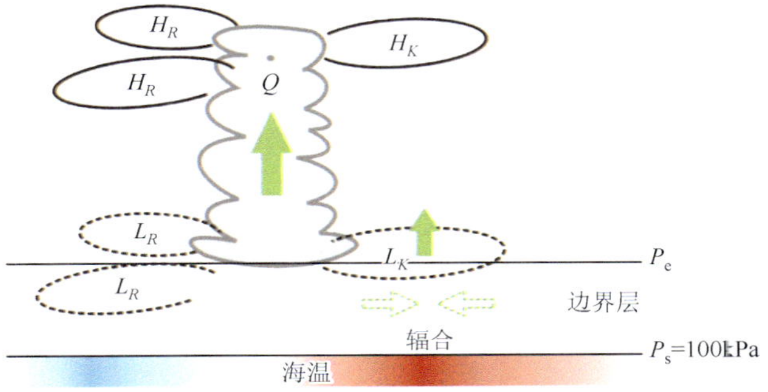

图 3.8　自由大气波动动力学和海温异常梯度效应引起的边界层辐合示意图（Hsu and Li，2012）

云代表主要的 MJO 对流中心，标有 H_K（L_K）和 H_R（L_R）的实线（虚线）曲线表示与对流加热激发的开尔文和罗斯贝波响应相关的高（低）压异常；红色和蓝色阴影分别表示正、负海温异常，绿色实线箭头表示异常的上升运动，虚线箭头表示边界层辐合，P_s 和 P_e 分别是边界层底和边界层顶的气压

为了研究海温异常强迫和对流加热激发的自由大气波动效应对边界层辐合的相对贡献，Hsu 和 Li（2012）对边界层动量收支方程进行了诊断：

$$f k\times V_B' + E V_B' = -\nabla\phi_e' + \frac{R}{2}\frac{(p_s - p_e)}{p_e}\nabla T_s' \tag{3.6}$$

其中，上撇号表示 MJO 尺度变量；f 是科里奥利参数；k 是垂直方向上的单位矢量；V_B 表示边界层垂直平均的水平风；∇ 是水平梯度算子；ϕ_e 表示边界层顶的位势；R 是空气的气体常数；p_s 和 p_e 分别表示边界层底和边界层顶的气压；T_s 是地表温度；E 是摩擦系数（10^{-5}/s）。

式（3.6）右侧第一项表示的是自由大气波动效应，而第二项则表示海温异常强迫效应。为了测试诊断结果对于边界层厚度的敏感性，使用了两种不同的边界层厚度：85～100kPa 和 70～100kPa。

使用 ERA40 再分析资料计算式（3.6）每一项，诊断结果表明边界层辐合主要是由 MJO 热源激发的自由大气波动效应导致的。在 p_e = 85kPa 和 p_e = 70kPa 的情况下，自由波动效应分别解释了总的边界层辐合的 90%和 75%（图 3.9）。此外，MJO 对流东侧的暖海温异常也起到了一定的作用，它对观测到的边界层辐合贡献为 10%～25%。因为边界层辐合引起的垂直平流是影响低层水汽非对称的主要因素，所以上述结果表明加热激发的自由大气波动和海气相互作用都对东传有贡献。

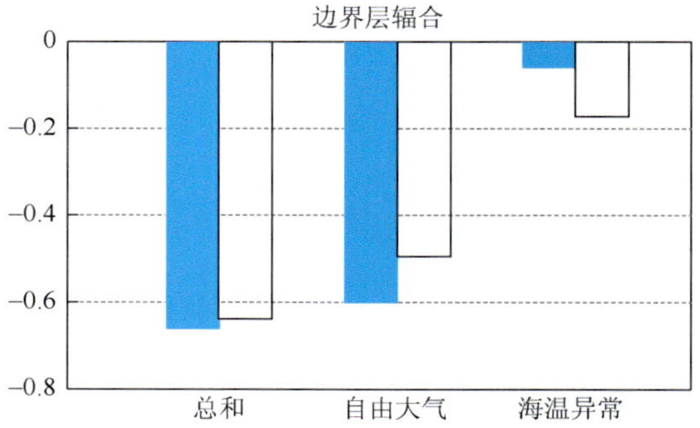

图 3.9　在 P_e = 85kPa（实心柱）和 P_e = 70kPa（空心柱）的情况下，(130°E～150°E，0°～10°S）区域平均的自由大气波动动力学和海温异常引起的总的边界层辐合以及波动动力学和海温异常效应的相对贡献（Hsu and Li，2012）

3.4　生 成 机 制

MJO 动力学另一基本问题是它如何在赤道西印度洋（WIO）上生成。传统理论认为新 MJO 事件的形成与之前的 MJO 活动“环航”地球一周有关（Lau and Peng，1987；Wang and Li，1994）。这一“环航”假说的前提是高层辐散信号在太平洋冷舌地区和对流分离之后继续东传，传播到更暖更湿的印度洋地区后触发了新的对流。在这一情况下，上游（即对流生成区域的西边）的高层强迫是西印度洋上触发新对流的关键。但是，后面章节会证明这一“环航”过程并不是导致 MJO 生成的关键原因。

除了热带过程之外，温带或者中纬度过程也可以触发 MJO。例如，Hsu 等（1990）的研究结果表明中纬度扰动可以传播到热带地区，并且在西印度洋上触发 MJO。但是中纬度波动触发 MJO 的具体过程仍不清楚，需要通过大量的个例研究来获得统计上显著的结果。

3.4.1　20 年合成分析揭示的 MJO 生成过程

Zhao 等（2013）利用 20 年（1982～2001 年）观测的 OLR 和 ERA40 再分析资料，研究了西印度洋上与 MJO 生成相关的前兆信号。图 3.10 所示为第−9d 到第

0d，以 3d 为间隔的 OLR 合成演变情况。第 0d 为 MJO 对流传播到赤道中印度洋的时间。OLR 演变图揭示了 MJO 对流最初在西南印度洋生成，然后向东传播。在其东传过程中，对流不断加强并向赤道移动。

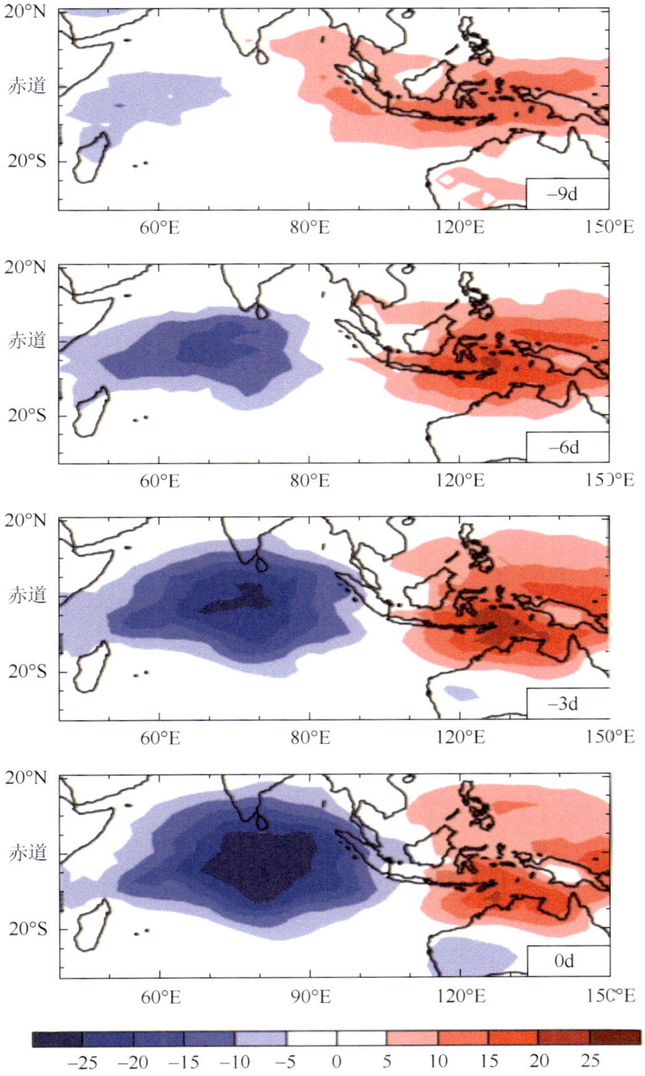

图 3.10　第–9d 到第 0d 以 3d 为间隔的观测 OLR（单位：W/m^2）合成演变（Zhao et al.，2013）

负 OLR 表示 MJO 对流区；第 0d 为最强 MJO 对流位于赤道东印度洋的时间

基于 OLR 合成演变图，MJO 对流生成区域确定为 20°S～赤道、50°E～70°E。

为了揭示对流生成相关的前兆信号，Zhao 等（2013）研究了几个关键变量在这一区域平均的时间演变。图 3.11（a）所示为季节内尺度（20～90d）OLR 异常在生成区域平均的时间演变。注意，OLR 异常在第–15d 从正值变为负值。与这一变化相一致的是对流层中层垂直运动符号的改变——从异常的下沉运动变为异常的上升运动（图 3.11（b））。因此认为第–15d 是对流生成日期。

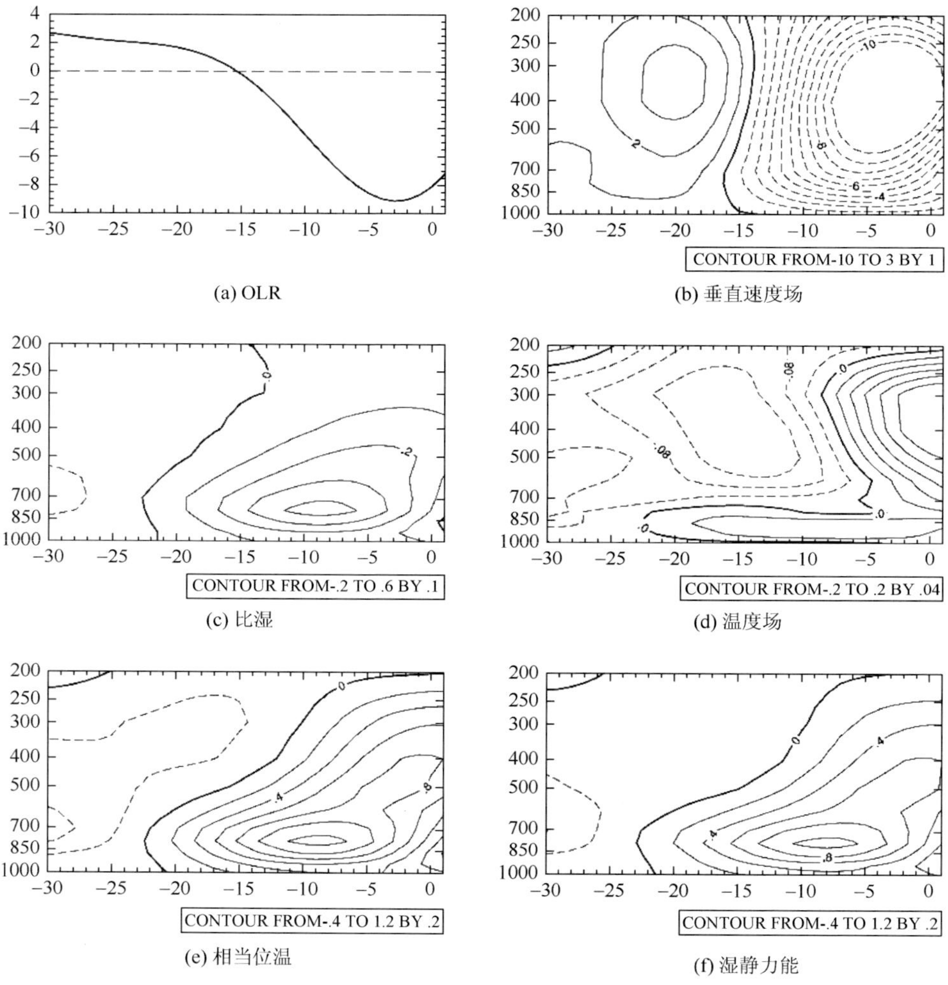

图 3.11　在 MJO 生成区域（20°S～赤道，50°E～70°E）平均的季节内尺度 OLR 异常和季节内尺度垂直速度、比湿、温度、相当位温和湿静力能场时间–高度剖面图（Zhao et al.，2013）

对流生成 7d 前，比湿场和温度场在对流层低层出现了显著的符号改变（图 3.11（c）和图 3.11（d）），即对流层低层比湿和温度异常从负值变为正值。

比湿异常最初出现在低层并且逐渐延伸至对流层中层。第–15d 正的水汽异常已经延伸至 50kPa 高度。此外，温度异常在第–8d 前主要出现在 70kPa 高度以下。

在对流层低层，比湿和温度的显著性增加导致了相当位温（θ_e）和湿静力能（MSE）的增长（图 3.11（e）和图 3.11（f））。θ_e 的垂直时间剖面图表明对流生成大约一周前，对流层低层出现了正的 θ_e 异常。随着比湿的变化，这一正异常向上延伸的同时迅速增强。

上述观测分析表明对流生成前的低层增湿是对流不稳定层结建立的关键所在。那么是什么过程导致了对流层低层增湿？为回答这一问题，诊断了低层大气（70～100kPa）垂直积分的季节内尺度水汽收支。

图 3.12 所示为水汽收支诊断结果。很明显，对流生成阶段（第–25d 到第–15d）的正水汽倾向主要是水平平流造成的，而垂直平流（由于下沉运动和有关的辐散）则不利于低层增湿。这一结果表明 MJO 生成阶段对流层低层增湿过程是不同于 MJO 东传阶段的。对于后者，对流层低层增湿主要是由与边界层辐合有关的垂直运动造成的（Hsu and Li，2012）

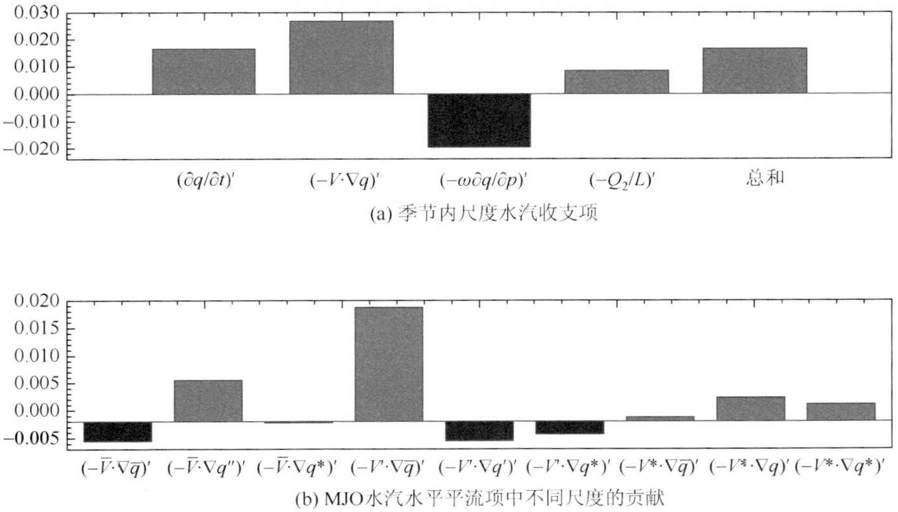

(a) 季节内尺度水汽收支项

(b) MJO水汽水平平流项中不同尺度的贡献

图 3.12　MJO 生成期（第–25d 到第–15d），边界层水汽收支分析及水汽平流过程分析（Zhao et al.，2013）

图（a）中从左到右依次为观测的比湿倾向、水平水汽平流、垂直水汽平流、视水汽源和后三项之和

视水汽源项（$-Q_2/L$）在对流层低层增湿中起到了较小但正的贡献。这是因为在对流生成阶段，异常的下沉运动减少了降水，从而导致较少的凝结加热，因此

有更多水汽留在大气中。另外，表面潜热通量异常在对流生成阶段对低层增湿并没有贡献（图略）。

为了更细致地研究对流层低层增湿的水平平流过程，将比湿场和风场都分解成三个部分：低频背景态（LFBS，周期大于 90d）、季节内尺度（20～90d）部分和高频（周期小于 20d）部分。图 3.12（b）所示为九项水平平流项各自的贡献。最大项来源于 MJO 尺度气流对平均水汽的平流，第二大项则是低频平均气流对 MJO 尺度异常水汽的平流项。

图 3.13 所示为低频比湿场和 MJO 尺度异常风场的水平分布。低频比湿场和异常风场都是基于第–25d 到第–15d 的时间平均以及 70～100kPa 的垂直积分得到的。低频比湿的最大值位于 10°S，这里同时是季节性平均对流最强的地方。注意在热带印度洋上，对流生成阶段的 MJO 尺度气流主要表现为异常东风和赤道外两个反气旋性罗斯贝涡旋。这种风异常类似于 Gill 模态，出现在 MJO 对流抑制位相位于东印度洋（EIO）时。对季节内尺度 OLR 场进一步的研究，证实了在这一阶段确实存在一个 MJO 的 OLR 正距平中心位于东印度洋上。此 MJO 的异常风场通过平流输送丰富的平均水汽，从而使得对流生成区域（20°S～赤道，50°E～70°E）低层水汽增加。

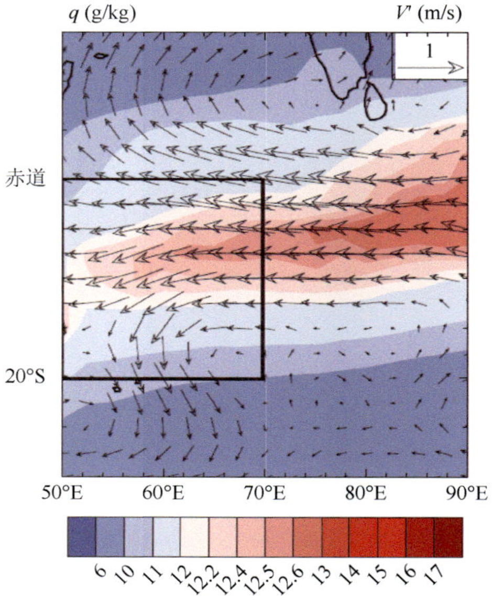

图 3.13　对流生成阶段（第–25d 到第–15d）平均的垂直积分（70～100kPa）的季节内尺度风场和低频比湿场（Zhao et al.，2013）

上述水汽收支分析结果表明，MJO 生成之前的对流层低层增湿主要是由赤道印度洋上异常东风造成的。那是什么原因导致异常东风的出现？异常风的产生有两种可能的原因：第一，异常东风可能是对西太平洋上正 MJO 热源的开尔文波响应（图 3.14（a）），此西太平洋上的 MJO 热源为前一支 MJO 对流在西印度洋上生成后，沿着赤道东传抵达西太平洋，这种情况反映的是 MJO“环航”模的上游强迫。第二，异常风可能是对东印度洋上负 MJO 热源的罗斯贝波响应（图 3.14（b）），当 MJO 的抑制位相在西印度洋上生成后东传，抵达东印度洋；这种情况反映的是东印度洋上 MJO 负位相的下游强迫。

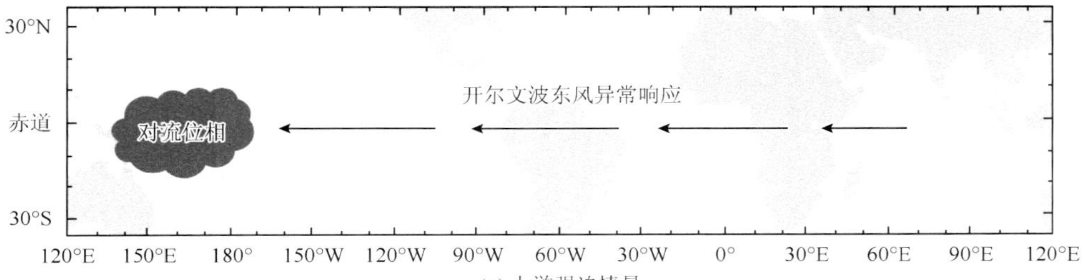

(a) 上游强迫情景

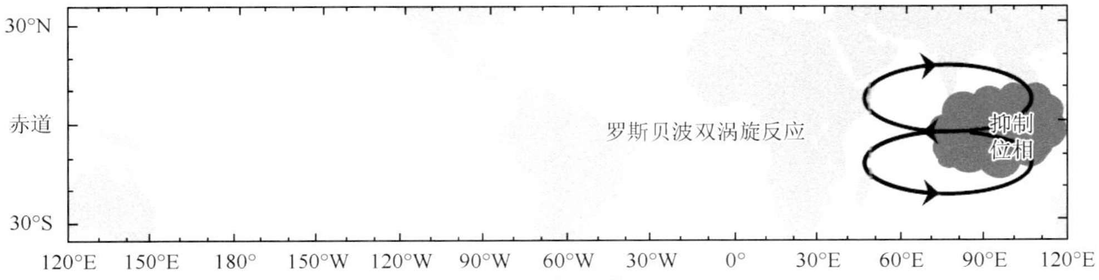

(b) 下游强迫情景

图 3.14　MJO 触发机制示意图（Zhao et al.，2013）

通过研究对流生成阶段 OLR 和风场合成演变图，Zhao 等（2013）指出第−25d 到第−15d 赤道印度洋上的异常东风主要是由东印度洋上的负加热异常驱动的，而不是由赤道西太平洋上 MJO 对流位相导致的。所以西印度洋上新对流的生成其实是由东印度洋上抑制位相的罗斯贝波响应导致的。

为了得到统计上强烈的中纬度影响信号，Zhao 等（2013）研究了对流生成阶段所有个例对流层高层（20kPa）位势高度异常分布和相关的波活动通量（图 3.15）。位势高度异常呈波列分布，高压中心分别位于南美洲东南部和非洲东南部，而低压中心分别位于两高压中心之间以及马达加斯加东部。

为了说明波能量频散的特征，根据 Takaya 和 Nakamura（2001）的工作计算了位相独立的波活动通量：

$$W=\frac{1}{2|\overline{\mathrm{u}}|}\begin{bmatrix}\overline{u}(\psi_x'^2-\psi'\psi_{xx}')+\overline{v}(\psi_x'\psi_y'-\psi'\psi_{xy}')\\ \overline{u}(\psi_x'\psi_y'-\psi'\psi_{xy}')+\overline{v}(\psi_y'^2-\psi'\psi_{yy}')\end{bmatrix}\tag{3.7}$$

其中，横线和上撇号分别表示低频背景态和季节内尺度异常；W 为水平波活动通量；u 和 v 分别为纬向和经向风速；ψ 为流函数；u 为水平风矢量。

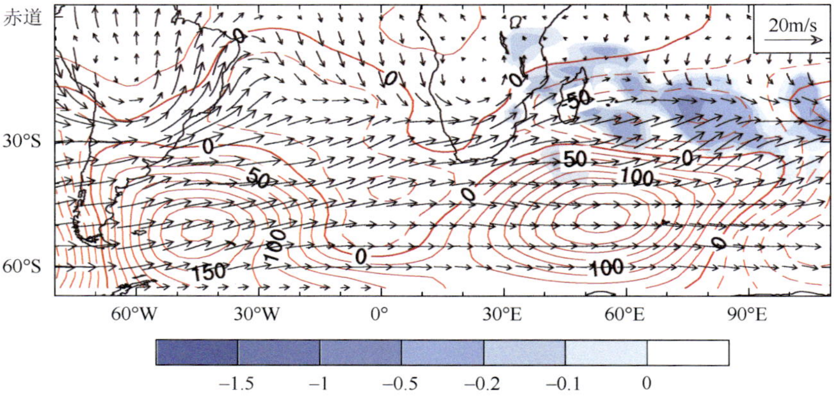

图 3.15　对流生成阶段 20kPa 高度上 20～90d 滤波的观测位势高度异常（等值线，单位：m^2/s^2）、罗斯贝波活动通量（矢量，单位：m^2/s^2）和波通量散度（阴影，单位：$10^{-5}m/s^2$，仅画出了印度洋上的负值）（Zhao et al.，2013）

如图 3.15 所示，在南半球中纬度存在着明显向东的波活动通量，这表明罗斯贝波能量向东传播。向东的波活动通量在 10°S～30°S 向北转向并且在热带印度洋上辐合。波活动通量的辐合表明波能量积聚在这一区域。类似的波活动通量特征也存在于对流层低层位势高度异常场中（图略），这表明罗斯贝波列具有相当正压结构。因此，南半球中纬度罗斯贝波扰动可能通过波能量积聚在热带印度洋上触发 MJO 生成。

上述观测分析表明绕地球一周的“环航”模信号并不是西印度洋上 MJO 生成的关键所在。为了进一步证实这一观点，使用 ECHAM4 模式进行了理想化数值试验。在控制试验中，模式给定气候态逐月海温进行 20 年模拟积分。在敏感性试验（EXP_TA）中，东传的季节内尺度信号在热带大西洋地区（20°S～20°N，60°W～20°E）受到抑制。关于详细的模式试验设计，读者可以查阅相关文献（Zhao et al.，2013）。图 3.16 所示为基于波数-频率分析的控制试验和 EXP_TA 试验模拟的季节内尺度 OLR 场的功率谱。两个试验中纬向波数为 1 的季节内尺度（20～90d 周期）OLR 平均功率谱的量值近似。这说明虽然巡航模受到了极大的抑制，但是总的东传 MJO 方差几乎没有变化。

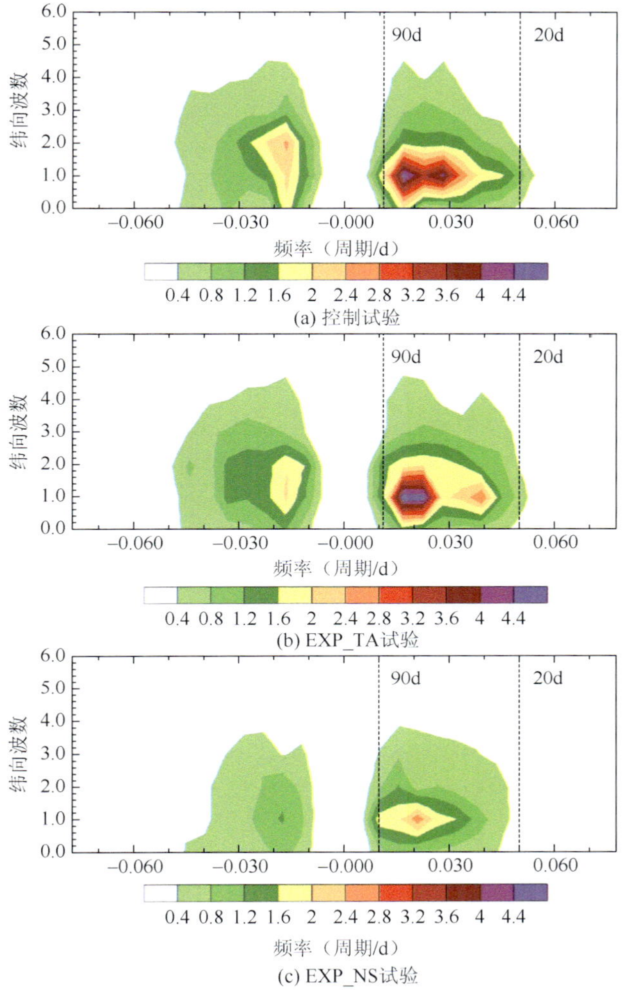

图 3.16　20 年模拟得到的季节内尺度 OLR 异常的波数-频率谱仅对（40°E～180°E，20°N～20°S）区域进行谱分析（Zhao et al.，2013）

通过另外的敏感性试验研究了中纬度强迫的作用。在 EXP_NS 试验中，将 20°S～30°S 和 20°N～30°N 两个纬度带中的预报变量趋近于控制试验中的气候年循环，通过这样的处理，这两个纬度带上季节内尺度以及更高频的变率受到了极大的抑制，并且热带-中纬度的联系也断了。因此，中纬度信号对热带 MJO 变率的影响也受到了抑制。通过比较控制试验和 EXP_NS 试验（图 3.16（c））模拟的季节内尺度 OLR 功率谱，可以看出热带地区的 MJO 变率显著减弱。纬向波数为 1 且 20～90d 周期的平均功率谱减少了 45%。所以数值试验结果证实了来自中纬度的强迫对于热带地区总的 MJO 方差有重要贡献。

为了进一步了解南北半球中纬度强迫的相对作用，又进行了两个分别名为EXP_SH和EXP_NH的敏感性试验。在EXP_SH（EXP_NH）试验中，南（北）半球中纬度向赤道传播的波动受到了阻碍。与控制试验相比，EXP_SH（EXP_NH）试验中纬向波数为1且20～90d周期的平均功率谱减少了42%（7%）。所以敏感性试验结果表明EXP_NS试验中功率谱的减小大部分是由于缺少了南半球波动的影响。因此，南半球中纬度强迫对于在北半球冬季触发MJO对流是至关重要的。

3.4.2　DYNAMO个例研究揭示的MJO生成过程

DYNAMO/CINDY2011（Dynamics of MJO/Cooperative Indian Ocean Experiment on Intraseasonal Variability in Year 2011）多国联合MJO外场观测于2011年年底在赤道印度洋上进行。在这一外场观测期间，从10月中旬到12月中旬发生了两个强烈的MJO事件（分别称为MJO Ⅰ和MJO Ⅱ，见图3.17）。基于降水Hovmöller图，两个MJO事件在赤道西印度洋（WIO）50°E～60°E的区域生成。利用多套观测资料产品（ERA-Interim、ECMWF final analysis和NASA MERRA）进一步研究了触发MJO对流的具体过程。

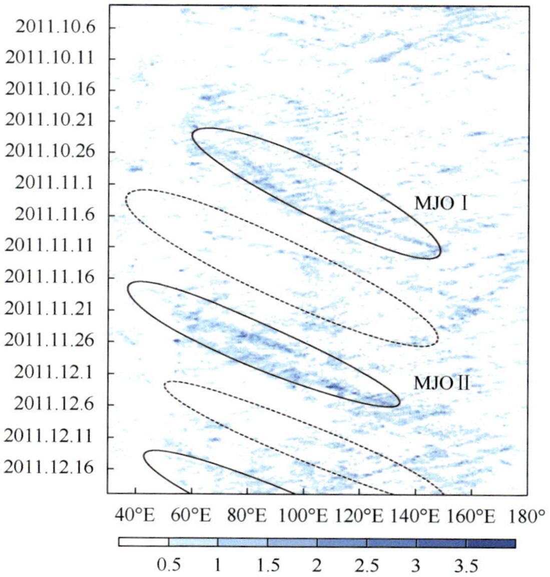

图3.17　10°S～10°N平均的TRMM观测降水的时间-经度剖面图

等值线表示基于Wheller-Kiladis波数-频率滤波方法的MJO尺度降水

研究发现两次MJO事件的生成过程是完全不同的。在MJO Ⅰ生成10d前，显著的大尺度上升运动异常出现于西印度洋的对流层低层，上升运动异常最初在近地面，逐渐发展至对流层高层。正的比湿异常也在对流生成之前出现在对流层低层，但是它比上升运动异常滞后 5d（图 3.18（e））。低层水汽收支诊断表明 10 月 9～13 日的增湿是异常的垂直平流造成的。那么关键问题就是为什么在对流生成的初期阶段（10 月 5～8 日）引起了异常的上升运动？

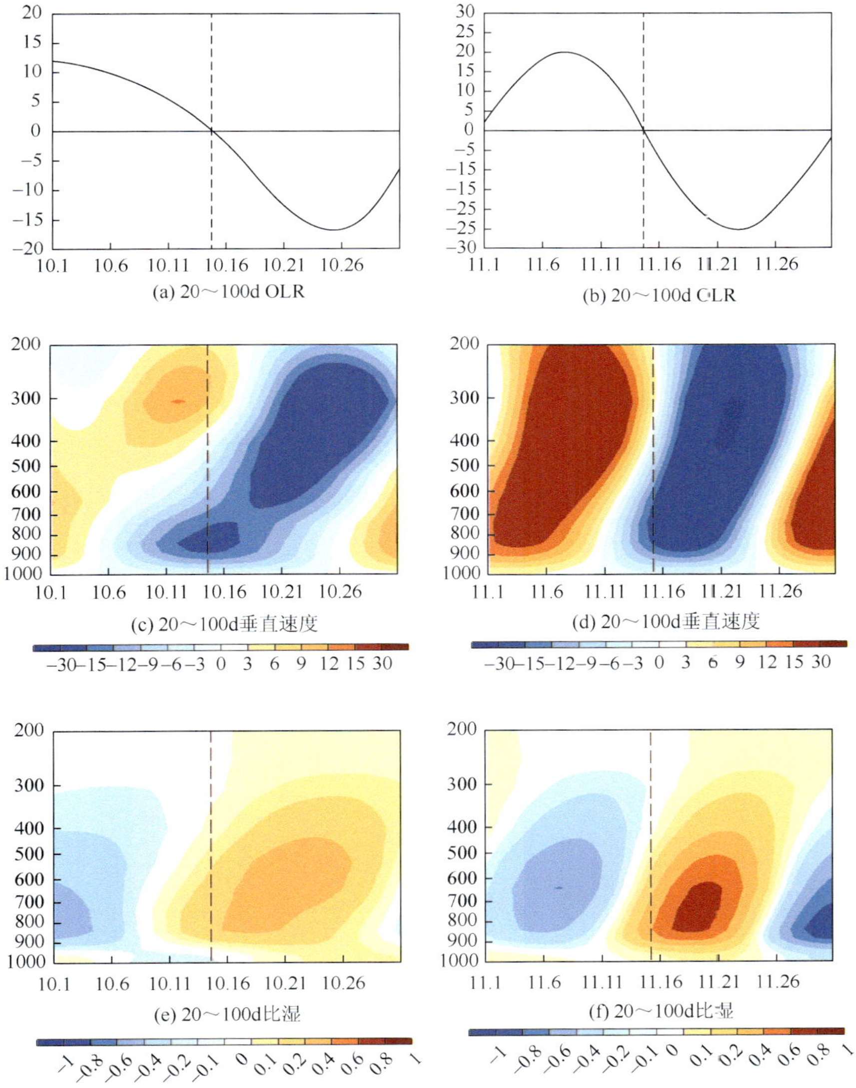

图 3.18　2011 年 10～11 月 MJO I 生成区域平均的 20～100d 滤波的 OLR 异常和季节内尺度垂直速度和比湿异常时间-高度剖面图（Li et al.，2015）

垂直积分（70～100kPa）的温度收支诊断表明上升运动是由水平方向异常的暖平流引起的（图 3.19（a））。当局地温度倾向相对较小时，水平方向暖平流与绝热冷却项近似平衡（图 3.19（a））。这一暖平流-绝热冷却特征在三套不同的再分析资料中都是显著的。该暖平流效应类似于传统的准地转 ω 方程中所讨论的物理过程（Holton，1992）。

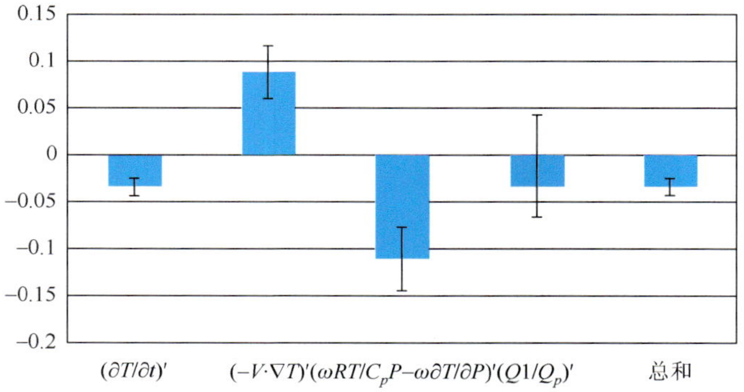

(a) 边界层温度收支

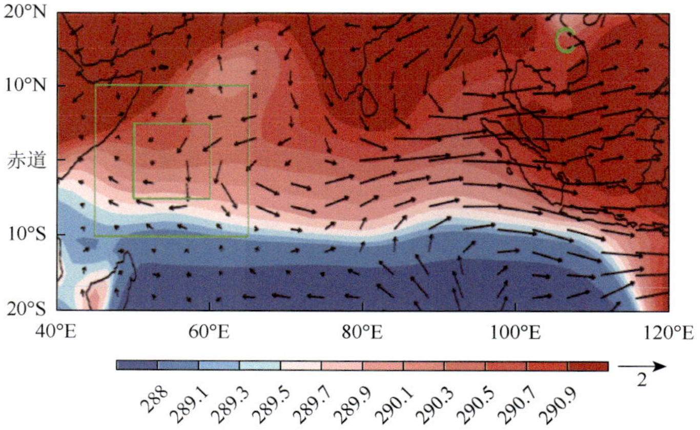

(b) 边界层平均温度和扰动风场

图 3.19　10 月 5～8 日平均的垂直积分（70～100kPa）的温度收支项（单位：K/d）和 85kPa 高度上异常风场（矢量，单位：m/s）和平均温度场（阴影，单位：K）（Li et al.，2015）

水平温度平流项的进一步分解揭示了暖平流主要由北印度洋上的大尺度气旋性涡旋异常对较暖平均温度的平流引起（图 3.19（b））。这一大尺度气旋性涡旋与西太平洋和南海（SCS）上正加热异常的罗斯贝波响应有关，异常的气旋性涡旋和西太平洋热源从 10 月 1 日一直持续到 10 月 8 日。

不同于MJO Ⅰ，MJO Ⅱ相关的前兆信号是正的比湿异常和上升运动异常几乎同时出现（图3.18（e）和图3.18（f））于对流生成（根据OLR异常演变定义为11月14日，图3.18（d））4d前。为了定量研究低层增湿的起因，进行了垂直积分（70～100kPa）的水汽收支分析。分析结果表明对流生成阶段（11月10～13日）的增湿是水平和垂直平流共同造成的。

总的来说，MJO Ⅱ的生成过程与20年合成分析的结果（Zhao et al.，2013）相似，即对流层低层增湿是赤道印度洋上异常东风引起的水汽平流造成的，属于继发性事件（successive MJO event）。另外，受南海/西太平洋上的低频热源强迫的MJO Ⅰ是一个原发性事件（primary MJO event）。赤道上前兆环流的差异（西风异常对东风异常）意味着MJO Ⅰ和MJO Ⅱ事件的触发机制不同。

一个与MJO生成相关的重要问题是：与先前MJO相关的对流层高层辐散的“环航”对MJO触发有没有起作用？由20～100d滤波的对流层高层速度势场演变图（图3.20）可以看出，在两个对流生成日期（10月14日和11月14日），异常的对流层高层辐散中心出现在南美/大西洋地区，离西印度洋较远。对流层高层辐散中心在MJO生成9d后（10月23日和11月23日）才到达西印度洋上。这表明在这两个事件中，对流层高层信号对西印度洋上低层上升运动和水汽异常的出现没有贡献。

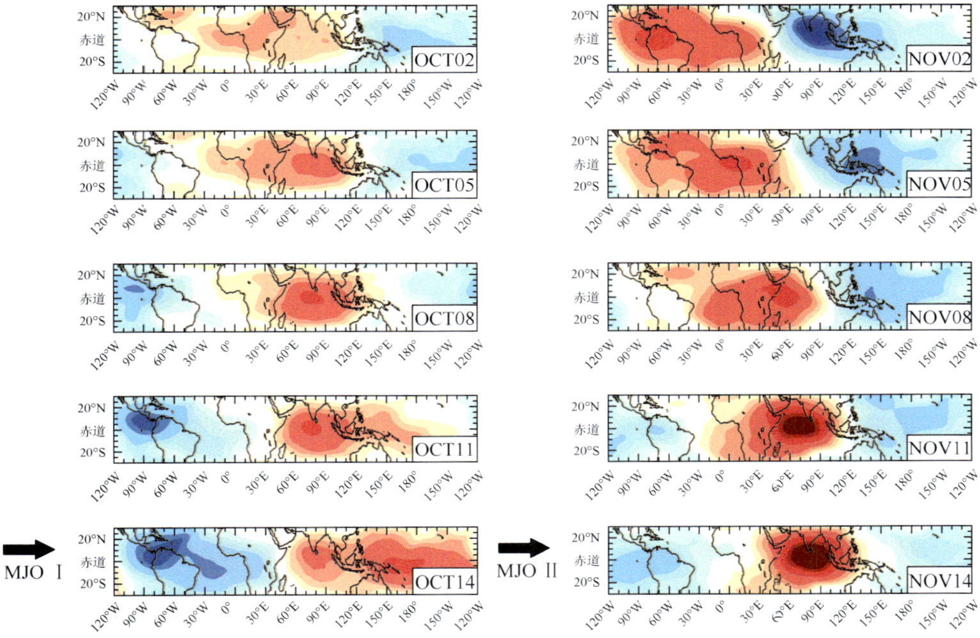

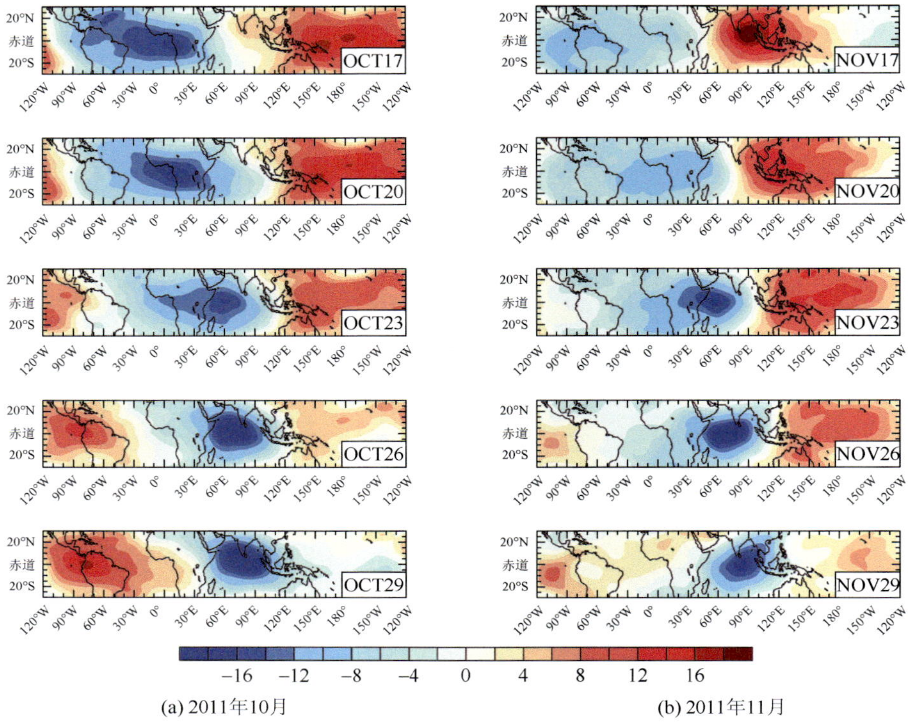

图 3.20　基于三套资料的 200hPa 高度上 20～100d 滤波的速度势场（阴影，单位：$10^6 m^2/s$）的演变（Li et al., 2015）

红色（蓝色）表示高层辐合（辐散）；黑色箭头分别表示 MJO Ⅰ 和Ⅱ的生成日期

3.4.3　从海气相互作用的角度了解 MJO 生成

TRMM 微波成像仪（TMI）观测结果揭示了热带印度洋上季节内尺度海温变率的季节相关特征。季节内尺度海温变率的振幅在北半球冬季较大，5°S～10°S 有最大值，而在北半球夏季则变得很弱。利用 1987～2001 年 ERA40 再分析资料强迫 2.5 层海洋模式研究季节内海温变率的季节变化（Li et al., 2008），发现背景纬向风的季节性变化为关键因子，其在冬季（夏季）与异常的短波辐射和潜热通量/海洋夹卷（entrainment）同（反）位相。

北半球冬季活跃的海温季节内变率引发了一个有趣的问题：前一支东传 MJO 对流引起的海温异常是否会影响随后 MJO 抑制位相的生成？

图 3.21 为与季节内尺度 OLR 异常和风应力异常相关的海温分布及演变。在第–1 候，与 MJO 活跃位相相关的西风应力和负 OLR 信号出现在热带印度洋上。由于北半球冬季这一纬度附近的背景风场为西风，因此正的纬向风应力异常使得

该区域的蒸发冷却增强。这就导致了异常的地表短波辐射和潜热通量之间的同位相关系，并且它们同海洋夹卷一起使得海温迅速冷却。因此，在第 0 和第+1 候，冷海温异常沿着 10°S 从西印度洋发展到中印度洋。在第+ 2 候，虽然 MJO 活跃位相几乎穿过了整个印度洋区域，但是整个赤道印度洋上的海温异常仍为负。此时，弱的对流抑制位相出现在 55°E～60°E 的区域，与冷海温异常中心重叠，正的 OLR 异常随后向东发展。

值得注意的是，从图中第+ 1 候到第+ 3 候的顺序可以推断出对流抑制位相倾向于在冷海温异常的位置上发展，且有 5～10d 的滞后。海温和对流的这种位相关系意味着对于 MJO 存在一种滞后而且双向的海气相互作用：一方面，海洋冷却可由 MJO 活跃（西风）位相通过云辐射强迫和表面蒸发/海洋垂直混合引起；另一方面，这样所引起的西印度洋冷海温异常反过来导致了随后 MJO 抑制（东风）位相的生成。因此，海气相互作用可能在北半球冬季西印度洋上继发性 MJO 事件的生成中发挥作用。

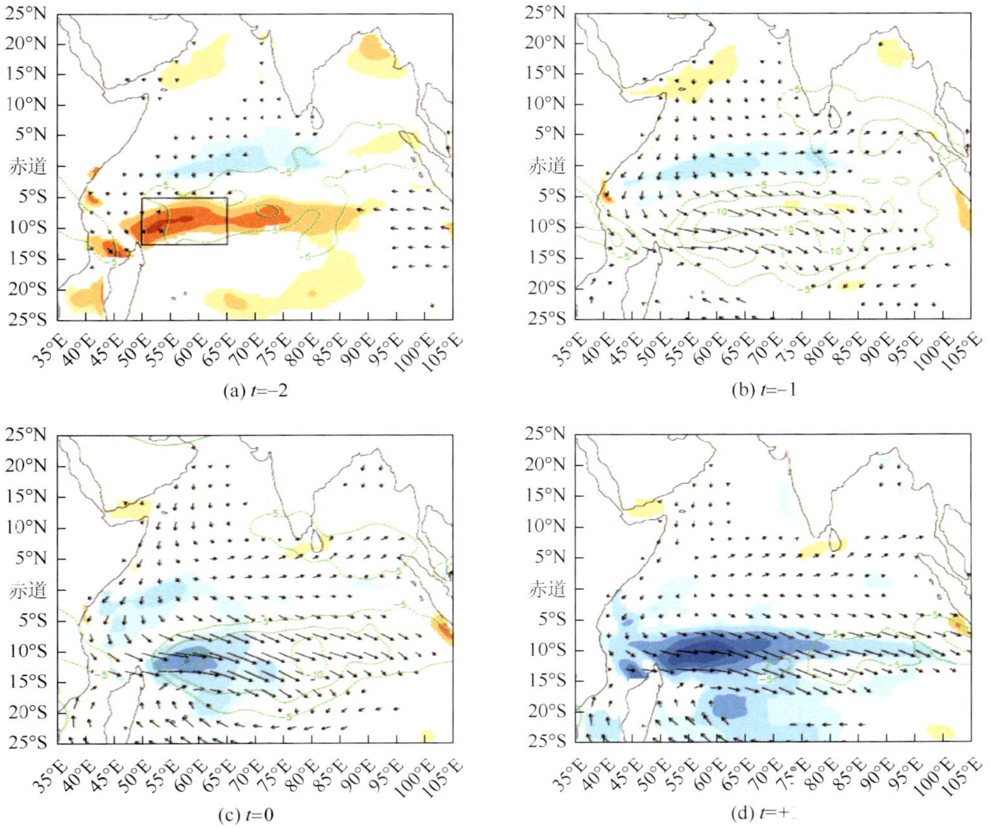

(a) t=−2　(b) t=−1

(c) t=0　(d) t=+1

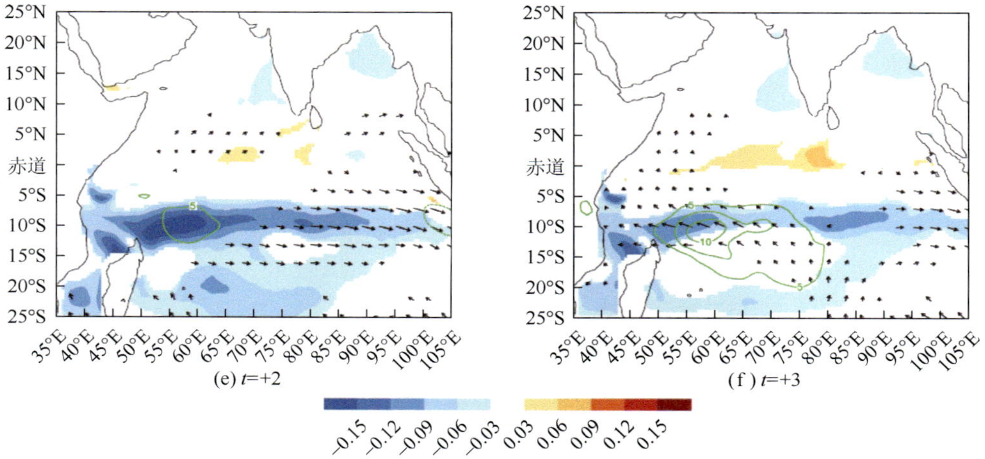

图 3.21　以 DJF 西南印度洋区域海温异常回归得到的表面风应力异常（矢量）、海温异常（阴影）和 OLR 异常（等值线）于第–2 候到第+ 3 候的演变

仅画出通过 95%（90%）显著性检验的风应力和海温（OLR）异常

基于本节的讨论可以总结出，有两类 MJO 生成过程与继发性 MJO 事件有关。它们是由前一支 MJO 不活跃位相的罗斯贝波下波效应引起的异常东风的水平平流产生的低层水汽积聚，以及前一支抑制位相的 MJO 引起的西印度洋上暖海温异常强迫，从而触发 MJO 对流。对于原发性事件，MJO 可以由暖平流引起的异常上升运动或者来自温带的波活动通量辐合触发。

3.5　北半球夏季季节内振荡

热带季节内振荡（ISO）在强度、周期（Hartmann et al.，1992）和移动（Wang and Rui，1990；Wu et al.，2005）中具有极强的季节性。在北半球冬季，它主要的模态是向东传播的 MJO；在北半球夏季，向东传播会减弱，在印度季风区主要向北传播（Yasunari，1979，1980；Hartmann and Michelsen，1989；Gadgil and Srinivasan，1990；Gautier and Di Julio，1990；Wang and Rui，1990），在西北太平洋地区（WNP）主要向西北方向传播（Murakami，1980；Lau and Chan，1986；Knutson and Weickmann，1987；Nitta，1987；Chen and Murakami，1988；Hsu and Weng，2001）。由于季节内振荡在冬季和夏季具有明显不同的特征，因此本书将北半球冬季和夏季的 ISO 分别称为 MJO 和 BSISO。

图 3.22 所示为北半球冬季和夏季 20～80d 滤波后的降水距平标准差及其传播

矢量。传播矢量是基于局地季节内降水中心的超前滞后相关计算得到的。在强 MJO 方差区域，与北半球冬季 MJO 相关的主要对流分支局限在赤道以南并且向东传播，与北半球夏季有关的主要对流活动出现于赤道以北，并且在北印度洋区域向北传播，在西北太平洋区域向西北传播。

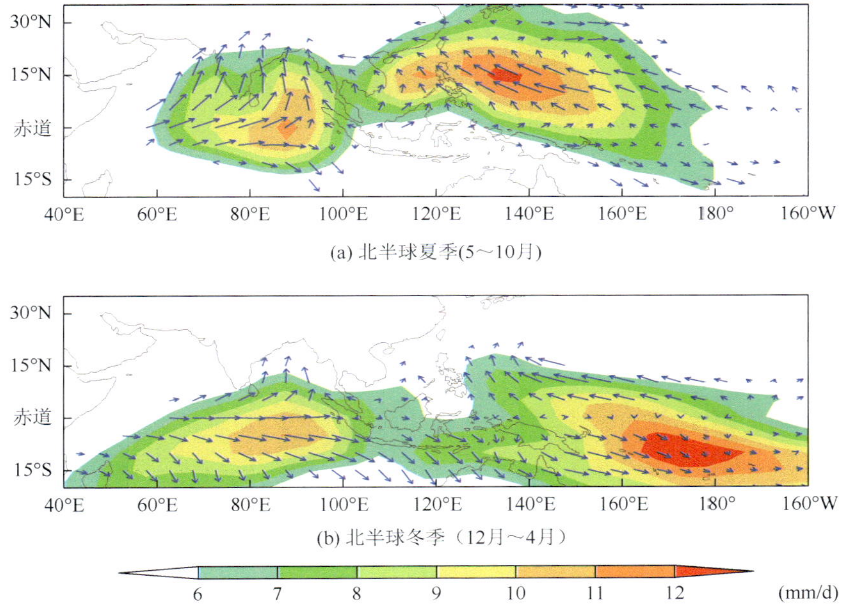

(a) 北半球夏季(5～10月)

(b) 北半球冬季（12月～4月）

图 3.22　20～80d 带通滤波降水距平标准差

箭头为扰动信号的移动方向

图 3.23 所示为与向北传播的 BSISO 有关的 OLR 随时间的发展状况。对原有的 OLR 乘以一个负号，所以图中的正值表示的是活跃的对流。当对流信号在西印度洋初始生成之后，它沿着赤道逐步向东传播；当到达东印度洋之后，BSISO 的主要对流支在孟加拉湾（BoB）区域向北传播，向北传播的速度大概是 1°/d（或者 1m/s）；在第 0d 或者第 2d，印度洋或者北阿拉伯海到海洋性大陆有一个非常明显的西北—东南方向倾斜的对流雨带。

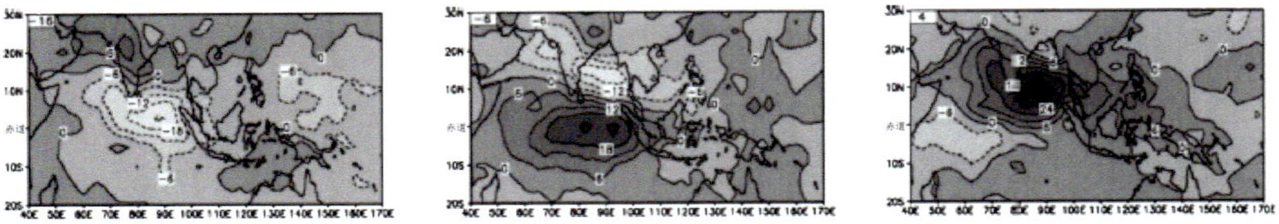

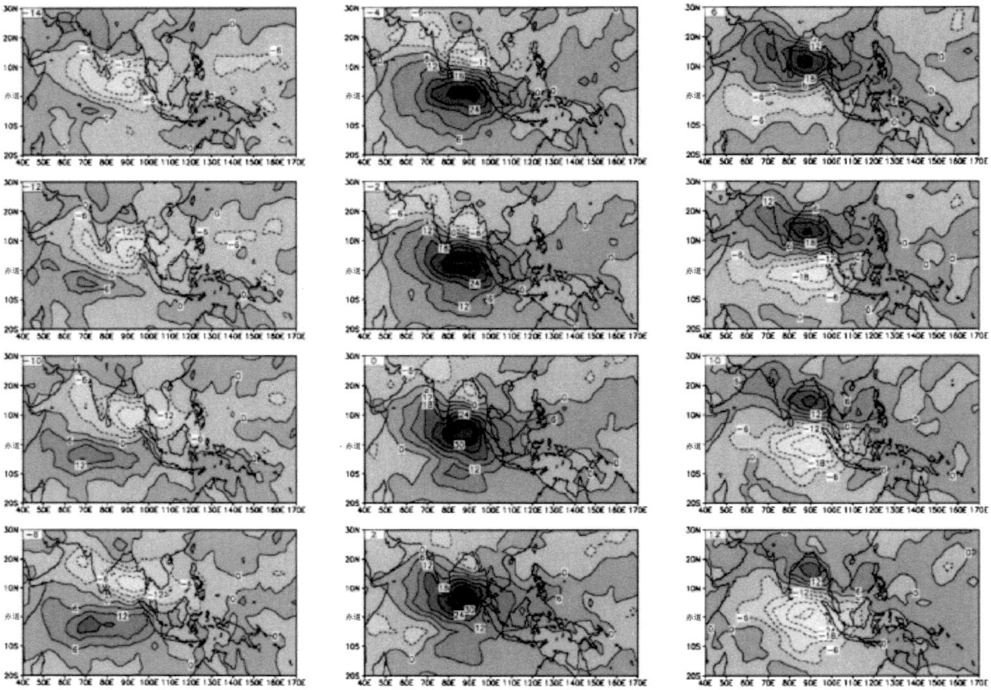

图 3.23　在北半球夏季，与 20～80d 滤波后 OLR 在（5°N，90°E）的时间序列相关的每两天 OLR 异常（Jiang et al.，2004）

为了表明 BSISO 的北传机制，Jiang 等（2004）对观测资料（NCEP 再分析资料）和大气环流模式（ECHAM4）进行了分析。观测资料采用 1980～2001 年逐日 NCEP-NCAR 再分析数据，水平分辨率是 2.5°×2.5°，垂直层方向 12 层。对模式结果和 NCEP-NCAR 再分析数据都进行了时间上的滤波。

图 3.24 所示为 NCEP 再分析资料中经向-垂直结构的 BSISO 模态合成。为了更加清楚地展示经向位相关系，对经向方向的每个场都进行了三次样条差分。从图 3.24 中可以看出，垂直运动的最大值出现于对流层中层（约 40kPa），并且和对流中心也很一致，对流层低层辐合和高层辐散同时伴随着最大的上升运动。

涡度场相对于对流中心具有明显的不对称结构，相当正压结构的正涡度中心位于对流中心北侧约 400km 处，相当正压结构的负涡度中心位于对流中心的南侧。比湿场同样具有显著的非对称结构，比湿的最大值出现于对流层低层对流中心北侧约 150km 处。温度和位势高度场相对于对流中心同样有着明显的位相差异。

模式能够很好地模拟涡度场和比湿场相对于 BSISO 对流中心的不对称性。

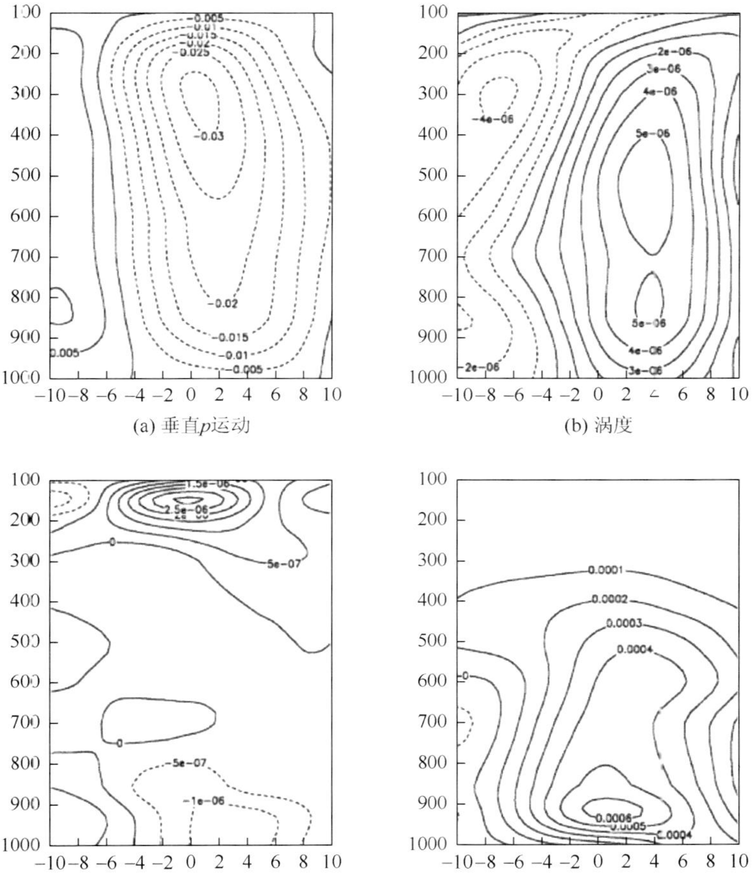

(a) 垂直p运动　(b) 涡度　(c) 散度　(d) 比湿

图 3.24　1980～2001 年 NCEP 资料 BSISO 模态 20～80d 带通滤波的垂直p运动、涡度、散度和比湿的经向-垂直剖面图（Jiang et al.，2004）

x方向正（负）值代表了距 BSISO 对流中心北（南）侧的纬度（单位：°）；0 为对流中心

BSISO 结构以及传播特征在模式和观测资料中的相似性表明，对于一阶近似，大气内部动力过程是其向北传播的根本原因。根据以上讨论的扰动场经向和垂直结构，可以提出公认的、能够解释 BSISO 北传的两个机制。

1. 垂直切变机制

该机制的提出是受对流北侧出现的相当正压涡度结构的启发。下面进一步以 2.5 层大气模式来考察夏季平均流的垂直切变如何导致自由大气正压和斜压模态的耦合，从而促进经向不对称的正压涡度场的建立。

简单起见，假定变量在二维水平场中没有纬向梯度，在f平面内，平均纬向

气流定常垂直切变线性运动的控制方程可以写成

$$\frac{\partial \zeta_-}{\partial t} + f_0 D_- = -\overline{u}_T \frac{\partial D_+}{\partial y} + K \cdot \nabla^2 \zeta_- \tag{3.8}$$

$$\frac{\partial D_-}{\partial t} - f_0 \zeta_- + \nabla^2 \phi_- = K \cdot \nabla^2 D_- \tag{3.9}$$

$$\frac{\partial \zeta_+}{\partial t} + f_0 D_+ = 2\overline{u}_T \frac{\partial}{\partial y}(2D_+ + D_-) + K \cdot \nabla^2 \zeta_+ \tag{3.10}$$

$$\frac{\partial D_+}{\partial t} - f_0 \zeta_+ + \nabla^2 \phi_+ = K \cdot \nabla^2 D_+ \tag{3.11}$$

$$\frac{\partial \phi_-}{\partial t} - f_0 \overline{u}_T v_+ + {c_0}^2 (1-I) D_- = {c_0}^2 (B-1) D_+ + K \cdot \nabla^2 \phi_- \tag{3.12}$$

其中，$\overline{u}_T = \frac{\overline{u}_1 - \overline{u}_3}{2}$ 表示平均气流的定常垂直切变；f_0 是参考纬度（12°N）上的科里奥利参数；变量的下标“+”（“−”）代表正压（斜压）模态。控制方程的推导、主要参数的描述以及方程中变量的值，可参考相关文献（Jiang et al.，2004）。

PBL 中的运动受边界层顶位势高度的控制，假定边界层顶的位势高度和对流层低层的位势高度是一致的（Wang and Li，1993），则可得出

$$E u_B - f_0 v_B = 0 \tag{3.13}$$

$$E v_B + f_0 u_B = -\frac{\partial(\phi_+ - \phi_-)}{\partial y} \tag{3.14}$$

根据式（3.13）和式（3.14）可以推导出

$$\frac{-E}{E^2 + f_0^2} \frac{\partial^2 (\phi_+ - \phi_-)}{\partial y^2} = \frac{\partial v_B}{\partial y} = \frac{w_B}{p_s - p_e} = -\frac{2\Delta p}{p_s - p_e} D_+ \tag{3.15}$$

其中，E 是 Ekman 系数。

假设初始场是一个纯斜压结构的扰动（即初始的正压模为零），根据式（3.10），自由大气正压模只有在平均气流的垂直切变中，以斜压散度经向平流的形式产生，即

$$\frac{\partial \zeta_+}{\partial t} \propto 2\overline{u}_T \frac{\partial D_-}{\partial y} \tag{3.16a}$$

式（3.16a）可以转换成其他的形式：

$$\frac{\partial \zeta_+}{\partial t} \propto \frac{\partial \overline{u}}{\partial z} \frac{\partial w'}{\partial y} \tag{3.16b}$$

其中，w' 代表对流层中层 ISO 尺度的扰动垂直速度；$\frac{\partial \overline{u}}{\partial z}$ 代表基本纬向气流的垂直切变。

正压涡度的产生将会进一步促进自由大气中正压辐散的发展：

$$\frac{\partial D_+}{\partial t} \propto f_0\zeta_+ \tag{3.17}$$

式（3.16a）和式（3.16b）表明，在平均气流的垂直切变中，斜压和正压模态密切耦合在一起。实际上，北半球夏季大气平均气流垂直结构的主要特点就是在季风区域存在一个强的东风切变。

图3.25表明了BSISO扰动是如何与平均东风切变相互作用，导致BSISO对流的北侧有相当正压涡度的产生。在季风区，背景场低层（高层）西风（东风）导致了向南的平均涡度（如图中空心箭头所示）。在BSISO对流中心的北侧（南侧），上升运动随y方向减弱（增加），因此涡度扭转项导致北侧（南侧）有向上的或正的（向下或负的）涡度，正的正压涡度在北半球（$f_0>0$）会产生正压辐散（参照式（3.17）），自由大气辐散及Ekman抽吸作用导致边界层辐合（根据连续方程）。边界层的水汽辐合有利于ISO对流中心北侧的对流加热，从而促进ISO向北传播。

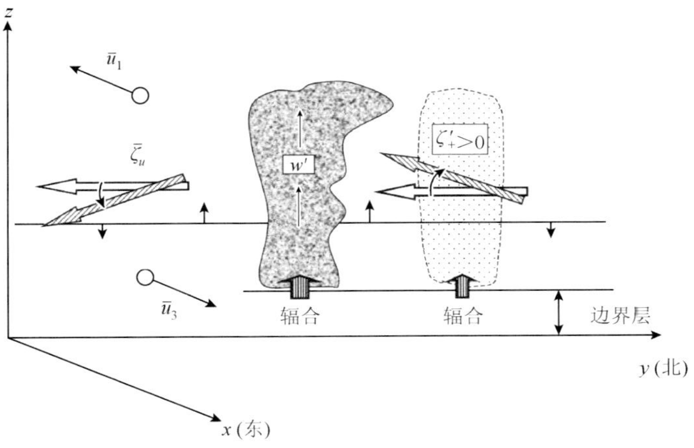

图3.25　正压涡度产生示意图（Wang，2006）

正压涡度来源于与垂直东风切变有关的向南背景涡度（空的双箭头）被BSISO的扰动垂直上升运动所产生的倾侧项

2. 水汽-对流反馈机制

观测资料中的BSISO结构明显表明，比湿超前于对流。一些学者认为水汽扰动的经向不对称会导致对流加热的向北偏移，从而促进北传。然而，关键问题在于是什么导致了低层比湿距平的经向不对称。有学者提出平均气流下的扰动水汽平流和扰动风下的平均水汽平流都有利于水汽的不对称（Jiang et al.，2004）。

众所周知，在热带东北印度洋，夏季平均气流在PBL盛行向北的分量，这能够产生向北的水汽平流，而扰动上升运动同时平流平均水汽。上述物理过程在一定程度上解释了比湿的不对称。上述物理过程可以写成以下形式：

$$\frac{\partial q}{\partial t} \propto -\bar{v}_B \frac{\partial q}{\partial y} - w_B \frac{\partial \bar{q}}{\partial p}$$

物理解释如下：BSISO 对流伴随着异常的低层辐合和高层辐散，低层辐合会引发向上的运动，这就会把平均水汽向上输送，平均经向风进一步把扰动比湿平流到对流的北侧，这个向北偏移的水汽距平会有利于新生成的对流向北发展。

还有一个过程就是 BSISO 经向风对平均水汽的平流。孟加拉湾平均的 JJA 海平面比湿的经向分布表明，最大的水汽位于北印度洋 20°N 附近，对于 20°N 以南，平均比湿的经向梯度是正值，考虑到扰动经向风平流，异常水汽方程就可写成以下形式：

$$\frac{\partial q}{\partial t} \propto -v_B \frac{\partial \bar{q}}{\partial y}$$

BSISO 加热会使对流中心北侧（南侧）扰动风有向南（向北）风的分量，由于存在该平流过程，扰动水汽就会产生经向的不对称结构，在对流中心的北侧（南侧）有正（负）异常。上述的水汽-对流反馈机制和垂直切变机制都很重要，它们共同解释观测中 BSISO 的向北传播。

3.6 与高频扰动的相互作用

MJO 具有多尺度特征。Nakazawa（1988）研究表明 MJO 对流中存在多尺度的云，其中包含独立的积云、中尺度对流系统（MCS）以及超级云团（SSC），超级云团通常被认为是对流耦合的开尔文波。在 MJO 大尺度对流下有很多高频的、向西传播的瞬时波，如热带低压（TD）-混合罗斯贝-重力波类型的扰动（Takayabu and Nitta，1993；Dickinson and Molinari，2002；Aiyyer and Molinari，2003；Frank and Roundy，2006）。在 MJO 从印度洋向东传播至西太平洋的过程中，它与高频天气尺度波动（如 TC）和低频模态（如 ENSO）（Liebmann et al.，1994；Maloney and Hartmann，2000a；Vecchi and Harrison，2002；Straub and Kiladis，2003；Jones et al.，2004a，2004b；Batstone et al.，2005）都有着相互作用。

在北半球夏季，强 BSISO 主要发生在热带印度洋和西北太平洋地区，在这些地区，天气尺度变率（synoptic-scale variability，SSV）也十分活跃，其中包括天气尺度波列和 TC 活动（Lau and Lau，1990；Liebmann et al.，1994；Hartmann and Maloney，2001；Maloney and Dickinson，2003；Straub and Kiladis，2003；Batstone et al.，2005）。

我们知道，MJO/BSISO 对 SSV 有大尺度的控制作用（Hendon and Liebmann，1994；Maloney and Hartmann，1998，2000a，2000b；Straub and Kiladis，2003），一些诊断研究表明 MJO 和高频扰动之间存在正压能量转换，这会有利于高频扰动的发展（Sobel and Maloney，2000；Maloney and Hartmann，2001；Hartmann and

Maloney，2001；Maloney and Dickinson，2003）；Maloney 和 Hartmann（1998，2000a，2000b）的研究表明，MJO 的西风位相会通过引发气旋性低层涡旋和接近零值的垂直风切变，为 TC 的生成提供有利环境；波动的累积作为 TC 生成的前提条件之一，Sobel 和 Maloney（2000）发现，在 MJO 的活跃位相时，与热带低压型扰动有关的波活动辐合会有所增强，有利于 TC 的生成。

相较于 MJO 对 SSV 的影响，天气尺度活动对 MJO 的反馈作用较少受到关注（Baststone et al.，2005）。当 MJO 对 SSV 存在着大尺度的调控作用时，我们并不清楚高频活动（包括 TC）如何并且有多大程度地对 MJO 有着进一步的反馈作用。Krishnamurti 等（2003）推测有 30%～50%MJO 尺度的总表面热通量是来自于 MJO 与其他时间尺度活动的相互作用；Biello 和 Majda（2005）、Biello 等（2007）以及 Majda 和 Stechmann（2009）认为高频尺度的动量和热通量辐合会对大尺度的 MJO 环流造成一定的影响。

以 Majda 和 Stechmann（2009）的工作为基础，Wang 和 Liu（2011）进一步构建出了一个尺度相互作用模型，这个模型中存在 MJO 和高频扰动（包括 SCC 和向西传播的重力内波（WIG）或者称为两天波）的相互作用，他们认为向西倾斜的超级云团位于 MJO 对流中心的西侧，向东倾斜的两天波则位于 MJO 对流中心的东侧。在这样的设定下，模式试验结果表明，扰动动量传输会增强对流层低层 MJO 后侧（前侧）的西风（东风），这就对 MJO 有一个正的反馈作用。图 3.26 所示为该正反馈过程的示意图。

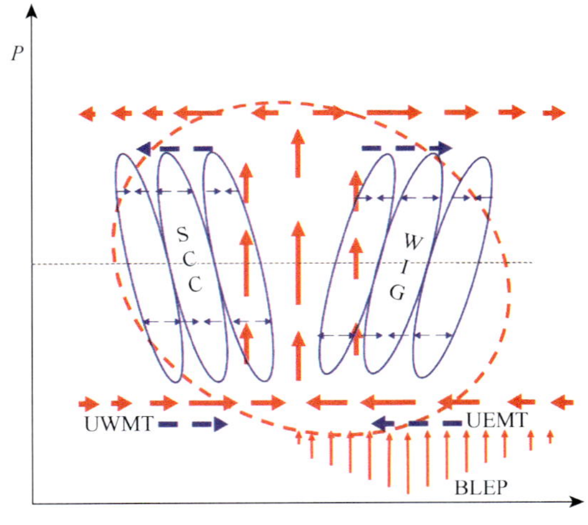

图 3.26　MJO 多尺度示意图（Wang and Liu，2011）

红色椭圆和粗箭头分别代表 MJO 有关的波动和行星尺度纬向环流，蓝色椭圆和细箭头分别代表垂直倾斜的中尺度-天气尺度扰动（SCC 和 WIG 波）和相关的辐合/辐散，粗的蓝色箭头代表扰动引发的升尺度东风/西风动量传输（UEMT/UWMT），红色细箭头代表边界层 Ekman 抽吸（BLEP）

值得一提的是，这个尺度相互作用过程和 SCC/WIG 的位置是有关的，若 SCC（WIG）盛行于 MJO 的前方（后方），则会存在一个负的反馈（Liu and Wang，2012a）。除了动量传输，此向东倾斜的 WIG 或者两天波也可能产生扰动水汽转换，这会增加对流层中层的水汽并且使 MJO 增强（Liu and Wang，2012b）。

为了诊断观测中热带 ISO 和 SSV 之间的双向相互作用，Zhou 和 Li（2010）分析观测数据中 3～10d 的天气尺度信号在 MJO 的不同位相时的特征。图 3.27 表明在西北太平洋地区，当 MJO 处于活跃和抑制位相时，大气的 SSV 存在明显的差别（Zhou and Li，2010）。在 MJO 活跃位相，存在组织良好的天气尺度波列，气旋和反气旋波列交替出现，这和观测结果一致（Lau and Lau，1990）；相反地，在 MJO 抑制位相，波列则会变得微弱且组织松散。

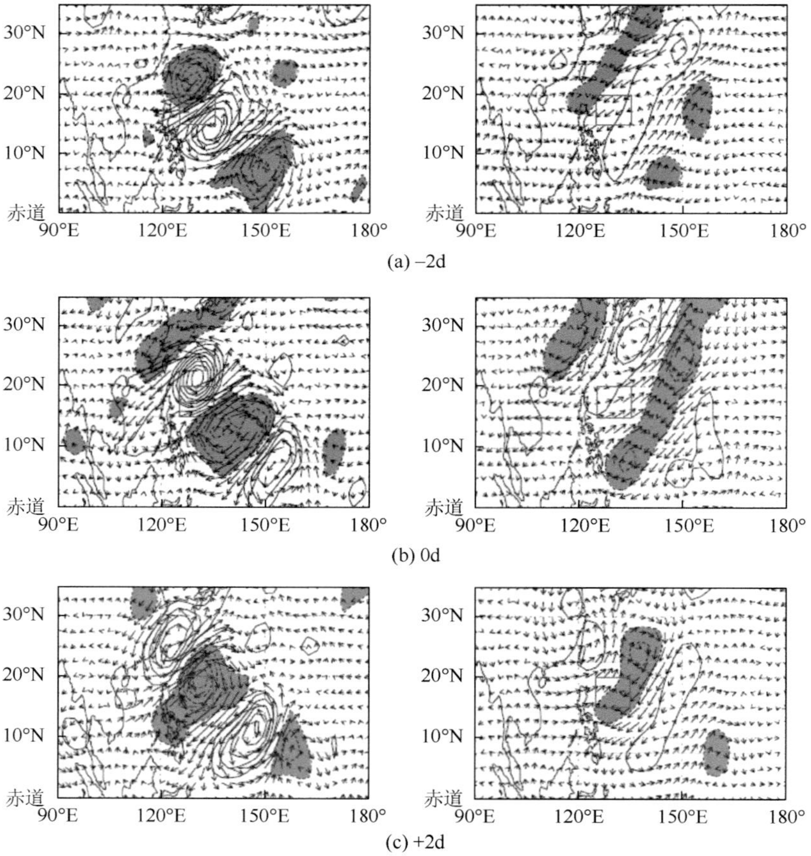

图 3.27　ISO 活跃和抑制位相中，QuikSCAT 3～10d 海表面风场（矢量，单位：m/s）和涡度场（等值线，间距：0.3×10^{-5}/s）于–2～+ 2d 的时间演变图（Zhou and Li，2010）

第 0d 对应参考区域（方框）内天气尺度扰动达到最强盛的时间

Zhou 和 Li（2010）创建了一个定量评估高频活动对低频活动的反馈作用的方法。他们的工作主要关注 SSV 通过对海平面潜热通量（LHF）的非线性影响，从而对 MJO 产生升尺度反馈作用。LHF 可以写成以下形式：

$$\mathrm{LHF} = L\rho C_{\mathrm{E}}\,|V|\,(q_{\mathrm{s}} - q_{\mathrm{a}}) \tag{3.18}$$

其中，$L = 2.5\times10^6\,\mathrm{J/kg}$ 是潜热凝结系数；$\rho = 1.225\,\mathrm{kg/m^3}$ 是标准海平面下的空气密度；C_{E} 是交换系数；$|V|$是 10m 处的风速（来自于 6 小时 ECMWF 资料）；q_{s} 是海平面的比湿（由 6 小时插值的 TMI SST 和 6 小时海平面气压计算得到）；q_{a} 是 10m 处的比湿（由 ECMWF TOGA 6 小时的海平面气压场和露点温度计算得到）。

为了检测 SSV 对季节内海平面潜热通量的贡献，纬向风、经向风（u、v）以及大气–海洋比湿差（Δq）被分解成了三部分：大于 90d 的低频背景场（low-frequency background state，LFBS）、天气尺度成分以及季节内（20～90d）尺度。

第一步，用三个时间尺度的总和（也就是变量的总场）去计算 LHF，将计算得到的 LHF 进行 20～90d 的带通滤波；第二步，用 LFBS 和天气尺度成分（不包含 ISO 尺度）来计算 LHF，同样对计算得到的 LHF 进行 20～90d 的滤波。

对比以上两种计算方法得出的季节内尺度 LHF 场，就可以得出 SSV 和平均气流相互作用对季节内 LHF 的贡献。图 3.28 所示为两个季节内 LHF 场标准差的比值，在热带印度洋、西太平洋和东北太平洋的大部分海域，这个比值超过了 30%，表明在这些区域，SSV 对季节内 LHF 有显著的升尺度反馈作用。在西太平洋和东北太平洋，SSV 的最大贡献率超过了 50%。总体而言，较强的升尺度反馈发生于 MJO 和天气尺度变率都很活跃的地区。

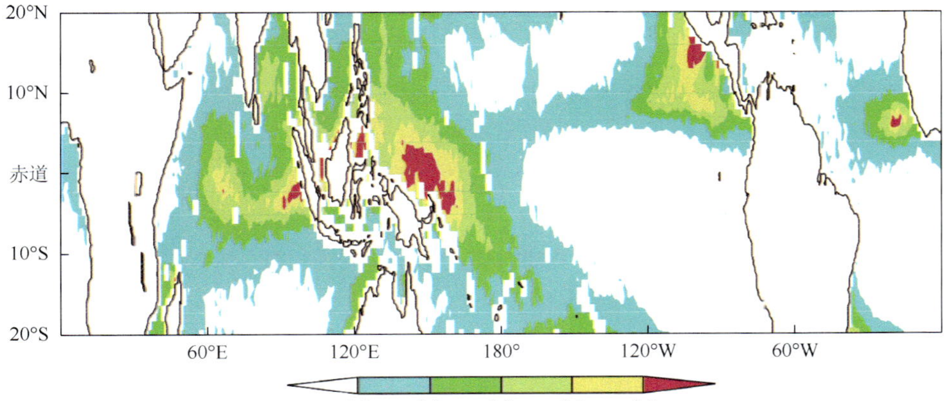

图 3.28　非线性投影得到的季节内潜热通量标准差与总的季节内潜热通量场标准差的比值（Zhou and Li，2010）

SSV 也可能通过大气视热对 MJO 有非线性反馈作用（Hsu and Li，2011）。根据 Yanai 等（1973）的研究，大气视热源（Q_1）和视水汽汇（Q_2）可以通过热力学和水汽方程的残差项分别计算得出：

$$Q_1 = c_p \frac{\partial T}{\partial t} - c_p(\omega\sigma - V \cdot \nabla T) \tag{3.19a}$$

$$Q_2 = -L\frac{\partial q}{\partial t} - LV \cdot \nabla q - L\omega\frac{\partial q}{\partial p} \tag{3.19b}$$

其中，c_p 是比定压热容；T 是温度；t 是时间；ω 是 p 坐标下的垂直速度；$\sigma = \frac{RT}{c_p p} - \frac{\partial T}{\partial p}$ 是静力稳定度；R 是气体常数；p 是气压；V 是水平速度；∇ 是水平梯度算子；L 是凝结潜热系数；q 是比湿；Q_1 是总的非绝热，其中包括辐射、潜热、海平面热通量和次网格尺度热通量辐合；Q_2 是由于凝结或者蒸发过程带来的潜热以及次网格尺度的水汽通量辐合（Yanai et al.，1973）。

接下来阐述 SSV 对季节内视热源和视水汽汇的反馈作用。首先，所有的变量（u, v, ω, T, q）都被分解成 LFBS、季节内和天气尺度三部分；接下来，用 LFBS、季节内（10～90d）和天气尺度分量的总和来计算 Q_1 和 Q_2，并且对计算得到的 Q_1 和 Q_2 进行 10～90d 的带通滤波，从而得到季节内 Q_1 和 Q_2 变率。图 3.29 所示为根据总场计算得到的 10～100kPa 平均的 10～90d 尺度加热率（Q_1/c_p）的标准差。如图 3.29（a）所示，变率的最大值中心非常明显，分别出现于印度季风区域（70E°～100°E，10N°～20°N）、菲律宾海-WNP 区域（90W°～120°W，5N°～15°N）。整体而言，10～90d 尺度非绝热的空间分布与 Li 和 Wang（2005）给出的季节内降水的分布基本一致，表明了夏季 ISO 的非绝热源。热带印度洋、西太平洋和东北太平洋平均的视热源垂直剖面最大值出现于 40～50kPa 附近，加热率为 2～2.5K/d（图 3.29（c））。

进一步评估扰动-扰动以及扰动-平均气流的非线性相互作用对季节内视热源的影响，这里采用了两种方法。方法一展开如下：用 LFBS 和天气尺度扰动的和（简称为 LS，不包含 MJO 成分）来计算 Q_1 和 Q_2，对计算得到的 Q_1 和 Q_2 进行 10～90d 的带通滤波，这其中不包含扰动和 MJO 的相互作用。图 3.29（c）中展示的是基于 LS 成分计算得到的沿垂直方向平均的 10～90d 加热率的标准差，在印度洋和西太平洋，非线性投影得到的加热率强度为 0.2～0.25K/d。在这三个 ISO 活跃地区，区域平均的非线性加热率垂直方向的最大值都出现于对流层中层（图 3.29（d））。

方法二展开如下：①用 LFBS 和 ISO 成分的和来计算 Q_1 和 Q_2；②对计算得到的 Q_1 和 Q_2 进行 10～90d 的带通滤波；③用根据总场计算得到的总 Q_1 和 Q_2 减去第二步计算得到的 Q_1 和 Q_2，这样得到的 Q_1 差值和 Q_2 差值能够反映出 SSV 与 LFBS 以及 ISO 的相互作用。方法二称为 T-LI 方法。

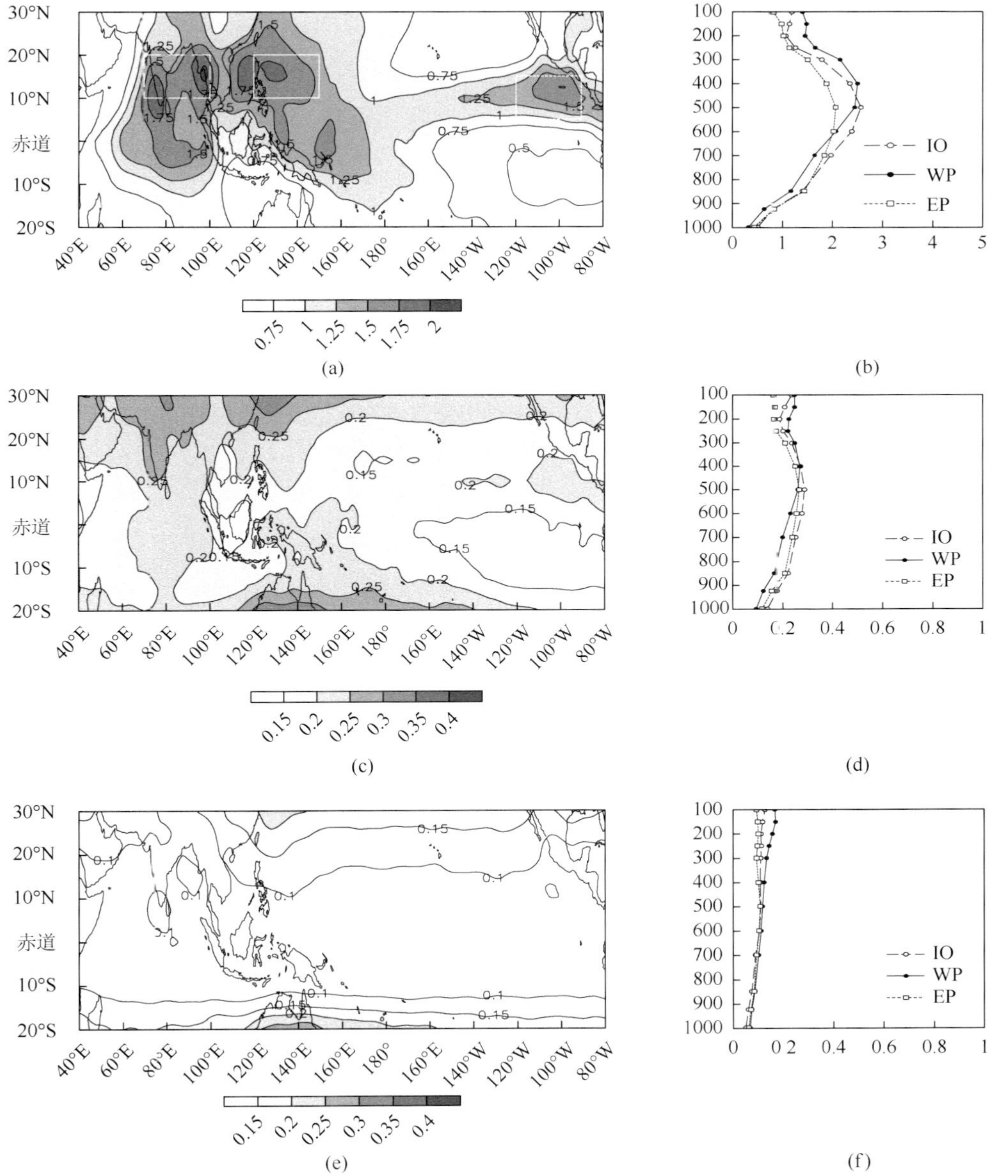

图 3.29　基于总场、LS 成分、T-LI 方法计算得到的垂直平均的 10～90d 加热率标准差，以及在印度季风地区（70°E～100°E，10°N～20°N，虚线）、WNP 地区（120°E～150°E，10°N～20°N，实线）和热带东太平洋地区（90°W～120°W，5°～15°N，点线）区域平均的垂直分布图（Hsu and Li，2011）

相较于 LS 方法（图 3.29（c）），由 T-LI 方法计算得到的非线性项贡献的 Q_1

空间分布比较一致，但强度相对较弱。对 Q_2 进行同样的计算，整体而言，计算得到的季节内 Q_2 场的水平分布与相应的 Q_1 场非常相似，主要的差异在于垂直方向上，总场以及非线性投影贡献得到的季节内 Q_2 场的最大值都出现于对流层低层（70～85kPa）。

图 3.30 所示为基于两种方法计算得到的非线性投影的 Q_1 和 Q_2 标准差与总的季节内 Q_1 和 Q_2 标准差的比值。在两种方法中，非线性投影得到的 Q_1 和 Q_2 占总的季节内 Q_1 和 Q_2 的 10%～30%，这表明在 MJO 和 SSV 活跃的地区，高频扰动对季节内非绝热加热有着明显的影响。

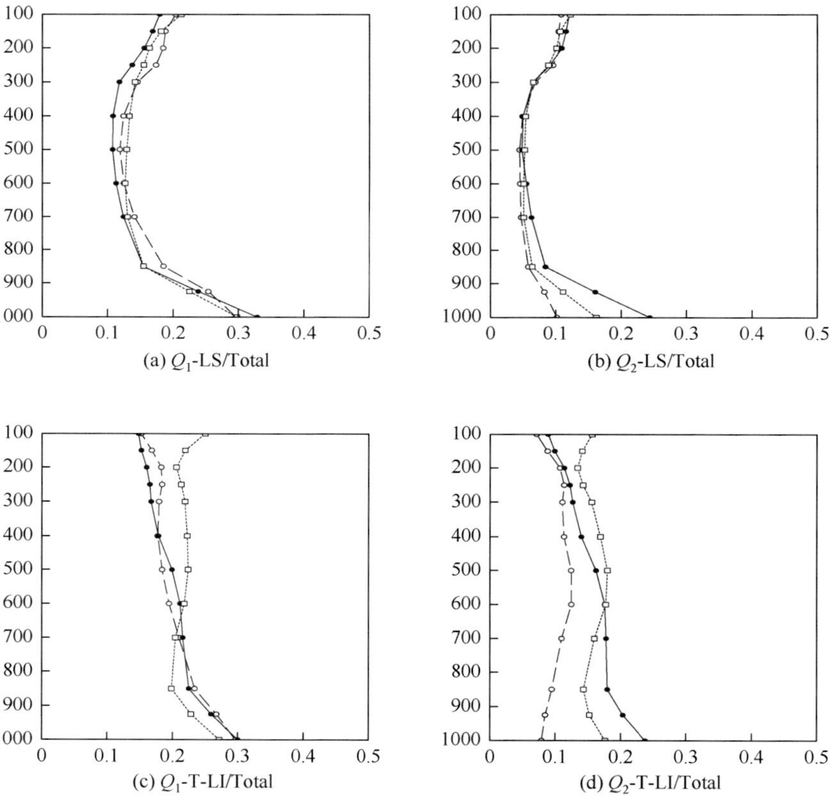

图 3.30　基于 LS 成分、T-LI 方法计算得到的非线性投影的 10～90d Q_1 场标准差场与总的季节内 Q_2 标准差场比值的垂直分布图（Hsu and Li，2011）

Hsu 等（2011）利用扰动动能收支方程分析 ISO 湿位相和干位相的尺度相互作用。夏季平均态对 EKE 总是有正的贡献，在 ISO 的活跃位相，天气尺度扰动从 ISO 中获得能量，当天气尺度扰动与低层气旋性、辐合的 ISO 气流相互作用时，这个正的正压能量就会发生转换；当ISO处于干位相时，反气旋性、辐散的ISO气流造成了负的正压能量转换，天气尺度扰动将能量传输给ISO。

除此以外，SSV还会通过扰动动量传输（Majda and Stechmann，2009；Hsu and Li，2011）以及对季节内SST的调整（Li et al.，2008）来升尺度反馈MJO。如果想了解更多的内容，读者可参阅相关文献（Li，2014）中关于MJO特征和机理的综述性论文。

问　　题

1. MJO的水平和垂直结构有何特征？为什么MJO在北半球冬季沿赤道东传？有哪些理论可以用来解释MJO向东的传播？

2. 哪些过程有利西印度洋上MJO的触发？

3. 冬季和夏季的热带季节内振荡有哪些基本的差异？哪些因素导致夏季热带印度洋地区季节内振荡的北传？

4. 海气相互作用在MJO传播中扮演了什么样的角色？

参 考 文 献

Aiyyer A R，Molinari J. 2003. Evolution of mixed Rossby-gravity waves in idealized MJO environments. J. Atmos. Sci.，60：2837-2855.

Batstone C P，Matthews A J，Stevens D P. 2005. Coupled ocean-atmosphere interactions between the Madden-Julian oscillation and synoptic-scale variability over the warm pool. J. Climate，18：2004-2020.

Biello J A，Majda A J. 2005. A new multi-scale model for the Madden-Julian oscillation. J. Atmos. Sci.，62：1694-1721.

Biello J A，Majda A J，Moncrieff M W. 2007.Meridional momentum flux and super-rotation in the multi-scale IPESD MJO model. J. Atmos. Sci.，64：1636-1651.

Benedict J，Randall D A. 2007. Observed characteristics of the MJO relative to maximum rainfall. J. Atmos. Sci.，64：2332-2354.

Chao W C，Chen B. 1999. On the role of surface friction in tropical intraseasonal oscillation// Freprints，23-d Conf. on Hurricanes and Tropical Meteorology. Dallas：Amer. Meteor. Soc.：815-818.

Chen T C，Murakami M. 1988. The 30-50-day variation of convective activity over the western Pacific Ocean with the emphasis on the northwestern region. Mon. Wea. Rev.，116：892-906.

Dickinson M，Molinari J. 2002. Mixed Rossby-gravity waves and western Pacific tropical cyclogenesis. Part I：Synoptic evolution. J. Atmos. Sci.，59：2183-2195.

Emanuel K A. 1987. An air-sea interaction model of intraseasonal oscillations in the tropics. J. Atmos. Sci.，44：2324-2340.

Emanuel K A. 1994. Atmospheric Convection. New York：Oxford Univ. Press：580.

Flatau M K，Flatau P，Phoebus P，et al. 1997. The feedback between equatorial convection and local radiative and evaporative processes：The implications for intraseasonal oscillations. J. Atmos. Sci.，54：2373-2386.

Frank W M，Roundy P E. 2006. The role of tropical waves in tropical cyclogenesis. Mon. Wea. Rev.，134：2397-2417.

Gadgil S，Srinivasan J. 1990. Low frequency variation of tropical convergence zones. Meteor. Atmos. Phys.，44：119-132.

Gautier C，DiJulio B. 1990. Cloud effect on air-sea interactions during the 1979 Indian summer monsoon as studied from satellite observations. Meteor. Atmos. Phys.，44：119-132.

Gill A E. 1980. Some simple solutions for heat-induced tropical circulation. Quart. J. Roy. Meteor. Soc.，106：447-462.

Hartmann D L，Maloney E D. 2001. The Madden-Julian oscillation，barotropic dynamics，and North Pacific tropical cyclone formation. Part II：Stochastic barotropic modeling. J. Atmos. Sci.，58：2559-2570.

Hartmann D L，Michelsen M L. 1989. Intraseasonal periodicities in Indian rainfall. J. Atmos. Sci.，46：2838-2862.

Hartmann D L，Michelsen M L，Kelein S A. 1992. Seasonal variations of tropical intraseasonal oscillations：A 20-25-day oscillation in the western Pacific. J. Atmos. Sci.，49：1277-1289.

Hendon H H，Salby M L. 1994. The life cycle of Madden-Julian Oscillation. J. Atmos. Sci.，51：2207-2219.

Hendon H H，Liebmann B. 1994. Organization of convection within the Madden-Julian oscillation. J. Geophys. Res.，99：8073-8083.

Hendon H H，Glick J. 1997. Intraseasonal air-sea interaction in the tropical Indian and Pacific oceans. J. Climate，10：647-661.

Holton J R. 1992. An Introduction to Dynamic Meteorology. 3rd ed. San Diego：San Diego Academic Press：511.

Hsu H H，Hoskins B J，Jin F F. 1990. The 1985/86 intraseasonal oscillation and the role of the extratropics. J. Atmos. Sci.，47：823-839.

Hsu H H，Weng C H. 2001. Northwestward propagation of the intraseasonal oscillation in the western North Pacific during the boreal summer：Structure and mechanism. J. Climate，14：3834-3850.

Hsu P C，Li T，2011. Interactions between boreal summer intraseasonal oscillations and synoptic- scale disturbances over the Western North Pacific. Part II：Apparent heat and moisture sources and eddy momentum transport. J. Climate，24：942-961.

Hsu P C，Li T. 2012. Role of the boundary layer moisture asymmetry in causing the eastward propagation of the Madden-Julian Oscillation. J. Climate，25：4914-4931.

Hsu P C，Li T，Tsou C H. 2011. Interactions between boreal summer intraseasonal oscillations and synoptic-scale disturbances over the western North Pacific. Part I：Energetics diagnosis. J. Climate，24：927-941.

Jiang X，Li T，Wang B. 2004. Structures and mechanisms of the northward propagating boreal summer intraseasonal oscillation. J. Climate，17：1022-1039.

Jiang X，Waliser D E，Xavier P K，et al. 2015. Vertical structure and physical processes of the Madden-Julian oscillation：Exploring key model physics in climate simulations. J. Geophys. Res.-Atmospheres，120：4718-4748.

Johnson R H，Rickenbach T M，Rutledge S A，et al. 1999. Trimodal characteristics of tropical convection. J. Climate，12：2397-2418.

Jones C，Waliser D E，Lau K M，et al. 2004a. The Madden-Julian oscillation and its impact on Northern Hemisphere weather predictability. Mon. Wea. Rev.，132：1462-1471.

Jones C，Waliser D E，Lau K M，et al. 2004b. Global occurrences of extreme precipitation and the Madden-Julian oscillation：Observations and predictability. J. Climate，17：4575-4589.

Jones C，Weare B C. 1996. The role of low-level moisture convergence and ocean latent heat fluxes in the Madden-Julian oscillation：An observational analysis using ISCCP data and ECMWF analyses. J. Climate，9：3086-3140.

Kemball-Cook S R，Weare B C. 2001. The onset of convection in the Madden-Julian oscillation. J. Climate，14：780-793.

Khouider B，Majda A J. 2006. A simple multicloud parameterization for convectively coupled tropical waves. Part I：Linear analysis. J. Atmos. Sci.，63：1308-1323.

Khouider B，Majda A J. 2007. A simple multicloud parametrization for convectively coupled tropical waves. Part II：

Nonlinear simulations. J. Atmos. Sci., 64: 381-400.

Knutson T R, Weickmann K M. 1987. 30-60 day atmospheric oscillations: Composite life cycles of convection and circulation anomalies. Mon. Wea. Rev., 115: 1407-1436.

Krishnamurti T N, Chakraborty D R, Cubukcu N, et al. 2003. A mechanism of the MJO based on interactions in the frequency domain. Quart. J. Roy. Meteor. Soc., 129: 2559-2590.

Lau K H, Lau N C. 1990. Observed structure and propagation characteristics of tropical summertime synoptic-scale disturbances. Mon. Wea. Rev., 118: 1888-1993.

Lau K M, Chan P H. 1986. Aspects of the 40-50-day oscillation during the northern summer as inferred from outgoing longwave radiation. Mon. Wea. Rev., 114: 1354-1367.

Lau K M, Peng L. 1987. Origin of low frequency (intraseasonal) oscillations in the tropical atmosphere. Part I: The basic theory. J. Atmos. Sci., 44: 950-972.

Lau K M, Sui C H. 1997. Mechanisms of short-term sea surface temperature regulation: Observations during TOGA-COARE. J. Climate, 10: 465-472.

Li T. 2014. Recent advance in understanding the dynamics of the Madden-Julian oscillation. J. Meteor. Res., 28: 1-33.

Li T, Wang B. 1994a. The influence of sea surface temperature on the tropical intraseasonal oscillation: A numerical study. Mon. Wea. Rev., 122: 2349-2362.

Li T, Wang B. 1994b. A thermodynamic equilibrium climate model for monthly mean surface winds and precipitation over the tropical Pacific. J. Atmos. Sci., 51: 1372-1385.

Li T, Wang B. 2005. A review on the western North Pacific monsoon: Synoptic-to-interannual variability. Terrestrial, Atmospheric and Oceanic Sciences, 16: 285-314.

Li T, Tam F, Fu X, et al. 2008. Causes of the intraseasonal SST variability in the tropical Indian Ocean. Atmosphere-Ocean. Science Letters, 1: 18-23.

Li T, Zhao C, Hsu P C, et al. 2015. MJO initiation processes over the tropical Indian Ocean during DYNAMO/CINDY2011. J. Climate, 28: 2121-2135.

Lindzen R S, Nigam S. 1987. On the role of sea surface temperature gradients in forcing low-level winds and convergence in the Tropics. J. Atmos. Sci., 44: 2418-2436.

Liu F, Wang B. 2012a. A model for the interaction between the 2-day waves and moist Kelvin. Waves. J. Atmos. Sci., 69: 611-625.

Liu F, Wang B. 2012b. Impacts of upscale heat and momentum transfer by moist Kelvin waves on the Madden-Julian oscillation: A theoretical model study. Clim. Dyn.: DOI 10.1007/s00382-011- 1281-0.

Liebmann B, Hendon H H, Glick J D. 1994. The relationship between tropical cyclones of the western Pacific and Indian Oceans and the Madden-Julian oscillation. J. Meteor. Soc. Japan, 72: 401-412.

Madden R A, Julian P R. 1971. Detection of a 40-50 day oscillation in the zonal wind in the tropical Pacific. J. Atmos. Sci., 28: 702-708.

Madden R A, Julian P R. 1972. Description of global scale circulation cells in the Tropics with a 40-50 day period. J. Atmos. Sci., 29: 1109-1123.

Majda A J, Biello J A. 2004. A multiscale model for tropical intraseasonal oscillations. Proc. Natl. Acad. Sci., 10: 4736-4741.

Majda A J, Stechmann S N. 2009. A simple dynamical model with features of convective momentum transport. J. Atmos. Sci., 66: 373-392.

Maloney E D. 2009. The moist static energy budget of a composite tropical intraseasonal oscillation in a climate model. J. Climate, 22: 711-729.

Maloney E D，Dickinson M J. 2003. The intraseasonal oscillation and the energetics of summertime tropical western North Pacific synoptic-scale disturbances. J. Atmos. Sci.，60：2153-2168.

Maloney E D，Hartmann D L. 1998. Frictional moisture convergence in a composite life cycle of the Madden-Julian oscillation. J. Climate，11：2387-2403.

Maloney E D，Hartmann D L. 2000a. Modulation of eastern North Pacific hurricanes by the Madden-Julian oscillation. J. Climate，13：1451-1460.

Maloney E D，Hartmann D L. 2000b. Modulation of hurricane activity in the Gulf of Mexico by the Madden-Julian oscillation. Science，287：2002-2004.

Maloney E D，Hartmann D L. 2001. The Madden-Julian oscillation，barotropic dynamics，and North Pacific tropical cyclone formation. Part I：Observations. J. Atmos. Sci.，58：2545-2558.

Moskowitz B M，Bretherton C S. 2000. An analysis of frictional feedback on a moist equatorial Kelvin mode. J. Atmos. Sci.，57：2188-2206.

Murakami T. 1980. Empirical orthogonal function analysis of satellite-observed outgoing longwave radiation during summer. Mon. Wea. Rev.，108：205-222.

Nakazawa T. 1988. Tropical super clusters within intraseasonal variations over the western Pacific. J. Meteor. Soc. Japan，66：823-839.

Neelin J D，Held I M，Cook K H. 1987. Evaporation-wind feedback and low-frequency variability in the tropical atmosphere. J. Atmos. Sci.，44：2341-2348.

Nitta T. 1987. Convective activities in the tropical western pacific and their impact on the Northern-Hemisphere summer circulation. J. Meteorol. Soc. Japan，65：373-390.

Shinoda T，Hendon H H. 1998. Mixed layer modeling of intraseasonal variability in the tropical western Pacific and Indian oceans. J. Climate，11：2668-2685.

Sobel A H，Maloney E D. 2000. Effect of ENSO and the MJO on western North Pacific tropical cyclones. Geophys. Res. Lett.，27：1739-1742.

Sobel A H，Maloney E D. 2013. Moisture modes and the eastward propagation of the MJO. J. Atmos. Sci.，70：187-192.

Sperber K R. 2003. Propagation and the vertical structure of the Madden-Julian oscillation. Mon. Wea. Rev.，131：3018-3037.

Straub K H，Kiladis G N. 2003. Interactions between the boreal summer intraseasonal oscillation and higher-frequency tropical wave activity. Mon. Wea. Rev.，131：945-960.

Takaya K，Nakamura H. 2001. A formulation of a phase independent wave-activity flux for stationary and migratory quasigeostrophic eddies on a zonally varying basic flow. J. Atmos. Sci.，58：608-627.

Takayabu Y N，Nitta T. 1993. 3-5 day period disturbances coupled with convection over the tropical Pacific Ocean. J. Meteor. Soc. Japan，71：221-246.

Vecchi G A，Harrison D E. 2002. Monsoon breaks and subseasonal sea surface temperature variability in the Bay of Bengal. J. Climate，15：1485-1493.

Wang B. 1988a. Dynamics of tropical low frequency waves：An analysis of moist Kelvin waves. J. Atmos. Sci.，45：2051-2065.

Wang B. 1988b. Comments on “An air-sea interaction model of intraseasonal oscillation in the tropics”. J. Atmos. Sci.，45：3521-3525.

Wang B. 2006. Theory，Chapter 10 in Tropical Intraseasonal Oscillation in the Atmosphere And Ocean. Berlin：Praxis Publishing.

Wang B，Rui H. 1990. Dynamics of the coupled moist Kelvin-Rossby wave on an equatorial β-plane. J. Atmos. Sci.，47：397-413.

Wang B，Li T. 1993. A simple tropical atmospheric model of relevance to short-term climate variation. J. Atmos. Sci.，50：260-284.

Wang B，Li T. 1994. Convective interaction with boundary-layer dynamics in the development of a tropical intraseasonal system. J. Atmos. Sci.，51：1386-1400.

Wang B，Liu F. 2011. A model for scale interaction in the Madden-Julian oscillation. J. Atmos. Sci.，68：2524-2536.

Wang B，Xie X. 1998. Coupled modes of the warm pool climate system. Part I：The role of air-sea interaction in maintaining Madden-Julian oscillation. J. Climate，11：2116-2135.

Wu M L C，Schubert S D，Suarez M J，et al. 2005. Seasonality and meridional propagation of the MJO. J. Climate，19：1901-1921.

Yanai M，Esbensen S，Chu J H. 1973. Determination of bulk properties of tropical cloud clusters from large-scale heat and moisture budgets. J. Atmos. Sci.，30：611-627.

Yasunari T. 1979. Cloudiness fluctuation associated with the Northern Hemisphere summer monsoon. J. Meteor. Soc. Japan，57：227-242.

Yasunari T. 1980. A quasi-stationary appearance of 30-40 day period in the cloudiness fluctuation during summer monsoon over India. J. Meteor. Soc. Japan，58：225-229.

Zhao C B，Li T，Zhou T. 2013. Precursor signals and processes associated with MJO initiation over the tropical Indian Ocean. J. Climate，26：291-307.

Zhou C，Li T. 2010. Upscale feedback of tropical synoptic variability to intraseasonal oscillations through the nonlinear rectification of the surface latent heat flux. J. Climate，23：5738-5754.

第 4 章　热带气旋生成

4.1　引　　言

热带气旋生成是指由随机的积云尺度对流系统逐渐组织和发展成为一个具有暖心结构和持续大风气旋性系统的过程。该过程包含复杂的多尺度相互作用。同时，在热带洋面上往往缺乏可靠的观测资料。因此目前对热带气旋生成的理解还很有限。

西北太平洋地区是台风生成频率最高的区域。相较于北大西洋地区低层环流，该地区夏季平均环流具有独特的特征，例如，此区域具有全球最暖的暖池，平均温度超过 29℃；低层环流为季风西风带和信风东风带的辐合，风场的经向切变线将其南侧的西风和北侧东风分隔。对流层低层的气旋性涡度和辐合区往往伴随着强对流，形成了西北太平洋季风槽。

虽然夏季的平均环流可以为台风生成提供有利的环境条件，但就单个台风生成事件而言，其需要一定振幅的初始扰动。卫星观测技术的进步将有助于揭示与台风生成相对应的具体天气尺度前兆信号。4.2 节基于观测资料分析了西北太平洋台风生成前期的天气尺度扰动类型。北大西洋海域飓风生成的主要扰动来源于东风波，而西北太平洋台风前兆扰动包括热带气旋能量频散（tropical cyclone energy dispersion，TCED）引发的罗斯贝波列、西北—东南向的天气尺度波列（synoptic wave train，SWT）及太平洋东风波（Pacific easterly wave，PEW）等。

4.3 节讨论了天气尺度波列和太平洋东风波。

4.4 节模拟研究热带气旋生成的不同途径，例如，TCED 引发的罗斯贝波列与季风涡旋相互作用诱发的热带气旋生成；具有不同初始垂直结构涡旋（如中层或低层涡旋）发展成为台风过程。利用模拟数据，诊断分析从随机的积云尺度对流系统发展成为热带气旋的演变过程，并探讨了影响热带气旋生成效率的物理机制。

4.5 节从气候角度来探讨影响西北太平洋及北大西洋台风的生成频率的大尺度环境场因素，主要针对季节内振荡（ISO）和 ENSO 对台风生成的调控，并定性衡量各因子的相对重要性。

4.6 节讨论全球变暖的背景下台风生成的频率改变情况。以未来海平面温度作为强迫场，利用高分辨率的全球大气环流模式进行模拟和诊断分析。模式预估台风在未来将发生纬向位移，台风频数在西太平洋（中太平洋）显著增长（减少），并就其发生机制进行讨论。

4.2　前兆天气尺度信号

利用 QuikSCAT、TMI 等观测资料，Fu 等（2007）分析了热带气旋生成之前热带扰动的结构和演变特征。2000～2001 年北半球夏季出现 34 个台风，其中 6 个（约 20%）与热带气旋能量频散有关，11 个（约 30%）与天气尺度波列有关（包括赤道混合罗斯贝-重力波），6 个（约 20%）与赤道东风波有关。下面将具体讨论这些过程。

4.2.1　前一台风能量频散导致的新气旋的生成

由于 Beta 效应，一个正压涡旋会产生罗斯贝波能量频散（TCED）。当一个台风涡旋处于平均气流和行星涡度梯度的影响下，在其向西北方向移动时，同时产生罗斯贝波能量向东南方向传播（Anthes，1982；Flierl，1984；Flierl and Haines，1994；McDonald，1998），因此在涡旋的尾部形成一个反气旋和气旋交替变化的罗斯贝波列（Carr and Elsberry，1994，1995）。通过对三维的罗斯贝波能量频散研究发现，热带气旋能量频散引发的罗斯贝波列具有斜压结构，上层的罗斯贝波列发展迅速致使能量向下传播，使得低层罗斯贝波列增强（Ge et al.，2008）。

虽然一些研究指出 TCED 会诱发气旋生成（Frank，1982；Davidson and Hendon，1989；Briegel and Frank，1997；Ritchie and Holland，1997），但缺乏对能量频散波列结构和演变过程的描述。利用卫星资料，Li 等（2003）进一步证实了罗斯贝波列与热带气旋生成之间的联系。在 2000～2001 年 34 个个例中，6 个热带气旋生成与此有关。图 4.1 给出 2000 年 8 月 1～9 日 TCED 诱发台风生成个例的演变过程。3～8d 滤波后的 QuickSCAT 风场清楚地反映了热带气旋能量频散的演变过程。字母 A 代表 8 月 1 日生成的台风 Jelawat 位置。在最初的 2～3d 中，由于台风 Jelawat 强度较弱，其尾部并未出现明显的罗斯贝波能量频散。在热带气旋向西北移动过程中，强度逐渐增强，在其尾部的出现明显的罗斯贝波列。8 月 6 日波列呈西北—东南走向，纬向波长约为 2500km。值得指出的是，该波列最显著的特征是具有一个很大的经向波长。在 8 月 6 日半个经向波长达到 4000km。此后波列的波长逐渐缩小，于 8 月 9 日在罗斯贝波列气旋性环流中心附近形成一个新的热带气旋（如图中字母 B 所示）。

利用 3～8d 滤波后的 NCEP-NCAR 再分析资料，Fu 等（2007）分析 TCED 激发的罗斯贝波列的垂直结构。结果表明，在 20kPa 没有明显的波动型，但对流层中低层具有明显的波列，且垂直方向上没有倾斜。从空间分布来看，降水集中在波列的气旋性环流区域，而反气旋环流区域基本是晴空少云。

并非所有台风皆会在其尾部产生罗斯贝波列，热带气旋是否会生成罗斯贝波列可能取决于热带气旋的尺度、强度（Flierl et al.，1983；Li and Fu，2006）、径向风廓线（Shapiro and Ooyama，1990）及环境气流如垂直切变（Ge et al.，2007）。罗斯贝波列能否诱发新的热带气旋还取决于其所处的背景场。环境场低层气旋性涡度和辐合均有利于罗斯贝波列诱发新的热带气旋（Li and Fu，2006；Li et al.，2006）。

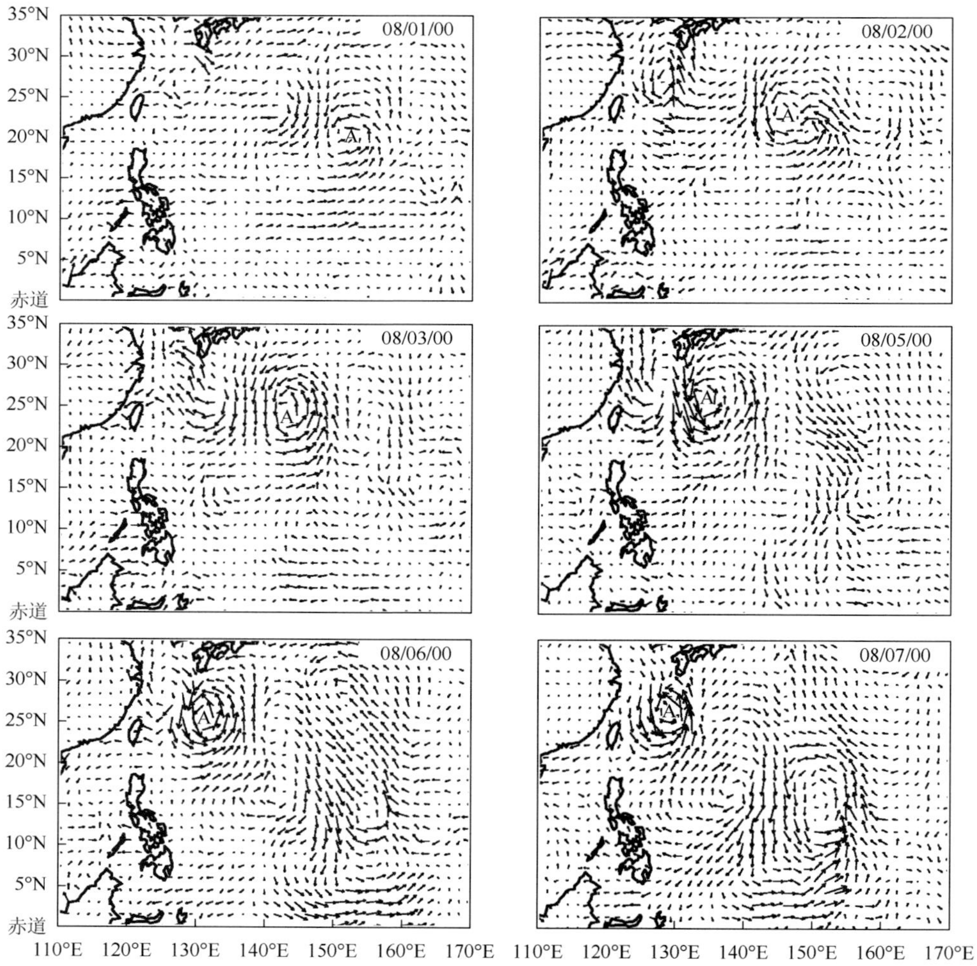

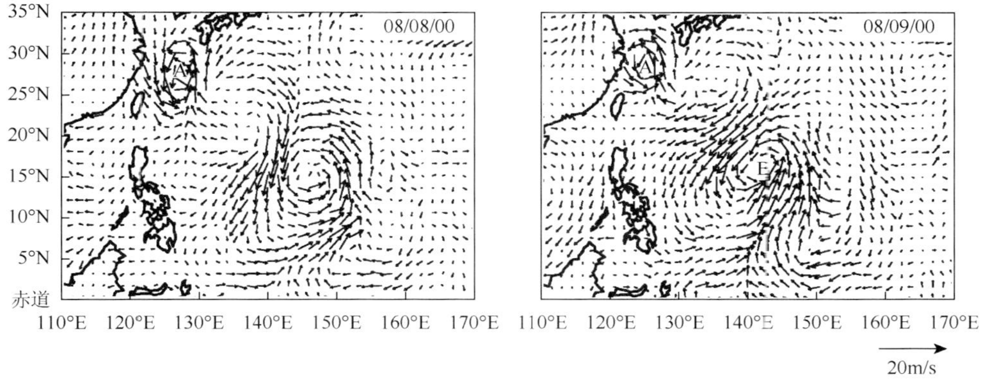

图 4.1　台风 Jelawat 能量频散相关的天气尺度地面风场的演变图（Fu et al.，2007）

4.2.2　天气尺度波列引起的热带气旋生成

另一种热带气旋生成类型发生于与前一台风无关的天气尺度波列中。观测研究发现，西北太平洋夏季天气尺度主模态是一个西北—东南向的天气尺度波列（Lau and Lau，1990），这个波列向西北方向移动，典型波长为 2500km，其强度在从低纬度地区向西北方向移动过程中逐渐增强。

在 2000 年和 2001 年夏季，有 11 个热带气旋生成于天气尺度波列中。2001 年 8 月 2 日台风 Manyi 为此类型的一个典型个例（图 4.2）。在台风 Manyi 生成的 3d 前，西北太平洋地区（130°E～160°E，赤道～25°N）存在一个西北—东南向的波列，具有界限清楚的气旋性和反气旋性环流，缓慢向西北方向移动。至 8 月 2 日，Manyi 在此波列的气旋性涡度区域生成。

在 11 个天气尺度波列引发的热带气旋生成的个例中，其中 4 个与赤道混合罗斯贝-重力波有关系。混合罗斯贝-重力波存在显著的顺时针越赤道气流，具有沿赤道的反对称结构。在热带气旋 Sepat 个例中（Fu et al.，2007），一个混合罗斯贝-重力波于 2001 年 8 月 24 日出现在日界线附近，当它的位相向西移动时，混合罗斯贝-重力波逐渐偏向赤道北侧，最终在西北太平洋形成一个西北—东南向的热带低压（TD）波列。这个波列在 8 月 26 日 3～8d 滤波的风场中表现得特别明显。随着波列的继续发展，8 月 27 日一个新的热带气旋 Sepat 在波列的气旋性涡度区域生成。这种由赤道混合罗斯贝-重力波向偏离赤道的 TD 型扰动的转变过程与前人的研究（Takayabu and Nitta，1993；Dickinson and Molinari，2002）相一致。

4.2.3　东风波引起的热带气旋生成

西北太平洋热带气旋生成与太平洋东风波（PEW）发展有关。不同于非

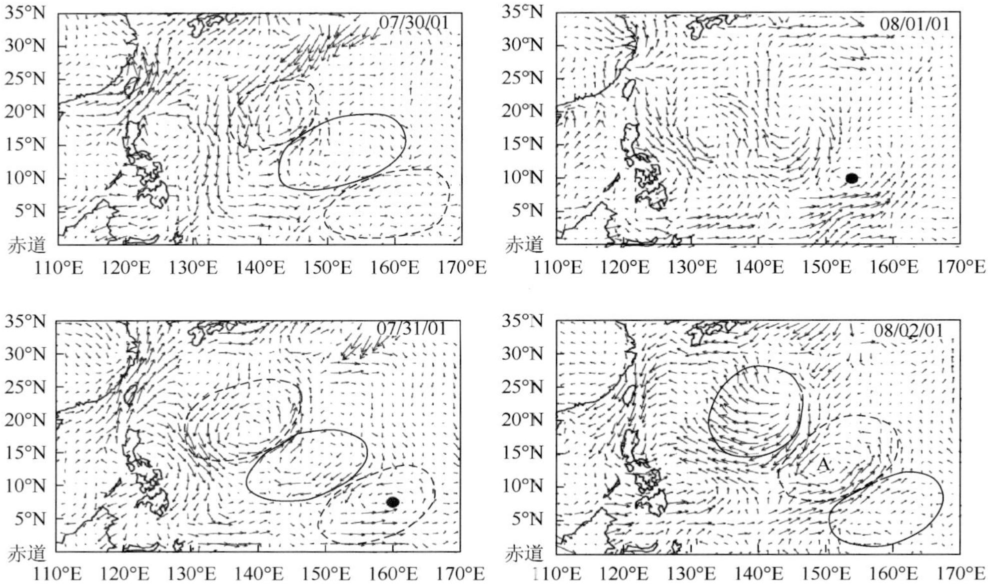

图 4.2　与天气尺度波列相关的 3～8 天滤波的 QuikSCAT 表面风场演变图（Fu et al.，2007）

图中圆点代表台风 Manyi 生成前气旋性环流中心

洲东风波，太平洋东风波的能量来源是中纬度急流（详见 4.3 节）。2000～2001 年夏季，有 7 个太平洋东风波引发的热带气旋生成。在扰动动能和 TMI 的降水场可以看到明显的西传信号，可以确定这些热带气旋生成与太平洋东风波有关。

图 4.3 以 2001 年 7 月 22 日生成的台风 Kong-rey 为例，显示了扰动动能和降水率沿台风生成的纬度（25°N）的时间-经度剖面。在 Kong-rey 生成之前，降水和扰动动能都清晰地显示出西传特征，该东风波的位相速度为每天 4～5 个经度。

3～8d 滤波后的 NCEP-NCAR 再分析资料表明，该东风波比较深厚，具有准正压的结构（Fu et al.，2007）。东风波的振幅具有两个极大值，分别位于 60～70kPa 和 20～30kPa。该垂直结构特征与前人研究相一致（Reed and Recker，1971）。

4.2.4　对流层中上层的先兆信号

前面提及的台风生成前兆信号主要发生在对流层低层，但部分前兆信号则出现在对流层的中上层。

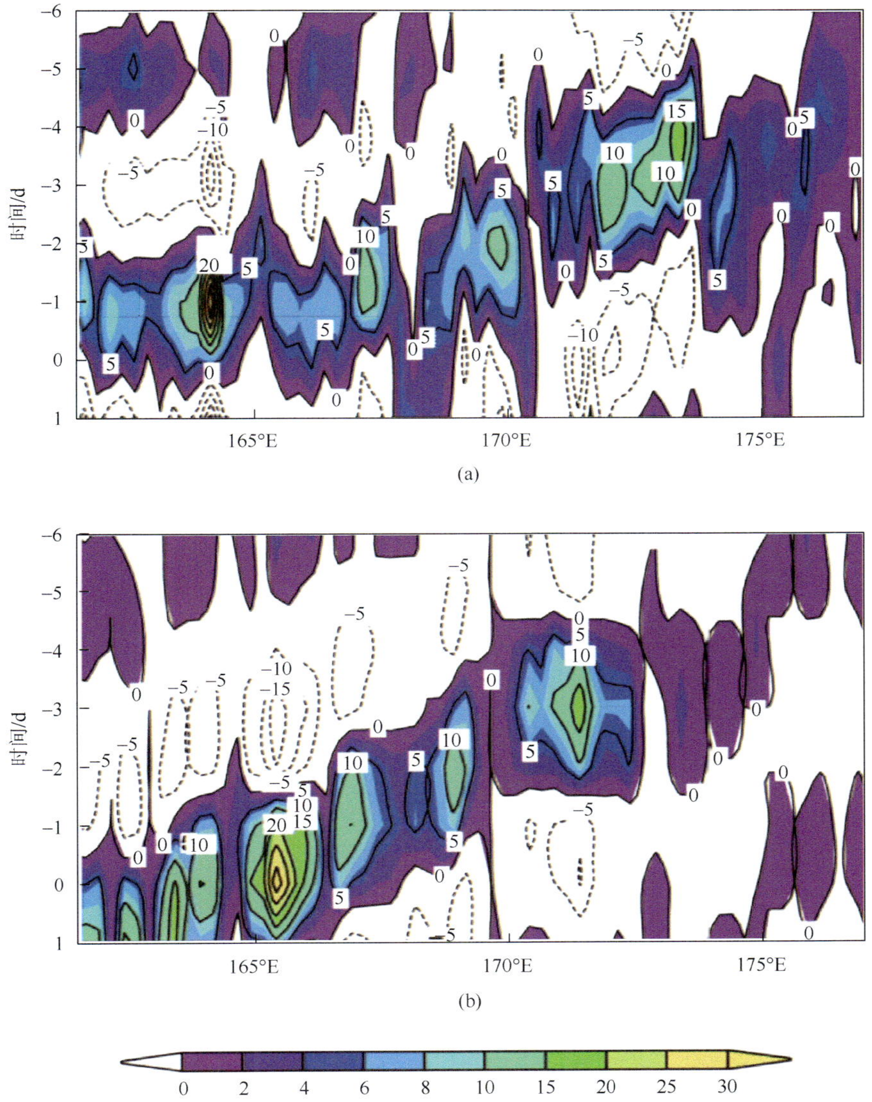

图 4.3　扰动动能$(u^2+v^2)'/2$（单位：m^2/s^2）和降水率（单位：mm/d）沿 25°N 的时间–经度剖面图（Fu et al.，2007）

台风 Kong-rey 在 2001 年 7 月 22 日于 150.2°E、25°N 生成（对应第 0d）

以 2001 年 8 月 9 号的台风 Usagi 作为此类型的个例。图 4.4 给出了该气旋的生成之前对流活动（以 TMI 云液态水含量来代表）演变特征。在 Usagi 生成的前 3d，对流云已经聚集于 Usagi 生成的区域。而从 3～8d 滤波后 QuikSCAT 风场资料上看不到明显的气旋性扰动。

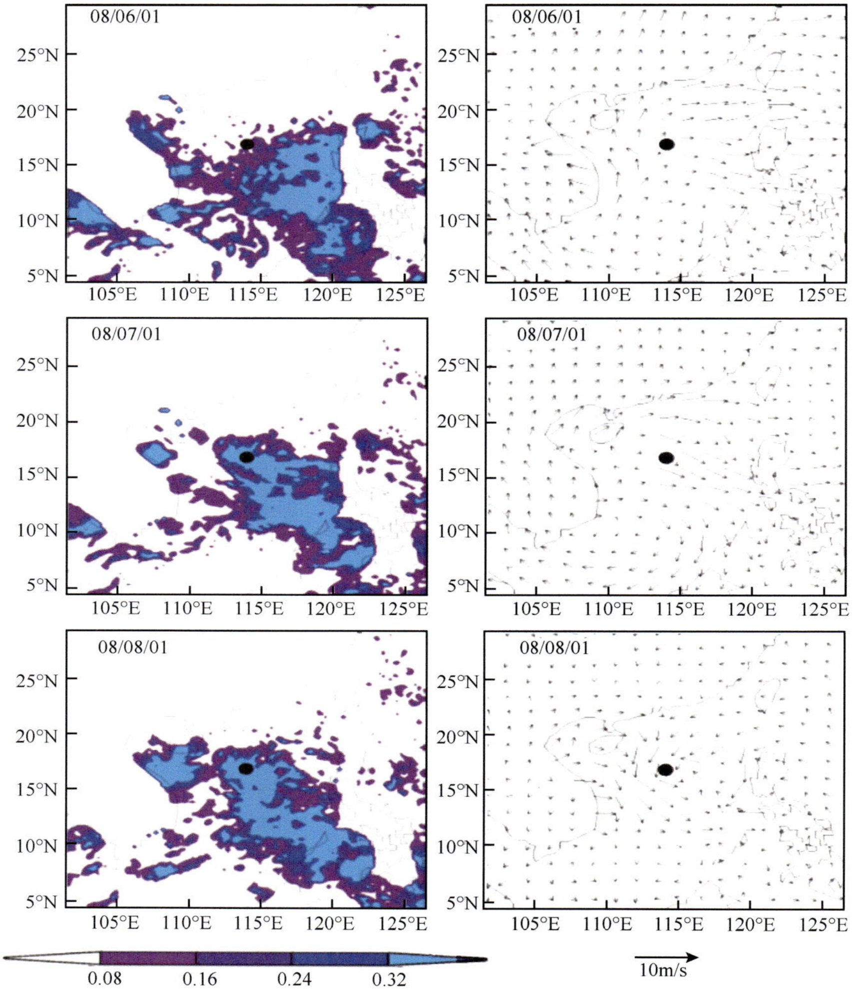

图 4.4　台风 Usagi 生成前的 TMI 云液态水和 QuikSCAT 3～8d 滤波的表面风场的时间演变（Fu et al，2007）

Usagi 在 2001 年 8 月 9 号生成，圆点表示 Usagi 的生成位置

NCEP/FNL 再分析资料分析进一步表明，在台风生成的前 2～3d，中层已经存在明显的气旋性涡旋。相应地，根据热成风平衡原理，中层涡旋以上（下）存在一个弱的暖心（冷心）结构。Simpson 等（1997）也发现由中层涡旋激发热带气旋的过程，但中层气旋性涡度如何向下发展进而导致台风生成的过程并不完全清楚。4.4 节将利用数值模拟对这类气旋生成的过程加以研究。

此外，一部分台风生成可能与对流层上层的强迫有关。Colon 和 Nightingale

（1963）通过 20kPa 流场的演变特征发现，在西风槽的东侧或者反气旋环流的西侧出现一支向北的气流，可以为低层扰动的发展提供有利的环境条件。Sadler（1976）建立了一个天气尺度模式去描述热带对流层上部槽（TUTT）的作用，认为对流层上部槽对台风的发展有三个方面的影响：①当 TUTT 南侧近赤道的脊位于低层低压的上方时，将会减弱垂直切变；②TUTT 南侧和东侧的辐散气流可以增强高层的通风流，进而促进低层低压的发展；③TUTT 会建立一个大尺度西风带通道，使得在不断发展的低压对流所释放出的热量可以有效地流出。

2000～2001 年夏季，3 个台风生成事件伴随着对流层上层的强迫（Fu et al.，2007）。以 2001 年 9 月 6 号的台风 Nari 生成为例，在它生成的前 2d，对流层上层的槽位于 Nari 生成位置偏西约 20°；1d 后，槽向东移动 10 个经度，与此同时，对流层上层的槽在加深，并且槽东侧的西南气流加强。在 Nari 生成当日，槽位于 Nari 生成位置西北方 5°以内，因此强的西南风占据这个区域，并在 Nari 北侧建立了高层的流出通道，这有利于低层扰动的增强，并导致 Nari 的生成。

4.3　西北太平洋上天气尺度波列的起源以及东风波的产生机理

西北太平洋上天气尺度的主模态是西北—东南走向的天气尺度波列（Lau and Lau，1990）。这个波列由气旋性环流和反气旋性环流交替出现，并向西北传播。天气尺度波列典型的波长约为 2500km，时间尺度在 6～10d。

在西北太平洋上，天气尺度波列产生的原因是什么？Li（2006）指出天气尺度波列是夏季平均环流在对流-环流-水汽反馈下的一种不稳定模态。为了验证这个猜想，使用了一个异常大气环流模式（anomaly AGCM）进行敏感性试验。该模式在普林斯顿全球大气谱模式（Held and Suarez，1994）的原始版本上进行了修改，并对三维平均态进行了线性化，文献（Li，2006）的附录里有详细的模型推导以及对环流场上扰动加热的处理方法。异常 AGCM 曾被用于研究赤道对称强迫对大气的不对称响应（Wang et al.，2003）以及 MJO 在西印度洋上的产生（Jiang and Li，2005）等研究中。

这个模式采用 σ 坐标系（$\sigma = p/p_s$）为垂直坐标系，在垂直方向上有五个均匀分布的 σ 层，在顶层 $\sigma = 0$，最底部 $\sigma = 1$。水平的分辨率是 T42。在动量方程中添加了摩擦力项，在底层（$\sigma = 0.9$）上以每天为 1 的阻尼率来模拟 PBL，在 $\sigma = 0.7$ 的高度层上阻尼率为每天 0.1。在模式各高度层温度方程中添加了牛顿冷却项，其 e 折时间为 10d。为了关注热带扰动，对高纬度地区（40°N 和 40°S 以外）的扰动动量和温度方程中添加了每天为 1 的强阻尼。夏季 6～8 月平均的 NCEP-NCAR 再分析资料（$\bar{u},\bar{v},\bar{T},\bar{P}_s$）作为模式夏季平均态。

在初始时刻，模式中加入一个纬向波数为 9 的微小扰动。在夏季平均场和对流-环流-水汽反馈的共同作用下，模式呈现了西北太平洋上最不稳定模态的形成过程。在西北太平洋上，模式中最快的增长模态对应一个明显的天气尺度波列（图 4.5（a））。此波列呈现西北—东南走向，存在交替出现的气旋性和反气旋性环流，纬向波长约为 2500km，且向西北方向传播。扰动增长之所以易出现在这个地理位置，主要是由于该区域具有较高的湿静力能（MSE），较高的湿静力能增强了对流-环流-水汽反馈，从而促进扰动发展。

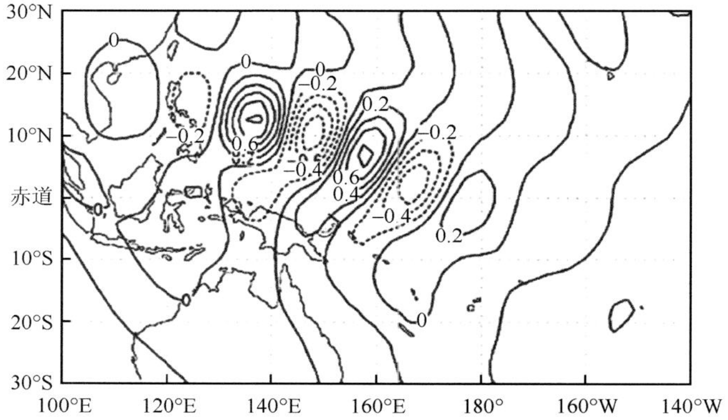

(a) 对流-环流-水汽反馈的最不稳定模态

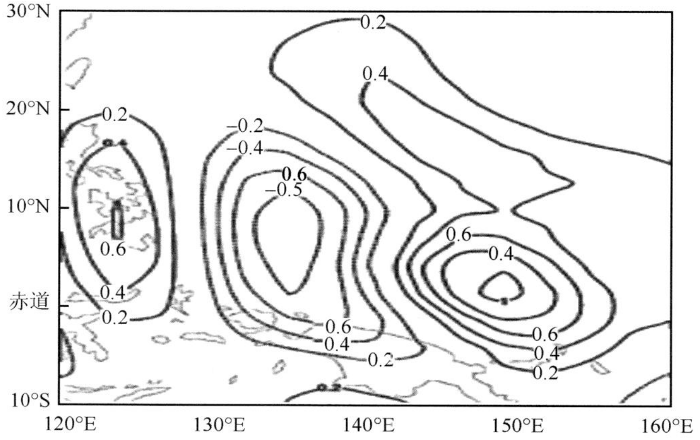

(b) 去除对流-环流-水汽反馈后的最小衰减模态

图 4.5　$\sigma = 0.7$ 上标准化经向风场的水平分布

等值线间隔为 0.2

若不考虑对流-环流-水汽反馈，初始扰动不发展，相反会减弱。这表明如果仅存在气候态的夏季平均气流（但缺乏对流-环流-水汽反馈）不能使热带扰动变得不稳定。因此，夏季平均气流在热带只能支持一个弱衰减模态（weakly damped mode）。这一点和中纬度斜压不稳定波从平均西风中获得能量的特征有着根本上的不同。模式模拟结果与 Lau 等在 1992 年的观测研究是一致的，他们指出天气尺度波列的主要能量是深对流潜热加热。

尽管夏季平均气流单独存在时并不能使扰动增长，但夏季平均气流决定了波列的结构、波长及传播的特征。图 4.5（b）是不考虑对流-环流-水汽反馈后弱衰减模态的经向风结构。从图中可以看到西北—东南走向的波列，这个波列有着气旋性环流和反气旋性环流交替出现的特征，波长约 2500km。这个弱衰减模态向西和西北方向传播。

此外，设置不同的初始条件进行了敏感性试验。结果表明不稳定模态的最终结构对初始场的设置并不敏感。在所进行的试验中，模式都能亘现与图 4.5（a）相似的不稳定模态。这进一步验证了之前的猜想，即西北太平洋上夏季天气尺度波列是夏季平均气流和对流-环流-水汽反馈共同作用下的结果，在此背景环境下，任何一种扰动都能增长并发展成波列形式。

为了揭示太平洋东风波的波能量积累机制和频散特征，Tam 和 Li（2006）利用 NCEP-NCAR 再分析资料分析了波活动通量（Takaya and Nakamura，2001）。研究发现，波活动通量在区域（135°E～160°E，10°N～25°N）辐合，而辐合能够增强罗斯贝波，这与观测中扰动增长区一致。

在西北太平洋上，东风波的纬向群速度为负，这表明低层罗斯贝波能量向西移动。东风波的纬向波数 k 随着波的西移在增加，纬向尺度的收缩导致群速度的辐合，使低层波能聚集。对于波活动量聚集最大的贡献来源于波群速度的辐合，而波群速度的辐合来源于波长在西移过程中的收缩和水平方向上波结构的变化。平均气流的辐合对波活动量聚集的贡献相对较小。

西北太平洋上对流与低层涡度的位相关系取决于经度。在 150°E 以西，对流信号与低层正涡度异常同位相，但是在 150°E 以东，涡度领先了对流 1/4 波长。这表明沿着天气尺度波列活动路径，有着两种不同的波动结构特征，以东的那一部分，对流层中层的天气尺度热通量朝着赤道方向（$v'T'<0$）。上述结构可以从环流合成图和协方差分析上证实。

与负的热通量信号相对应的是波活动量（或波能）从上层向下传输。在对流层的上层，中纬度向南的波活动能够进入日界线附近的热带地区。图 4.6 描述了三维的太平洋波能量传输特征，表明太平洋东风波的能量来自于中纬度太平洋急流。个例研究也证明了这一结论，发现高层大气的波能激发出低层的天气尺度波列。由于波的破碎，位涡异常侵入热带后引起了向下的发展，导致低层扰动的发展和增长。

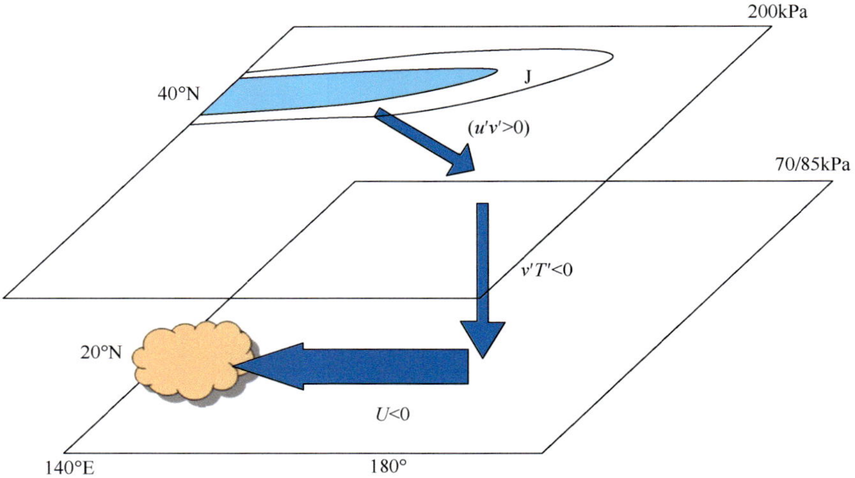

图 4.6　从中纬度太平洋急流到热带中太平洋的向南波能量传播、在热带中太平洋向下的能量传播以及在西北太平洋低层大气中向西的波活动通量

波的尺度收缩和平均气流的辐合有助于扰动最大增长区域（135°E～160°E，10°N～25°N）内的东风波能量积累

4.4　热带气旋生成的数值模拟

4.4.1　TCED 诱发热带气旋生成

Li 等（2006）利用原始方程模式（TCM3）模拟了热带气旋能量频散激发热带气旋现象，模式介绍及试验设计可参考相关文献（Li et al.，2006）。环境场温度和水汽廓线为西北太平洋夏季平均气候场。构造一个理想的初始涡旋，在β平面上进行 10 天积分后激发出一个三维罗斯贝波列。为了研究平均气流的作用，构造一个理想的季风涡旋，其直径为 3000km，中心最低气压相比周环境低 0.2～0.3kPa，初始最大风速为 5m/s，距中心半径为 300km。该理想季风涡旋的背景场和振幅的设置以 Ritchie 和 Holland（1999）观测事实为依据。

一共设置三组对比试验。在第一组试验（Exp1）中，模式初始场中仅保留罗斯贝波列，以此检验罗斯贝波列的单独作用能否在静止环境中触发小扰动，进而发展成热带气旋。在第二组试验（Exp2）中，在不考虑 TCED 诱导的罗斯贝波列影响的前提下，研究季风涡旋发展情况。在第三组试验（Exp3）中，初始场考虑了两者的共同作用，即在季风涡旋上叠加了罗斯贝波列，旨在检验罗斯贝波列与季风涡旋的相互影响能否激发热带气旋。

模拟结果（图 4.7）表明，仅有罗斯贝波列作用或仅有季风涡旋作用均无法引起热带气旋，只有在两者共同作用下才可以激发新的热带气旋。因此，环境流场对 TCED 波列诱发热带气旋至关重要。Exp3 模拟的涡旋具有真实台风的基本特征，如倾斜的眼墙、暖心结构、眼区内下沉运动以及向里-向上-向外的次级环流。

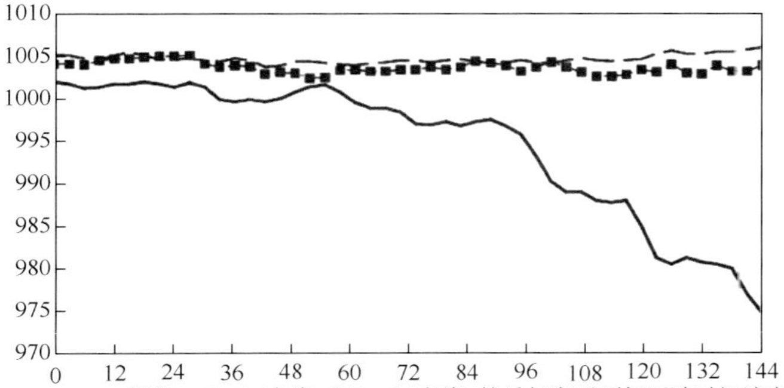

(a) Exp1 (虚线)、Exp2 (点线) 和Exp3 (实线) 的最低海平面气压随时间演变

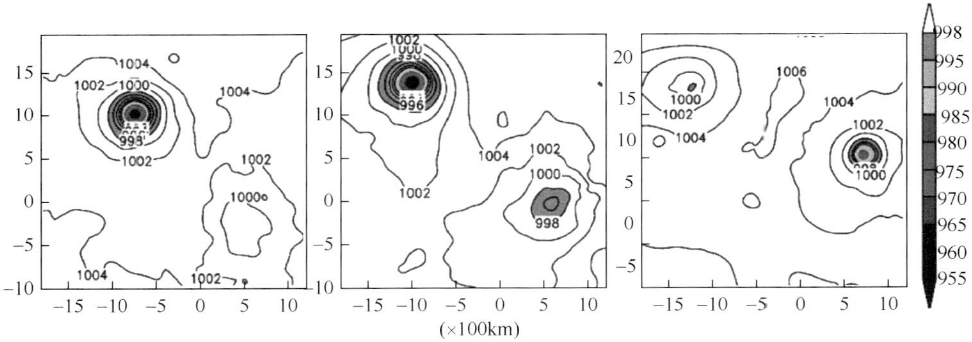

(b) Exp 3中第1、3和5d的表面气压场

图 4.7　三种模式试验模拟出的最低海平面气压以及 Exp 3 中第 1、3 和 5d 的表面气压场（Li et al.，2006）

图 4.8 给出了 Exp3 中模拟气旋中心附近气象要素（以低层涡度最大值为中心，取 120km×120km 的区域平均值）随时间演变图。值得指出的是，垂直涡度场呈现出两个非常重要的特征：①垂直涡度最大值出现在 PBL，随着热带气旋发展，气旋性涡度从 PBL 向上发展并到达对流层上层；②在最初发展阶段，PBL 涡度增长呈现出振荡的特征。例如，涡度在 60～64h 快速增强，随后增速减缓甚至衰减，但在 72～78h 内又重新增强。相同区域平均降水率同样清晰地呈现出随时间振荡的演变过程。即使是取较大区域平均（如 240km×240km 以内），涡度场和降水场都能看见一个明显的振荡特征。

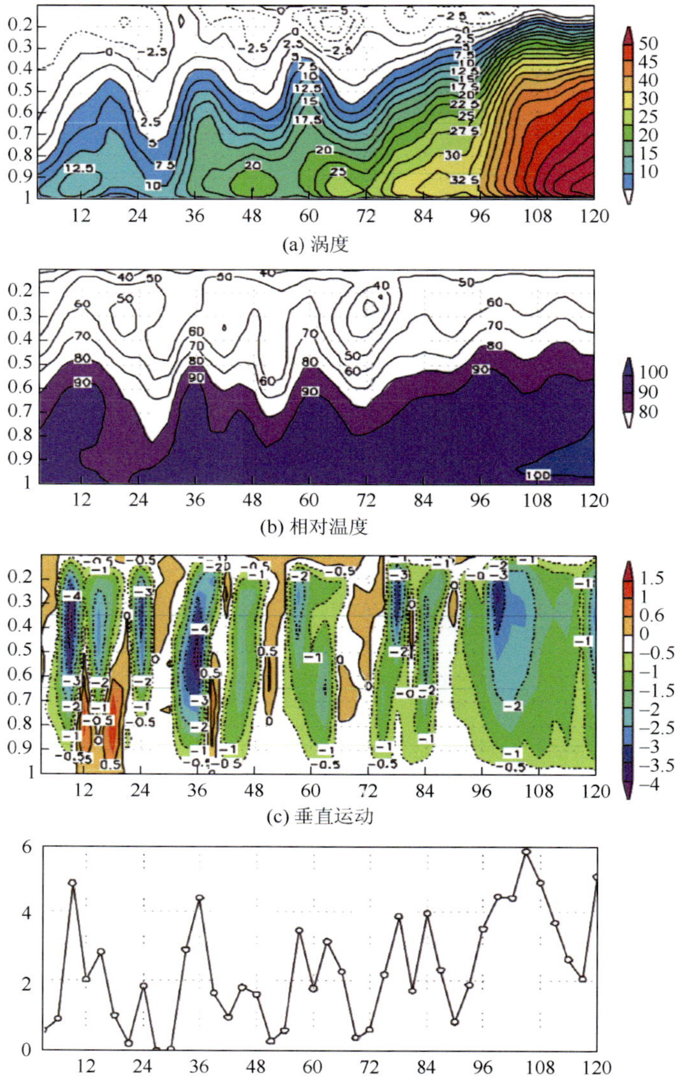

(a) 涡度

(b) 相对温度

(c) 垂直运动

(d) 降水率

图 4.8　Exp 3 中以低层涡度最大值为中心取 120km×120km 的区域平均涡度（单位：10^{-5}/s）、相对湿度（单位：%）、垂直运动（单位：10^{-5}/s）和降水率（单位：mm/h）随时间演变图（Li et al.，2006）

水平坐标轴为时间（单位：h），（a）～（c）垂直坐标为 σ 坐标

涡度场的振荡性发展和垂直运动场及相对湿度场的演变有着密切关系。由图 4.8 可见，上升气流和下沉气流的相互交替与对流活动的“活跃”和“间歇”位相相互对应。随着上升运动的增强，向内增强的入流导致边界层辐合，从而对

应一个正的涡度趋势；而下沉气流导致边界层辐散，从而激发一个负的涡度趋势。涡度倾向方程诊断分析表明，模式中 PBL 涡度的产生主要贡献来自散度项。此外，垂直运动通过影响水汽垂直输送影响水汽的垂直分布，进而影响对流层中层相对湿度的改变。实际观测的降水和云顶亮温变化也证实了模式中发现的振荡增长过程（Li et al.，2006）。

总之，扰动振荡性增长归因于边界层水汽及其与对流和环流的相互作用的“充电”和“放电”过程。水汽-对流反馈作用通过控制大气层结、雨滴诱发的蒸发冷却和下沉、边界层辐散、涡度生成等作用来调节热带气旋的发展。一方面，上升运动伴随着深对流向上运输水汽，影响边界层水汽的释放以及对流稳定层结。另一方面，对流诱发雨滴蒸发，导致一个中层的冷却和下沉气流。下沉气流将会进一步导致水汽和相当位温的减少，进而使对流不稳定层结重新建立，从而产生新对流。

4.4.2 中层和低层涡旋对气旋生成的触发效率的比较

导致热带气旋生成的初始扰动不仅可以来源于低层，而且可以出现在中层。一个值得研究的问题是：哪一种扰动更有效促进气旋的生成？这可以利用高分辨率 WRF 模式进行模拟研究。为此，通过设置初始涡旋放置在低层的环境场（以下简称 EBV）以及初始涡旋放置在中层的环境场（以下简称 EMV）。模式使用了四重嵌套，四层区域的网格格点数均为 181×181，格点间距分别为 54km、18km、6km、2km，垂直方向有 27 层。最外两重网格采用了 Kain-Fritch 积云对流参数化方案（Kain and Fritsch，1990），最内两重嵌套网格则不考虑积云对流参数化方案。云微物理方案来自文献（Lin et al.，1983）。初始水汽混合比以及其他热力学变量设定为水平均匀的，垂直温度和湿度廓线取自澳大利亚北部 Willis 岛观测到典型的 1 月平均值（Holland，1997）。模式采用 f 平面，中心为 15°N。下垫面为均匀海洋，海平面温度为 29℃。模式不考虑环境流场（即静止环境）。对于模式更多细节的描述，读者可以参考相关文献（Ge et al.，2013）。

设计了四组敏感性试验，具体如下：第一组试验初始涡旋被放置在中层（以下简称 MID-VORTEX），即初始最大涡度中心出现在 60kPa，最大风速为 8m/s，最大风速半径为 100km；此外，当半径大于 500km 区域风速设置为零。同时，涡度向上和向下逐渐减小，最终消失在地表层。在第二组试验中，初始涡旋被放置在底层（以下简称 BTM-VORTEX），即初始扰动的最大风速为 8m/s，且最大中心出现在地面表层。图 4.9（a）和图 4.9（b）所示为上述初始涡旋切向风速的高度-半径剖面图。第三组和第四组试验中分别放置了一个较浅的中层涡旋（以下简称 SHAL-MID：图 4.9（c））和较浅的底层涡旋（以下简称 SHAL-BTM；图 4.9（d）），以此进一步探讨边界层的作用，以及更好地区分中层涡旋与低层涡旋。

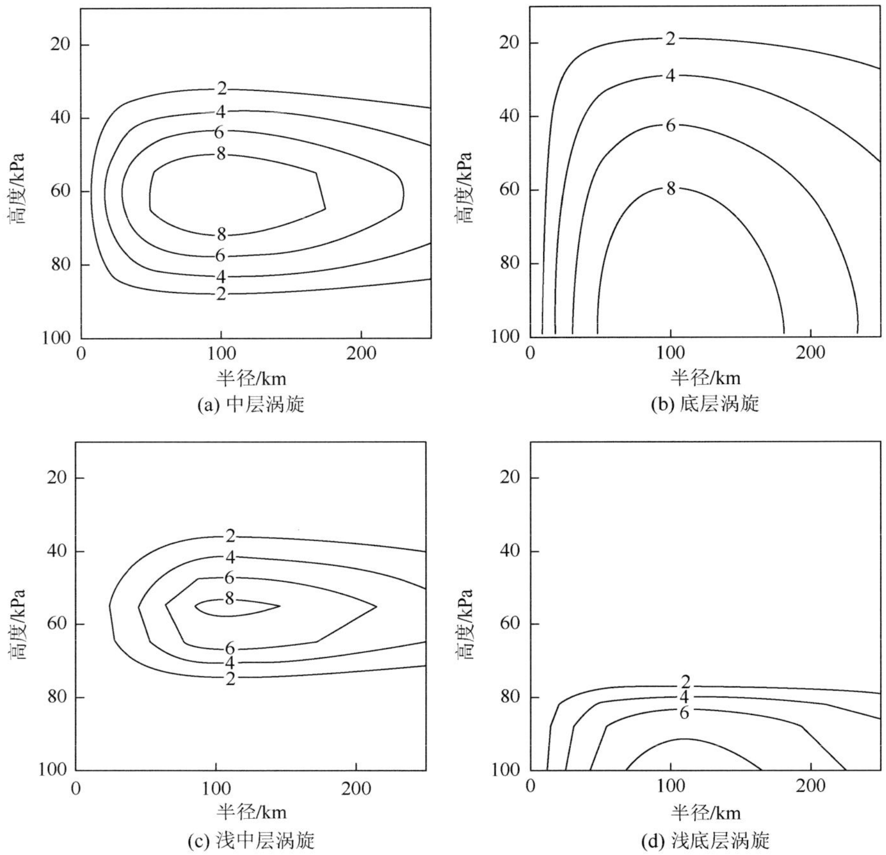

图 4.9　初始涡旋在中层、底层、浅中层、浅底层的切向速度的高度-半径截面图（Ge et al.，2013）

在四组试验中，经过一段模式时间积分后，初始涡旋均可以发展成为不同强度的热带气旋。这些系统基本具有热带气旋的动力学和热力学特征，包括倾斜的眼墙、旺盛的向里-向上-向外的次级环流以及眼墙中的下沉气流。在 MID-VORTEX 试验中，最大切向风速已达到 60m/s，最大风速半径为 20km 左右。强入流现象出现在 PBL，伴随着最大入流恰好在最大风速半径外侧。对流层高层则为一个宽的流出层。

上述试验中一个显著差异是中心最低气压快速下降所需的时间不同，这表明不同初始结构的初始涡旋产生热带气旋的效率存在明显的差异。图 4.10 给出了相关四组试验中最大地面风速随时间演变图。在此，生成时间定义为最大海平面风速达到 17.5m/s（热带风暴强度的标准）的时间。因此，气旋生成的时间在 BTM-VORTEX 试验中为 33h；在 MID-VORTEX 试验中为 66h；在 SHAL-BTM 试验中为 78h；在 SHAL-MID 试验中为 114h。

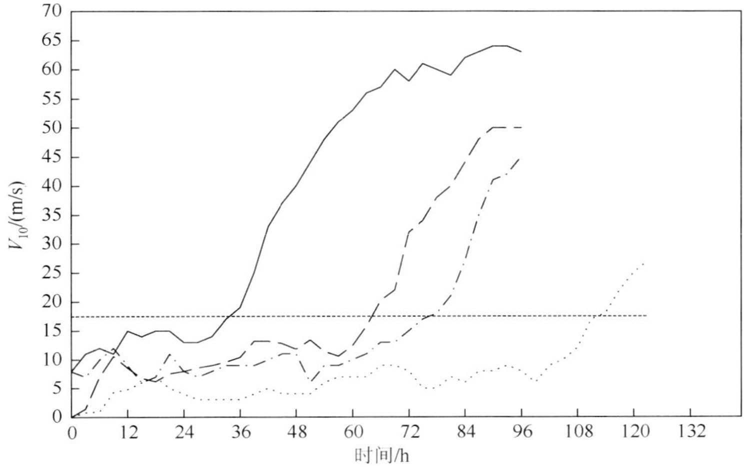

图 4.10　底层涡旋试验（实线），中层涡旋试验（短划线），浅中层涡旋试验（短划-点线）和浅表层涡旋试验（点线）中最大海表面风速的随时间演变图（Ge et al.，2013）

在底部的水平点线代表着当风速达到 17.5m/s 的热带气旋生成临界值

图 4.11 所示为四组试验中相对涡度和温度距平高度-时间的剖面图。需要指出的是，两者取以最低海平面气压中心为中心 100km×100km 区域的平均值。温度距平定义为与最内层区域的平均温度场的偏差。在 MID-VORTEX 试验中，初始最大中层涡度位于 60kPa，由热成风平衡关系可知，其上（下）存在一暖（冷）心结构（图 4.11（a））。在积分前 30h 内，中层的气旋性涡度逐渐变弱，冷心结构变得不明显。48h 左右，中层涡旋重新增强，最大涡度中心位于 50kPa。与中层涡旋的重新建立密切相关的是冷-暖心耦合和中层辐合的发展。60kPa 以上（下）温度异常表现为明显的暖（冷）心结构。60h 左右，80kPa 附近出现一个弱的辐散，意味着低层存在下沉运动，且 60～80kPa 是相对干层。总之，48～60h 热力学结构符合层状云降水体系的特征（Yuter and Houze，1995），表明层状云在此阶段起主导地位。

图 4.11（c）描述了 BTM-VORTEX 试验中的结果也与前面讨论的特征相似。在此试验中，33h 以后气压快速下降，相比 MID-VORTEX 试验中热带气旋的发展更为快速。尽管初始时刻最大涡度中心出现在低层，但在 30h 以后，中层涡度开始加强。与中层涡度加强相联系的是冷-暖心的耦合（如图 4.11（c）所示，一个冷心在较低层和一个暖心在其上方）。此时的温度和涡度剖面与中层辐合和下方的下沉气流相互联系，同样反映了层状云系特征。尽管热带气旋在两个浅涡旋案例

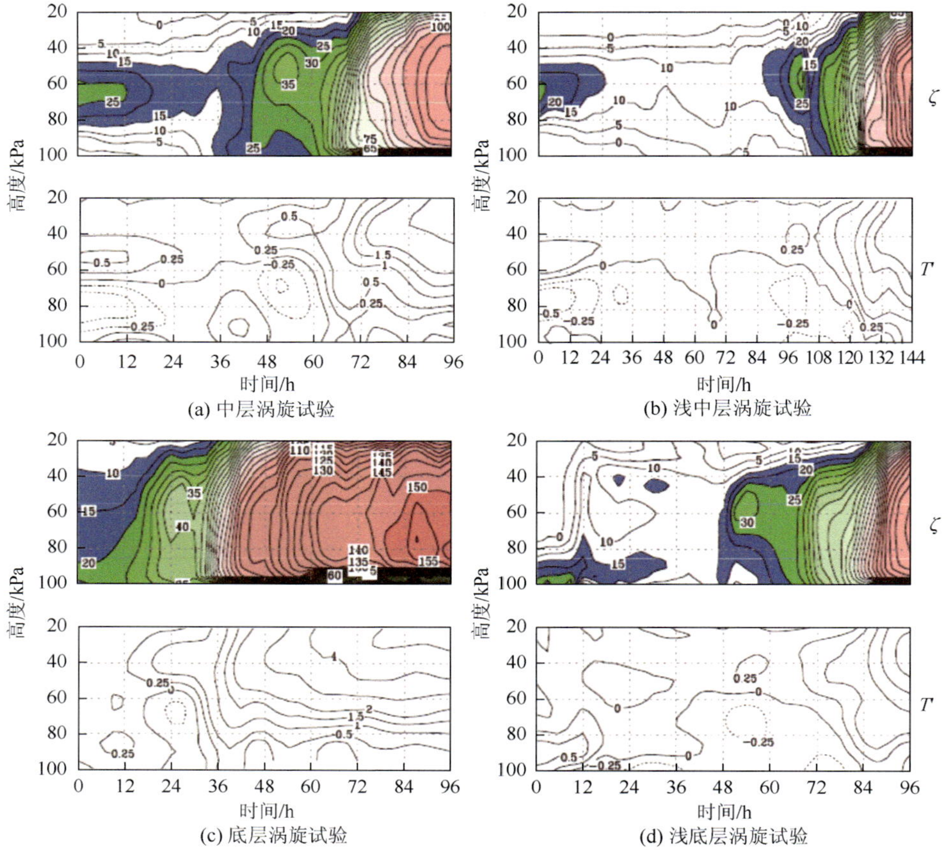

图 4.11　四组实验中以最低海平面气压值为中心 100km×100km 区域平均的相对涡度（ζ，单位：$1\times10^{-5}s^{-1}$）和温度距平（T′，单位：K）高度-时间剖面图（Ge et al.，2013）

中生成的较为慢速，但 SHAL-MID 和 SHAL-BTM 试验中发展特征与其余两组深厚初始涡旋演变特征相似。

EBV 和 EMV 试验表明，无论初始涡旋最大值位于何处，中层最大涡度的形成均领先于热带气旋的生成。比较 BTM-VORTEX 试验和 MID-VORTEX 试验可知，前者更有利于促进热带气旋的生成。影响热带气旋生成效率的一个可能原因是初始整层积分（20～100kPa）的绝对涡度。在此，EBV 比 EMV 具有更大的整层积分的绝对涡度。从物理上考虑，垂直积分的绝对涡度将影响涡度分离效应（Schecter and Dubin，1999）。为了检验是否还有附加因子影响其生成效率，提出了两个放置较浅的涡旋的案例（SHAL-BTM 和 SHAL-MID），其中垂直积分的绝对涡度值一样。结果显示 SHAL-BTM 试验中的气旋产生时间为 78h，相比 SHAL-MID 试验中生成时间（114h）要快很多。因此，当给定相同整层积分的绝对涡度时，涡旋被放置在底层相比中层能够更有效地促进气旋的生成。造成此差异的主要原因可能是海平面通量和 PBL 作用的影响。

四组试验的一个共同发展特征是从随机分布的积云尺度（约 5km）的对流热塔（vortical hot tower，VHT）向有组织中尺度的涡旋（50～100km）系统（meso-voertex-scale system，MVS）演变。由于不稳定的环境条件和海平面蒸发，零星分布的积云尺度（约 5km）对流单体开始形成、聚集，然后快速发展。虽然积云尺度对流热塔可以随机触发，但它们会逐渐向环境场的涡度中心聚集，并逐渐组织形成中尺度涡旋系统。这种中尺度涡旋系统（暖心结构）与有明显冷心结构的中纬度中尺度对流系统不同。如图 4.12 所示，在 MID-VORTEX 试验中，许多对流单体在 48h 左右相互靠近，集合成一个水平尺度在 50km 的大涡旋。BTM-VORTEX 试验中呈现出相似的演变特征，但积云尺度的对流热塔和中尺度的涡旋系统比 MID-VORTEX 试验发展要更早。

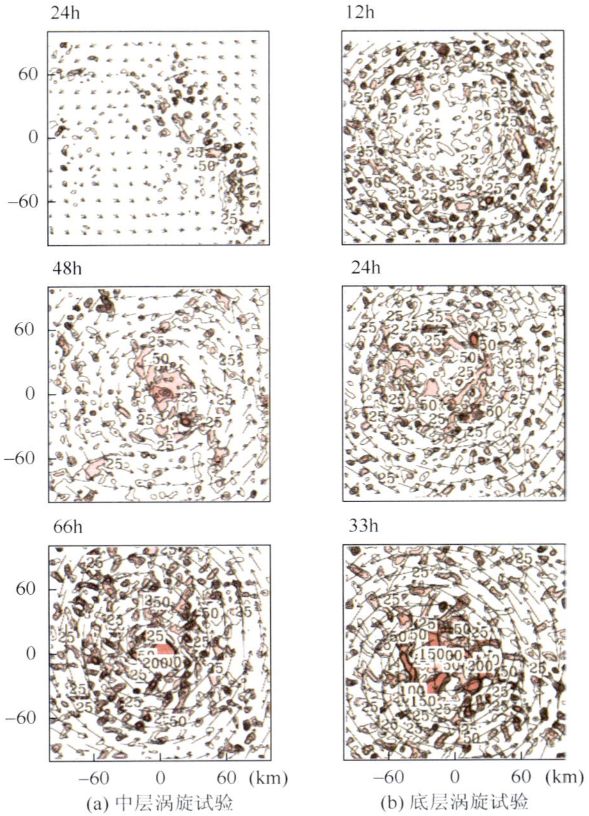

图 4.12　在中层涡旋试验和底层涡旋试验中低层（90kPa）风场（矢量）和相对涡度（阴影部分为值超过 3×10^{-4}/s）的水平场（Ge et al.，2013）

Schecter 和 Dubin（1999）提出了涡度分离是对流热塔合并的可能机制。在存在一定环境场气旋性涡度的情况下，气旋性（反气旋性）涡度异常表现出不同的运动方向，即沿梯度向内（外）运动。因此，气旋性涡度异常向里移动至涡旋中心从而有利于聚合，而反气旋性涡度异常背离涡旋中心向外输送。这种涡度分离和涡旋合并或轴对称化（Hendricks et al.，2004；Montgomery et al.，2006；Tory et al.，2006）可以导致积云尺度对流热塔向中尺度涡旋系统的尺度演变。因此，尺度串级是热带气旋生成的第一步，中尺度涡旋系统一旦建立，毗邻的对流单体将会进一步互相聚集和合并，进而发展为热带气旋的内核。

另一个发展特征是深厚湿空气柱的建立要领先于气旋生成产生。例如，在 MID-VORTEX 试验中，在 24～60h，在核心区域中有一个高湿层的持续发展，即相对湿度为 90%层结从 24h 的 90kPa 向上发展至 60h 的 50kPa。这种近饱和气柱的建立预示着下一个发展阶段：气旋性涡度的加深和最低海平面气压的快速下降，此高湿层结加深现象同样反映在其中。

4.5　MJO 和 ENSO 对热带气旋的影响

除了年际变化，TC 生成频数还具有显著的季节内变化（Gray，1979；Yamazaki and Murakami，1989；Hartmann et al.，1992；Liebmann et al.，1994；Maloney and Hartmann，2000）。许多学者对大气季节内振荡（intraseasonal oscillation，ISO）如何调节 TC 活动进行了相关研究（Maloney and Hartmann，2001；Sobel and Maloney，2000；Maloney and Dickinson，2003）。例如，Maloney 和 Dickinson（2003）认为 ISO 通过加强或抑制对流层低层热带低压类型（TD-type）的扰动来影响 TC 活动。大尺度辐合造成的罗斯贝波积累（Holland，1995；Sobel and Bretherton，1999）或 ISO 西风位相时的正压能量转换（Sobel and Maloney，2000；Maloney and Dickinson，2003）也会增强 TD-type 扰动。

Fu 等（2007）研究了 2000 年和 2001 年夏季 ISO 对西北太平洋热带气旋生成的大尺度调控作用。ISO 的形态和特征由 20～70d 滤波的 OLR 场和 85kPa 纬向风场表征。分析表明，ISO 的活跃（抑制）位相伴随着加强（抑制）的对流和 85kPa 纬向风的西风（东风）异常。从热力学角度来看，加强的对流提供了更好的大尺度低层水汽辐合，有利于热带低压的发展。从动力学角度来看，ISO 西风异常使得其北边的气旋性涡度增加，为热带低压的发展提供有利的环境。所以，在 ISO 活跃位相会生成更多的 TC。

图 4.13（a）、（c）给出了区域平均（5°N～25°N，110°E～160°E）的 20～70d OLR 的时间序列图。西北太平洋在 2000 年和 2001 年分别发生了两次 ISO 事件。活跃位相（负的 OLR 扰动）分别发生在 2000 年 6 月 28 日～7 月 15 日和 8 月 6

日～9 月 5 日，以及 2001 年 6 月 16 日～7 月 6 日和 8 月 8 日～8 月 26 日。图 4.13 也给出了在 2000 年和 2001 年 34 个气旋生成时刻区域平均的 OLR 和纬向风扰动。图 4.13 表明，在 2000 年和 2001 年，大部分的热带气旋生成事件与 ISO 活跃位相相一致。

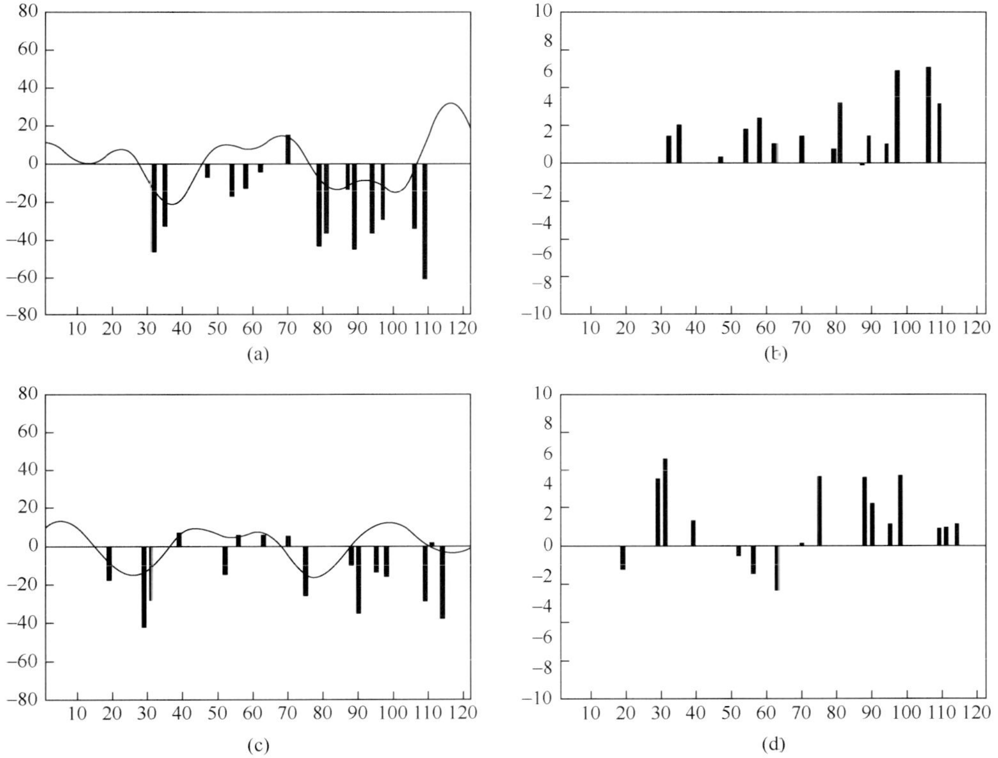

图 4.13　2000 年和 2001 年 20～70d 滤波的 OLR（单位：W/m^2）和 85kPa 纬向风（单位：m/s）的时间序列图（Fu et al.，2007）

每个柱条代表在 TC 生成时刻位置上的 OLR 或纬向风扰动；图（a）、（c）中的曲线代表 20～70d 滤波的 OLR 区域平均（5°N～25°N，110°E～160°E）的时间序列

图 4.14 是 ISO 活跃和抑制位相时热带气旋生成位置和正压能量转换的关系。ISO 活跃和抑制位相都出现正的能量转换，说明天气尺度扰动总是从背景场气流（包括 ISO）获取能量（Hsu et al.，2011）。在正压能量转换大值区，天气尺度扰动易于发展，并可进一步发展成为热带气旋。能量转换的大小和空间形态会随 ISO 位相发生变化。在 ISO 活跃位相，西北太平洋 25°N 以南有大的能量转换（图 4.14（a））；在 ISO 抑制位相，西北太平洋上有较小的正转换（图 4.14（b））。西北太平洋 TC 生成数量几乎与正压能量转换成正比。例如，在 ISO 活跃位相有

43 个 TC 生成，约是 ISO 不活跃位相 TC 生成数量（27 个）的 1.5 倍。正压能量转换的振幅也具有相似的比例。

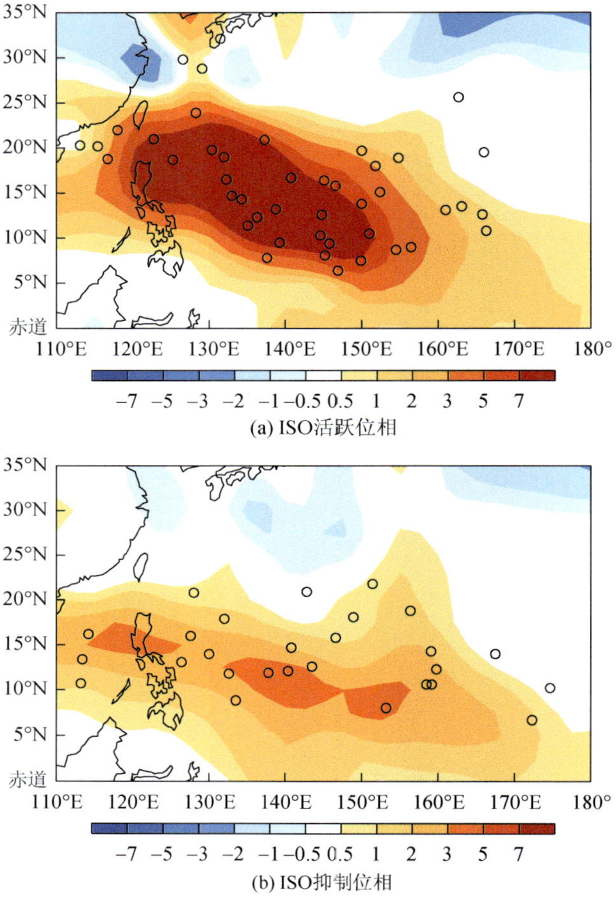

图 4.14　ISO 活跃位相和抑制位相的 85kPa 正压能量转换合成场（单位：$10^{-5}m^2/s^3$）和 TC 生成位置（圆圈）（Hsu et al.，2011）

是什么因素决定了西北太平洋热带气旋生成的年际变化？1979～2010 年的 6～9 月热带气旋生成频数和 Niño3.4 指数之间的同时相关系数是正值，但该相关在统计上并不显著(表 4.1)。然而，6～9 月热带气旋生成数量和前一个冬季(DJF0)及下一个冬季（DJF + 1）的 Niño3.4 指数的滞后相关系数均通过了 95%显著性检验。6～9 月热带气旋生成数量与前一个冬季 Niño3.4 指数呈负相关关系，这表明在 El Niño（La Niña）衰退阶段的夏季，热带气旋频数减少（增多）；6～9 月热带气旋生成数量与下一个冬季 Niño3.4 指数呈现正相关关系，这说明在 El Niño（La

Niña）发展阶段的夏季，热带气旋频数增多（减少）。

表 4.1　1979～2010 年西北太平洋 6～9 月 TC 生成频数与前一个冬季、同期夏季及下一个冬季的 Niño3.4 指数的相关系数

		DJF 0	JJAS	DJF + 1
Raw SST	哈得来	**−0.36**	0.25	**0.37**
	NOAA	**−0.37**	0.28	**0.35**
Detrended SST	哈得来	**−0.36**	0.26	**0.37**
	NOAA	**−0.35**	0.29	**0.36**

注：第一行是利用哈得来中心和 NOAA 的原始海平面温度计算的相关系数；第二行则是利用线性去趋势后的海平面温度计算的相关系数；黑体字代表通过 95%信度检验。

图 4.15 是每个 El Niño 发展阶段和衰退阶段的夏季热带气旋频数。1979～2010 年 TC 生成平均数是 15.75；在 8 个 El Niño 发展阶段的夏季中，除了 2006 年和 2009 年，其他 6 年的热带气旋数量均超过了气候平均值。而在 7 个 El Niño 衰退阶段的夏季，除了 1998 年，其余 6 年的热带气旋数量低于西北太平洋上的平均值。此结果与 Iizuka 和 Matsuura（2008）利用耦合的大气海洋环流模式得到的结果相一致。

是什么决定了与 ENSO 位相相关的气旋生成特征？在 El Niño 发展阶段的夏季，赤道中太平洋出现西风异常，该赤道西风异常会增强气旋性切变，并导致季风槽向东南方向延伸。从 85kPa 涡度场和异常场（图 4.16）可以看出，低层正涡度最大值区向东南方向延伸，西北太平洋热带气旋生成区域出现大尺度正涡度异常，季风槽的东南向位移使得西北太平洋的东南区域有更多热带气旋生成（Wang and Chan,

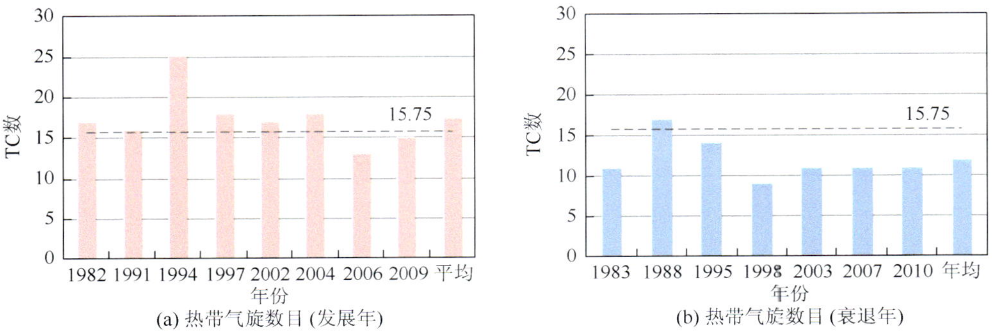

(a) 热带气旋数目 (发展年)　　(b) 热带气旋数目 (衰退年)

图 4.15　El Niño 发展年和衰退年 6～9 月西北太平洋热带气旋生成数

带数字的虚线代表 1979～2010 年气候平均的 TC 生成数

2002)。在 El Niño 衰退阶段的夏季，西北太平洋上存在一个大尺度异常反气旋（图 4.16（b）），这会减弱西北太平洋上的季风槽。ENSO 不同位相时的背景场气流环境也会影响大气季节内振荡的形态：在 El Niño 发展（衰退）阶段的夏季，ISO 增强（减弱）。所以，大尺度背景场的变化（包括平均气流和 ISO 变化）造成了 ENSO 发展阶段和衰退阶段夏季热带气旋生成频数的相反变化。

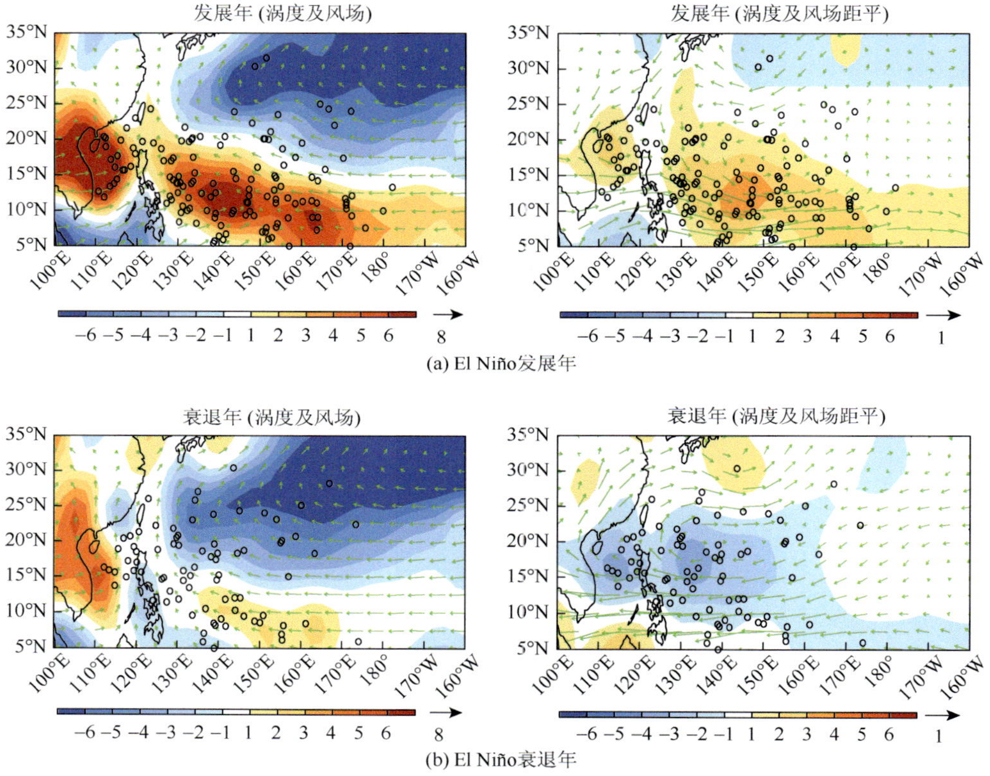

(a) El Niño发展年

(b) El Niño衰退年

图 4.16　合成的 85kPa 涡度场（单位：10^{-6}/s）、风场（矢量，单位：m/s）和 TC 生成位置（圆圈）

前人研究（Gray，1968；Emanuel and Nolan，2004）提出了一些对所有海域通用的 TC 生成参数。考虑到北大西洋和西北太平洋的平均气流和扰动特征有很大差异，控制 TC 生成的因子很有可能并不相同。Peng 等（2012）和 Fu 等（2012）利用海军全球大气业务预测系统（navy operational global atmospheric prediction system，NOGAPS）的全球逐日再分析资料，分析了 2003～2008 年发展的热带扰动和未能发展的热带扰动之间的差异。为了定量计算可发展热带扰动和未能发展的热带扰动之间的差异，提出了一个箱型差异指数（box difference index，BDI）。

该指数的定义如下：

$$\mathrm{BDI}=\frac{M_{\mathrm{DEV}}-M_{\mathrm{NONDEV}}}{\sigma_{\mathrm{DEV}}+\sigma_{\mathrm{NONDEV}}}$$

其中，M_{DEV} 和 σ_{DEV}（M_{NONDEV} 和 σ_{NONDEV}）代表可发展（不可发展）热带扰动中某一变量的平均值和标准差。

为进一步说明 BDI 的意义，以相对湿度为例，分析一个简单的情况：假设发展组和未发展组的相对湿度具有相同的标准差。BDI = 0, 0.5, 1.0 时的结果如图 4.17 所示。BDI = 0 表示两组之间没有差异，BDI = 1.0 表示发展组和未发展组完全分离，而 BDI = 0.5 表示两组部分分离。

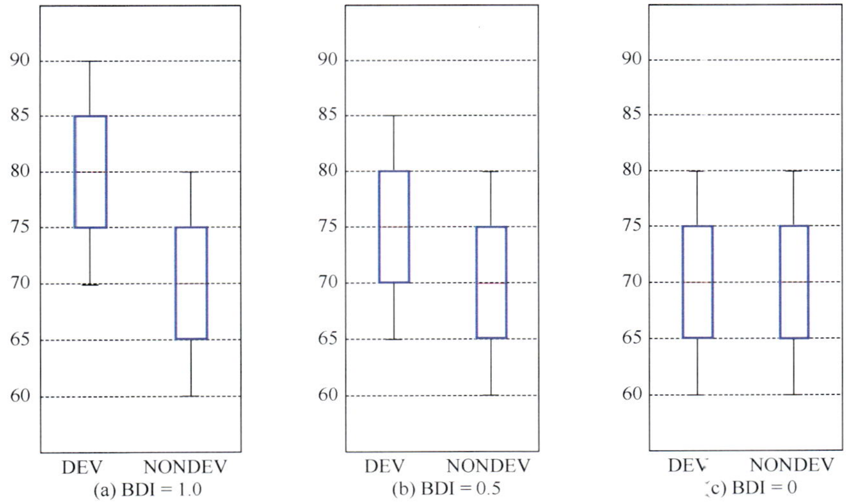

图 4.17　BDI = 1.0, 0.5, 0 时的理想盒须图

红线代表一个生成参数（即 50kPa 的相对湿度）的平均值；蓝矩形代表发展扰动组（标记为 DEV）和未发展扰动组（标记为 NONDEV）的标准差；黑横线代表样本的最大值和最小值

利用 BDI，Peng 等（2012）和 Fu 等（2012）客观地比较了北大西洋和西北太平洋发展扰动和未发展扰动中生成参数的重要性。较大的 BDI 振幅意味着可以更好地区分可发展和不可发展样本。通过这个客观的方法，确定了北大西洋和西北太平洋上重要的生成参数。表 4.2 给出了北大西洋和西北太平洋几个主要生成参数。值得注意的是，北大西洋的前三个参数属于热力学因子，例如，从 40～92.5kPa 垂直积分的比湿在所有参数中排名第一，紧随其后的是降水率和 SST。相反地，西北太平洋的主要生成参数，除了降水率之外，均属于动力学因子。因此，当在不同海域构建统计的 TC 生成预测模型和选择预测因子时，BDI 或许可以为之提供依据。

表 4.2　基于 BDI 排名，在北大西洋和西北太平洋上的前四个生成参数

BDI 排名 \ 海域	北大西洋	西北太平洋
1	40～92.5kPa 水汽（T）	80kPa 相对涡度（D）
2	降水率（T）	降水率（T）
3	海温（T）	40～100kPa 平均纬向风场的经向变化（D）
4	700hPa 相对涡度（D）	50～100kPa 平均辐散（D）

资料来源：Peng 等（2012）。

注："T"和"D"分别代表热力学因子和动力学因子。

4.6　全球变暖下台风未来的变化预测

全球变暖如何影响台风活动是一个热点问题（Webster et al.，2005；Emanuel 2005；Landsea et al.，2006）。随着全球海温和地表水汽的增长，推测可能会发展出更多的台风。然而，很多全球气候模式的模拟结果是全球台风频数有减少的趋势（Sugi et al.，2002；McDonald et al.，2005；Yoshimura et al.，2006；Oouchi et al.，2006；Bengtsson et al.，2007）。对于台风频数趋于减少的现象，一个解释是大气静力稳定度的增长，因为全球变暖会导致对流层高层的大气温度增加得更多，大气变得更加稳定，从而使台风频数减少（Sugi et al.，2002；Bengtsson et al.，2007）。那么对于不同区域的台风变化，其影响因子的物理机制是否一致？

Li 等（2010）用了两个高分辨率的全球大气环流模式（AGCM）来研究太平洋上台风在全球变暖下的变化。第一个 AGCM 模式使用了水平分辨率为 T319（大约 40km 的网格）的 ECHAM5 模式。模式的下边界条件海温取自一个更低分辨率的（T63）耦合模式（ECHAM5/MPI-OM）（Jungclaus et al.，2006），这个耦合模式参与了政府间气候变化专门委员会的第四次评估报告（IPCC-AR4）。模式用了两种不同的气候变化方案（20C3M 和 A1B），在 20C3M 方案中，以 20 世纪增加的温室气体作为辐射强迫，在 A1B 方案中，二氧化碳的浓度以每年 1%的速率增长，达到 720mg/L 后保持为定值。试验使用了"时间分段（time-slice）"的方法（Bengtsson et al.，1996），即使用两个 20 年（1980～1999 年和 2080～2099 年）的海温数据来强迫高分辨率的 AGCM 模式，分别代表 20 世纪和 21 世纪的变化。第二个 AGCM 模式是 GFDL 的高分辨率（50km）大气模式（HiRAM2.1），有关模式介绍以及模式对台风活动的年变化、年际变化和年代际变化模拟等分析，可以参考相关文献（Zhao et al.，2009）。HiRAM2.1 使用了 IPCC 第四次评估报告中 18 个模式预估的海温合成作为强迫。值得注意的是，两个 AGCM 模式都有不同的对流和辐射的物理参数化方案。

图 4.18 所示为模式中台风生成频率在 20 世纪和 21 世纪的区别。在 20 世纪，

台风主要分布在西太平洋和东太平洋，与观测中台风的生成位置分布相似。但是在 21 世纪，台风生成位置更多地往中太平洋移动，西北太平洋台风减少，而中太平洋的北部台风增多，在 ECHAM5 的模拟中，21 世纪西北太平洋上台风的数量减少了 31%，但是在中太平洋北部增多了 65%。与之类似的是，HiRAM2.1 在西北太平洋上台风生成数减少了 30%，而在中太平洋北部增多了 19%。因此两个具有不同的模式物理方案和不同的海温增暖分布的高分辨率 AGCM 模式都模拟出了西北太平洋和中太平洋上台风频数具有相反的趋势。此外，HiRAM2.1 使用不同的未来海温增温分布来模拟，例如，GFDLCM2.0、CM2.1、HADCM3、HADGEM1、ECHAM5、CCCMA、MRIGCM 和 MIROCHI 都能证实在北太平洋上台风生成位置的移动的确是一个很强的信号。

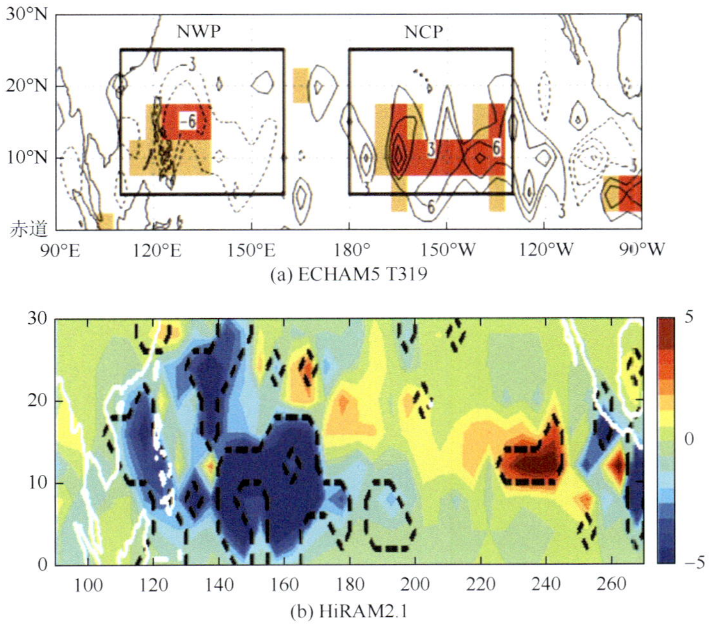

图 4.18　20 年时间段内 2.5°×2.5°的网格上台风生成数目变化（Li et al.，2010）

图（a）中红色（橙色）阴影区代表通过 95%（90%）的信度检验；图（b）中虚线代表通过 95%的信度检验

为了理解台风生成位置产生东西向位移的原因，Li 等（2010）分别对西北太平洋（5°N～25°N，110°E～160°E）和北中太平洋（5°N～25°N，180°～130°W）夏季（7～10 月）的动力和热力场进行诊断分析。大气稳定度参数的变化显示，与下层的温度增长相比，两个区域的上层空气温度增长更为显著，表明在全球变暖的环境下，这两个区域的大气都变得更加稳定。因此静力稳定度的变化不能解释台风频数在西北太平洋和中太平洋上拥有相反趋势的现象。

更进一步的分析表明，台风频数出现相反趋势的根本原因是动力场的变化。由于台风起源于热带的扰动（如天气尺度波列和东风波），以 85kPa 上 2～8d Lanzcos 滤波（Duchon，1979）的涡度场方差来表征天气尺度扰动强度，比较现今和未来气候下天气尺度扰动的变化，发现两个模式中都出现了西北太平洋上天气尺度扰动变率在减弱，而中太平洋的天气尺度扰动变率在增强。因此，西北太平洋上台风频数的减少趋势有可能是天气尺度活动的减少所造成的，而中太平洋的台风增加与天气尺度扰动的增强有关。

西北太平洋和中太平洋上天气尺度活动的差异可能与背景场上垂直风切变和低层辐散的变化有关（图 4.19）。前人研究表明，东风切变和背景场平均气流的低层辐合有利于热带扰动的发展（Wang and Xie，1996；Li，2006；Sooraj et al.，2008）。在 20 世纪的试验中，西太平洋和印度季风区有一个与大尺度对流加热相关联的东风切变。在变暖的气候条件下，这个东风切变减弱（图 4.19（a）），对应着减弱的西太平洋季风（图 4.19（b））。减弱的东风切变及其东侧的低层辐散（图 4.19（c））阻碍了西北太平洋上热带扰动的发展。相反地，东风切变和中太平洋上低层的辐合得到加强，降水也一样在加强，这些都有利于台风在中太平洋发展。

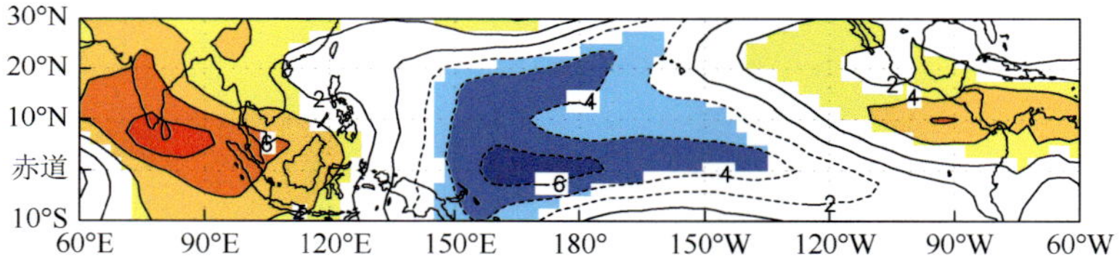

(a) 纬向风的垂直切变 (20～85kPa 单位：m/s)

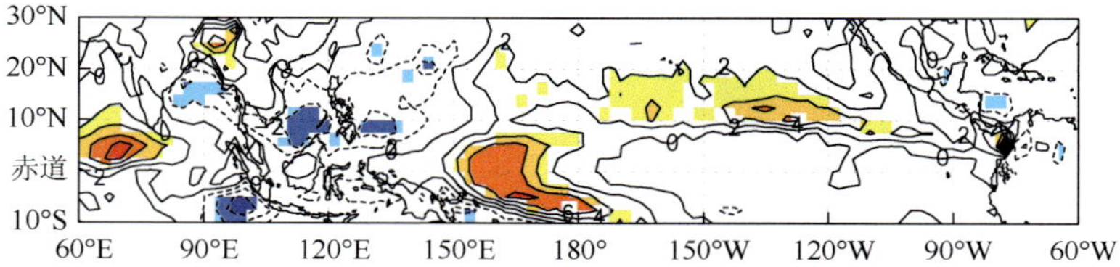

(b) 降水量 (单位：mm/d)

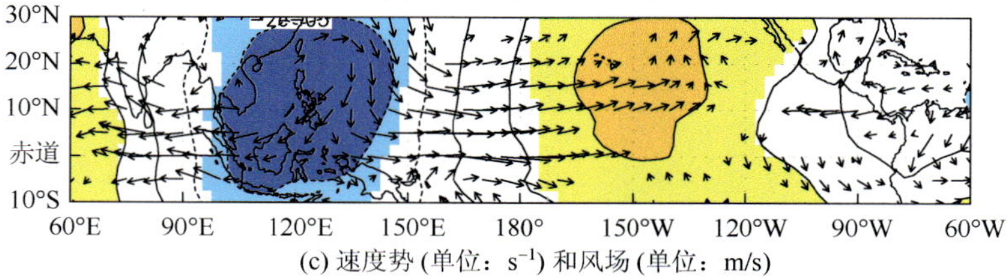

(c) 速度势 (单位：s^{-1}) 和风场 (单位：m/s)

图 4.19　85kPa 上 7～10 月的变化场（Li et al.，2010）

通过 95%信度检验的区域用填色图标出

部分学者认为背景场上垂直切变以及低层的辐散与热带信风的变化紧密关联（图 4.19（c））。IPCC-AR4 和 IPCC-AR5 模式都预测在全球变暖的条件下，太平洋上会出现一个 El Niño 形态的海温分布（Solomon et al.，2007）。与热带西太平洋相比，热带东太平洋和中太平洋海温升高更显著。因此，在热带太平洋上，纬向的海温梯度将会减小，进而减弱信风（Lindzen and Nigam，1987）以及沃克环流。信风的减弱将会导致西太平洋季风区边界层辐合的减弱以及中太平洋上边界层辐合的加强（图 4.19（c）），前者将会阻碍季风对流加热并减弱西北太平洋上的东风切变，而后者会加强中太平洋边界层的水汽辐合以及对流加热，并加强中太平洋上的东风切变。

4.7　结　　论

本章从天气和气候角度总结了西北太平洋的 TC 生成。通过观测资料分析，总结出三类天气尺度先兆扰动：TC 能量频散产生的罗斯贝波列、西北—东南向倾斜的天气尺度波列和太平洋东风波。这与北大西洋热带气旋的主要先兆信号为非洲东风波的特征显著不同。除了上述三类近地面的先兆信号，部分热带气旋生成事件还伴随着中层涡旋或者热带对流层上层槽。

理论研究表明，通过对流-环流-水汽反馈过程，西北太平洋上的西北-东南向的天气尺度波列可以从夏季平均气流的不稳定中生成。利用观测资料诊断太平洋东风波的频散特征显示，与平均气流的辐合相比，纬向尺度的收缩是波动能量积累的主要原因。对流层上层群速度和垂直方向群速度的分析结果表明，对流层上层的波动会向下传播，并且从副热带往南向热带中太平洋传播。这一结果说明太平洋东风波的能量来自中纬度太平洋急流。

在三维模式中成功模拟了伴随着热带气旋能量频散的气旋生成。当一个大尺度季风涡旋存在时，新的热带气旋可以在前一个热带气旋的尾部生成。涡度最大值出现在边界层，其增长呈现振荡发展状态。从观测的降水场和云顶温度场也可以看到振荡发展过程。模拟结果诊断显示，边界层水汽的消耗和补充及其与对流和环流的相互作用是引起振荡发展的原因。利用云分辨率模式（2km 分辨率）研究了初始中层和低层涡旋生成效率。结果表明，考虑相同的绝对涡度垂直积分，低层涡旋导致的热带气旋生成比中层涡旋更快。中层涡旋和低层涡旋试验揭示出几个共同的特征：①从随机积云尺度（约 5km）对流单体聚集成有组织的中尺度涡旋体（约 50km）；②在中心最小气压迅速降低之前，涡旋中心空气柱接近饱和；③存在对流云与层状云之间的位相转变。

ISO 活动会影响西北太平洋热带气旋生成频数，在 ISO 活跃（不活跃）位相，TC 生成数目会增多（减少）。ENSO 也会对气旋生成产生影响，在 El Niño 发展（衰退）阶段的夏季，TC 生成数目增多（减少）。BDI 可以用来区分发展和不能发展的扰动。计算表明，在北大西洋地区，热带扰动发展与否主要由热力学因子影响，而西北太平洋主要取决于动力学因子。

利用两个全球高分辨率模式（ECHAM5 T319 和 GFDL HiRAM2.1）研究了在全球变暖背景下西北太平洋 TC 生成的未来变化趋势。模拟结果显示，热带气旋生成位置存在一个显著的纬向转变。在全球变暖背景下，热带气旋主要生成区从北太平洋西部向中太平洋偏移，意味着更多的 TC 在北太平洋的中部生成，北太平洋的西部 TC 生成数目会减少。进一步分析发现，热带天气尺度扰动的变化导致了生成位置位移现象，而非大气静力稳定度的变化。而热带天气尺度扰动的变化主要受背景场垂直风切变和边界层辐散的影响。

问　　题

1. 西北太平洋热带气旋生成前，有哪些天气尺度扰动的前兆信号？这些前兆信号与大西洋上的热带气旋生成的前兆信号有哪些不同？初始时，给定一个平衡涡旋，哪些过程可以使其发展成热带气旋？

2. 为什么在西北太平洋上经常可见天气尺度波列的发展？太平洋东风波的垂直结构和能量来源为何？

3. MJO 如何且多大程度可以影响西北太平洋上热带气旋的生成？MJO 动力和热力场对气旋发展的相对重要性为何？

4. ENSO 位相如何影响西北太平洋热带气旋生成频率和生成位置？讨论热带气旋活动在 El Niño 和 La Niña 状态下的差异以及在 El Niño 发展期和衰退期的差异。

5. 在全球变暖背景下，全球环流模式预估的热带气旋活动会有什么样的变化？是什么原因造成此变化？

参 考 文 献

Anthes R A. 1982. Tropical cyclone：Their evolution，structure and effects. Meteor. Mongr. No. 41，Amer. Meteor. Soc：208.

Bengtsson L，Botzet M，Esch M. 1996. Will greenhouse gas-induced warming over the next 50 years lead to higher frequency and greater intensity of hurricanes? Tellus，48A：57-73.

Bengtsson L，Hodges K I，Esch M，et al. 2007. How many tropical cyclones change in a warmer climate. Tellus，59A：539-561.

Bister M，Emanuel K A. 1997. The genesis of Hurricane Guillermo：TEXMEX analyses and a modeling study. Mon. Wea. Rev.，125：2662-2682.

Briegel L M，Frank W M. 1997. Large-scale influences on tropical cyclogenesis in the western North Pacific. Mon. Wea.

Rev.，125：1397-1413.

Carr L E，Elsberry R L. 1994. Systematic and integrated approach to tropical cyclone track forecasting. Part I：Approach overview and description of meteorological basis. NPS Tech. Rep. NPS-MR-94-002：273

Carr L E，Elsberry R L. 1995. Monsoonal interactions leading to sudden tropical cyclone track changes. Mon. Wea. Rev.，123：265-289.

Colon J A，Nightingale W R. 1963. Development of tropical cyclones in relation to circulation patterns at the 200 millibar level. Mon. Wea. Rev.，91：329-336.

Davidson N E，Hendon H H. 1989. Downstream development in the southern hemisphere monsoon during FGGE/WMONEX. Mon.Wea.Rev.，117：1458-1470.

Dickinson M，Molinari J. 2002. Mixed Rossby-gravity waves and western Pacific tropical cyc ogenesis. Part I：synoptic evolution. J. Atmos. Sci.，59：2183-2196.

Duchon C E. 1979. Lanczos filtering in one and two dimensions. J. Appl. Meteoro.，18：1016-1022.

Emanuel K A. 2005. Increasing destructiveness of tropical cyclones over the past 30 years. Nature：686-688.

Emanuel K A，Nolan D S. 2004. Tropical cyclone activity and global climate. 26th Conference on Hurricanes and Tropical Meteorology，Miami.

Flierl G R. 1984. Rossby wave radiation from a strongly nonlinear warm eddy. J. Phys. Oceanogr.，14：47-58.

Flierl G R，Haines K. 1994. The decay of modons due to Rossby wave radiation. Phys. Fluids，6：3487-3497.

Flierl G R，Stern M E，Whitehead Jr J A. 1983. The physical significance of modons：Laboratory experiments and general integral constrains. Dyn. Atmos. Oceans，7：233-263.

Frank W M. 1982. Large-scale characteristics of tropical cyclones. Mon.Wea.Rev.，110：572-586.

Fu B，Peng M，Li T，et al. 2012. Developing versus non-developing disturbances for tropical cyclone formation，Part II：Western North Pacific. Mon. Wea. Rev.，140：1067-1080.

Ge X，Li T，Peng M. 2013. Tropical cyclone genesis efficiency：Mid-level versus bottom vortex. J. Tropical Meteorology，19：197-213.

Ge X，Li T，Wang Y，et al. 2008. Tropical cyclone energy dispersion in a three-dimensional primitive equation model：Upper tropospheric influence. J. Atmos. Sci.，65：2272-2289.

Ge X，Li T，Zhou X. 2007. Tropical cyclone energy dispersion under vertical shears，Geophys Res. Lett.，34：L23807，doi：10.1029/2007GL031867.

Gray W M. 1968. Global view of the origin of tropical disturbances and storms. Mon. Wea. Rev.，96：669-700.

Gray W M. 1979. Hurricanes：Their formation，structure，and likely role in the tropical circulation. Meteorology over the Tropical Oceans，Royal Meteorological Society：155-218.

Hartmann D L，Michelsen M L，Klein S A. 1992. Seasonal variations of tropical intraseasonal oscillations：A 20-25 day oscillations in the western Pacific. J. Atmos. Sci.，49：1277-1289.

Hasegawa A，Emori S. 2005. Tropical cyclones and associated precipitation over the western North Pacific：T106 atmospheric GCM simulation for present-day and doubled CO_2 climates. Scientific Online Letters on the Atmosphere，1：145-148.

Held I M，Suarez M J. 1994. A proposal for the intercomparison of the dynamical cores of atmospheric general-circulation models. Bull. Amer. Meteor. Soc.，75：1825- 1830.

Hendricks E A，Montgomery M T，Davis C A. 2004. The role of vortical hot towers in the formation of Tropical Cyclone Diana（1984）. J. Atmos. Sci.，61：1209-1232.

Holland G J. 1995. Scale interaction in the western Pacific monsoon. Meteor. Atmos. Phys.，56：57-79.

Holland G J. 1997. The maximum potential intensity of tropical cyclones. J. Atmos. Sci.，54：2519-2541.

Hsu P C，Li T，Tsou C H. 2011. Interactions between boreal summer Intraseasonal oscillations and synoptic-scale disturbances over the western North Pacific. Part I：Energetics diagnosis. J. Climate，24：927-941.

Jiang X，Li T. 2005. Re-initiation of the boreal summer intraseasonal oscillation in the tropical Indian Ocean. J. Climate，18：3777-3795.

Jungclaus H，et al. 2006. Ocean circulation and tropical variability in the coupled model ECHAM5/MPO-OM. J. Climate，19：3952-3972.

Kain J S，Fritsch J M. 1990. A one-dimensional entraining/detraining plume model and its application in convective parameterization. J. Atmos. Sci.，47：2784-2802.

Landsea C W，Harper B A，Hoarau K，et al. 2006. Can we detect trends in extreme tropical cyclones? Science，313：452-454.

Lau K H，Lau N C. 1990. Observed structure and propagation characteristics of tropical summertime synoptic-scale disturbances. Mon. Wea. Rev.，118：1888-1913.

Lau K H，Lau N C. 1992. The energetics and propagation dynamics of tropical summertime synoptic-scale disturbances. Mon. Wea. Rev.，120：2523-2539.

Li T. 2006. Origin of the summer time synoptic-scale wave train in the Western North Pacific. J. Atmos. Sci.，63：1093-1102.

Li T，Fu B. 2006. Tropical cyclogenesis associated with Rossby wave energy dispersion of a preexisting typhoon. Part I：Satellite Data Analyses. J. Atmos. Sci，63：1377-1389.

Li T，Fu B，Ge X，et al. 2003. Satellite data analysis and numerical simulation of tropical cyclone formation. Geophy. Res. Let.，30：2122-2126.

Li T，Ge X，Wang B，et al. 2006. Tropical cyclogenesis associated with Rossby wave energy dispersion of a pre-existing Typhoon. Part II：Numerical simulations. J. Atmos. Sci.，63：1390-1409.

Li T，Kwon M，Zhao M，et al. 2010. Global warming shifts Pacific tropical cyclone location. Geophys. Res. Lett.，37：L21804，doi：10.1029/2010GL045124.

Liebmann H，Hendon H，Glick J D. 1994. The relationship between tropical cyclones of the western Pacific and Indian Oceans and the Madden-Julian Oscillation. J. Meteor. Soc. Japan，72：401-411.

Lin A，Li T. 2008. Energy spectrum characteristics of boreal summer intraseasonal oscillations：Climatology and variations during the ENSO developing and decaying phases. J. Climate，21：6304-6320.

Lin Y L，Rarley R D，Orville H D. 1983. Bulk parameterization of the snow field in a cloud model. J. Appl. Meteor.，22：1065-1092.

Lindzen R S，Nigam S. 1987. On the role of sea surface temperature gradients in forcing low level winds and convergence in the tropics. J. Atmos. Sci.，44：2440-2458.

Luo，Z. 1994. Effect of energy dispersion on the structure and motion of tropical cyclone. Acta Meteor. Sinica，8：51-59.

Maloney E D，Dickinson M J. 2003. The intraseasonal oscillation and the energetics of summertime tropical Western North Pacific synoptic-scale disturbances. J. Atmos. Sci.，60：2153-2168.

Maloney E D，Hartmann D L. 2000. Modulation of Eastern North Pacific Hurricanes by the Madden-Julian oscillation. J. Climate，13：1451-1460.

Maloney E D，Hartmann D L. 2001. The Madden-Julian oscillation，barotropic dynamics，and North Pacific tropical cyclone formation. Part I：observations. J. Atmos. Sci.，58：2545-2558.

McDonald N R. 1998. The decay of cyclonic eddies by Rossby wave radiation. J.Fluid Mech.，361：237-252.

McDonald R E, Bleaken D G, Cresswell D R, et al. 2005. Tropical storms: Representation and diagnosis in climate models and the impacts of climate change. Clim. Dyn., 25: 19-36.

Montgomery M T, Nicholls M E, Cram T A, et al. 2006. A vortical hot tower route to tropical cyclogenesis. J. Atmos. Sci., 63: 355-386.

Oouchi K, Yoshimura J, Yoshimura H, et al. 2006. Tropical cyclone climatology in a global-warming climate as simulated in a 20km-mesh global atmospheric model: Frequency and wind intensity analyses. J. Meteorol. Soc. Japan, 84: 259-276.

Peng M, Fu B, Li T, et al. 2012. Developing versus non-developing disturbances for tropical cyclone formation, Part I: North Atlantic. Mon. Wea. Rev., 140: 1047-1066.

Reed R J, Norquist D C, Recker E E. 1977. The structure and properties of African wave disturbances as observed during phase III of GATE. Mon. Wea. Rev., 105: 317-333.

Reed. R J, Recker E E. 1971. Structure and properties of synoptic-scale wave disturbances in the equatorial western Pacific. J. Atmos. Sci., 28: 1117-1133.

Ritchie E A, Holland G J. 1997. Scale interactions during the formation of typhoon Irving. Mon.Wea.Rev., 125: 1377-1396.

Ritchie E A, Holland G J. 1999. Large-scale patterns associated with tropical cyclogenesis in the western Pacific. Mon. Wea. Rev., 127: 2027-2043.

Roeckner E, Bauml G, Bonaventura L, et al. 2003. The atmospheric general circulation model ECHAM5. Part I: Model description. Max Planck Institute for Meteorology Rep., 349: 127.

Sadler J C. 1976. A role of the tropical upper tropospheric trough in early season typhoon development. Mon. Wea. Rev., 104: 1266-1278.

Schecter D A, Dubin D H. 1999. Vortex motion driven by a background vorticity gradient. Phys. Rev. Lett., 83: 2191-2194.

Shapiro L J, Ooyama K V. 1990. Barotropic vortex evolution on a beta plane. J. Atmos. Sci., 47: 170-187.

Simpson J, Ritchie E, Holland G J, et al. 1997. Mesoscale interactions in tropical cyclone genesis. Mon. Wea. Rev., 125: 2643-2661.

Sobel A H, Bretherton C S. 1999. Development of synoptic-scale disturbances over the summertime tropical northwest Pacific. J. Atmos. Sci., 56: 3106-3127.

Sobel A H, Maloney E D. 2000. Effect of ENSO and ISO on tropical depressions. Geophys. Res. Lett., 27: 1739-1742.

Solomon S, et al. 2007. Climate Change 2007: The Physical Science Basis. Cambridge: Cambridge University Press.

Sooraj K P, Kim D, Kug J S, et al. 2008. Effects of the low frequency zonal wind variation on the high-frequency atmospheric variability over the tropics. Clim. Dyn., 33: doi: 10.1007/s00382-008-0483-6（CA）.

Sugi M, Noda A, Sato N. 2002. Influence of the global warming on tropical cyclone climatology: An experiment with the JMA global model. J. Meteorol. Soc. Japan, 80: 249-272.

Takaya K, Nakamura H. 2001. A formulation of a phase-independent wave-activity flux for stationary and migratory quasigeostrophic eddies on a zonally varying basic flow. J. Atmos. Sci., 58: 608-627.

Takayabu Y N, Nitta T. 1993. 3-5 day-period disturbances coupled with convection over the tropical Pacific Ocean. J. Meteor. Soc. Japan, 71: 221-245.

Tam C Y, Li T. 2006. The origin and dispersion characteristics of the observed summertime synoptic-scale waves over the Western Pacific. Mon. Wea. Rev., 134: 1630-1646.

Tory K J, Montgomery M T, Davidson N E. 2006. Prediction and diagnosis of tropical cyclone formation in an NWP system. Part I：The critical role of vortex enhancement in deep convection. J. Atmos. Sci.，63：3077-3090.

Wang B，Chan J C L. 2002. How strong ENSO events affect tropical storm activity over the Western North Pacific. J. Climate，15：1643-1658.

Wang B，Xie X. 1996. Low-frequency equatorial waves in sheared zonal flow. Part I：Stable waves. J. Atmos. Sci.，53：449-467.

Wang B，Wu R，Li T. 2003. Atmosphere-warm ocean interaction and its impact on Asian-Australian monsoon variation. J. Climate，16：1195-1211.

Wang Y，2001. An explicit simulation of tropical cyclones with a triply nested movable mesh primitive equation model：TCM3. Part I：Model description and control experiment. Mon. Wea. Rev.，129：1370-1394.

Webster P J，Holland G J，Curry J A，et al. 2005. Changes in tropical cyclone number，duration，and intensity in a warming environment. Science，309：1844-1846.

Yamazaki N，Murakami M. 1989. An intraseasonal amplitude modulation of the short-term tropical disturbances over the western Pacific. J. Meteor. Soc. Japan，67：791-807.

Yoshimura J，Sugi M，Noda A. 2006. Influence of greenhouse warming on tropical cyclone frequency. J. Meteorol. Soc. Japan，84：405-428.

Yuter S E，Houze Jr R A. 1995. Three-dimensional kinematic and microphysical evolution of Florida cumulonimbus. Part II：Frequency distribution of vertical velocity，reflectivity，and differential reflectivity. Mon. Wea. Rev.，123：1941-1963.

Zhao M，Held I M，Lin S J，et al. 2009. Simulations of global hurricane climatology，interannual variability，and response to global warming using a 50km resolution GCM. J. Climate，22：6653-6678.

第 5 章　ENSO 动力学

5.1　观测中的 ENSO 结构和演变规律

El Niño 是发生在赤道东太平洋海平面温度异常增暖的一种现象（Rasmussen and Carpenter，1982；Philander，1990）。El Niño（西班牙语为“圣婴”）这一名称最早来源于秘鲁沿岸的渔民。图 5.1 给出的是 1996～2004 年赤道太平洋 SST 场（图 5.1（a））和 SST 异常场（图 5.1（b））的时间演变特征。从图中可以看出，暖池通常位于西太平洋，但是在 El Niño 期间，尤其是 1997 年的 El Niño 事件中，暖池明显地延伸至东太平洋区域，并且伴随着超过 4℃的 SST 增暖，如此高的 SST 异常值并未在其他海域出现。

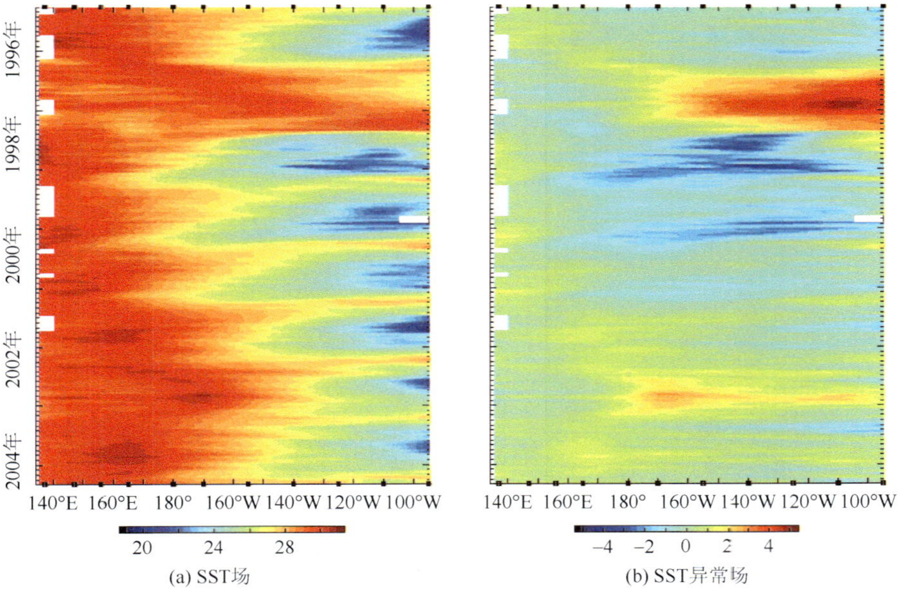

图 5.1　观测中的赤道太平洋 SST 场和 SST 异常场的时间演变特征（1996～2004 年）

一般把东太平洋区域（5°S～5°N，150°W～90°W）定义为 El Niño 事件发生发展的关键区域，图 5.2 给出了此区域平均的 SST 异常（SSTA）指数随时间的变化。从图中可以清楚地看到，此指数表现为不规则的年际尺度振荡，主要的周期是 2～7 年。通常将 SSTA 为正异常的事件称为 El Niño，而与此对应的 SSTA 为负异常的事件被称为 La Niña（在西班牙语中译为“女孩”，与“圣婴”对应）。

虽然 El Niño（海温变暖的现象）一词最早来自 19 世纪末的秘鲁沿岸渔民，但是大气中的南方涛动（southern oscillation）现象却是在 1924 年由 Walker 发现的。南方涛动描述的是达尔文（Darwin）和塔希提（Tahiti）地区的气压场反相变化的跷跷板现象。当达尔文地区的地表气压异常高于正常值，塔希提地区的地表气压异常则通常低于正常值（图 5.3（a））。Walker 仅揭示了以上两个气象台站的气压

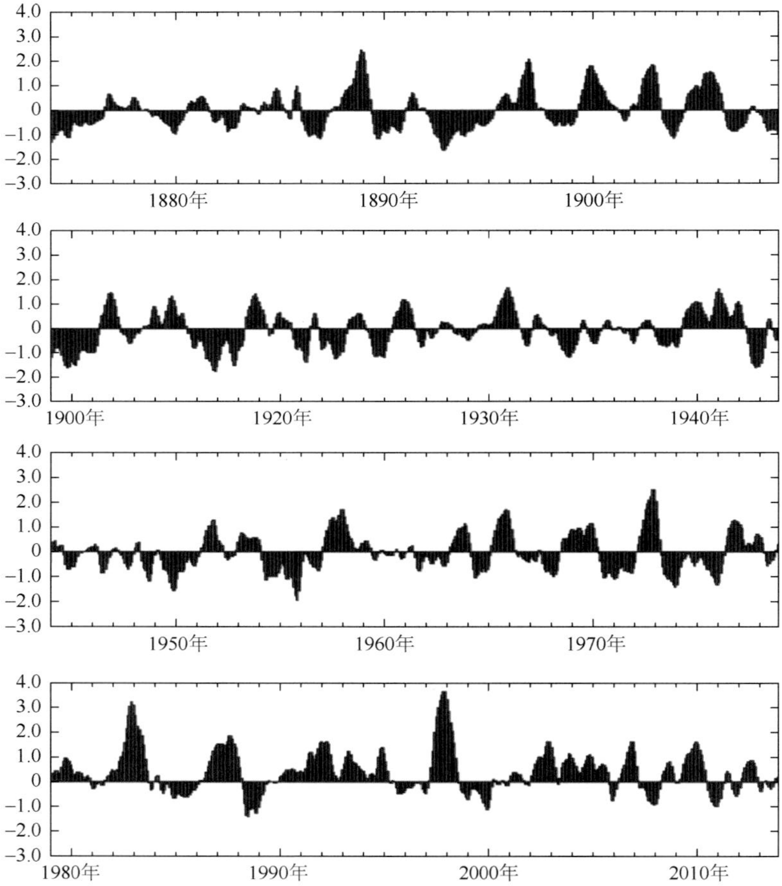

图 5.2　1874～2014 年东太平洋区域（5°S～5°N，150°W～90°W）平均的 SSTA 的时间演变

数据来源：ERSST-v3b

振荡，随后的观测分析进一步发现这种气压场反相变化的跷跷板现象存在于更大的空间范围内，如图 5.3（b）所示。

早期研究认为南方涛动是单独的大气现象，而 El Niño 是单独的海洋现象，因此对两者的研究始终是分开进行的，直到 Bjerknes（1969）首次提出南方涛动和 El Niño 实际上是同一个物理现象的两个部分。从大气的角度，与南方涛动有关的气压振荡来源于赤道太平洋的 SSTA 强迫。从海洋的角度，与 El Niño 有关的 SSTA 形态来源于异常的风强迫，而风强迫与气压振荡相关联。以上的论点显示出海气相互作用起着关键的作用。

作为海气相互作用的产物，通常将 El Niño 和南方涛动合称为 ENSO（Philander，1990）。尽管 ENSO 起源于热带，但它通过遥相关形态对全球气候起着重要的影响。例如，北半球冬季的太平洋-北美型遥相关（PNA）（Wallace and Gutzler，1981）和北半球夏季的太平洋-日本型遥相关（PJ）（Nitta，1987），因此，ENSO 也是季节预报的重要可预报源。

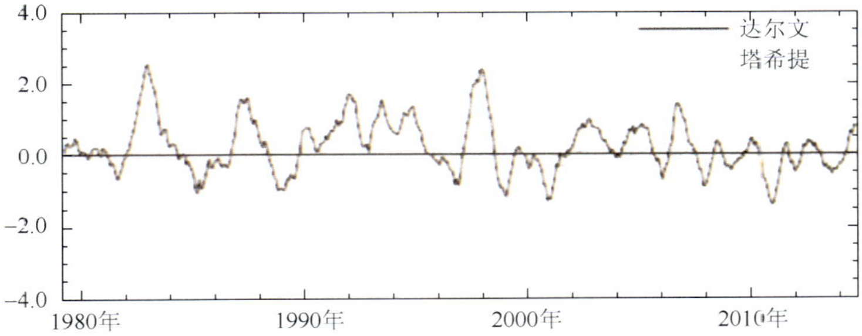

(a) 达尔文和塔希提地区表面压力异常的时间演变

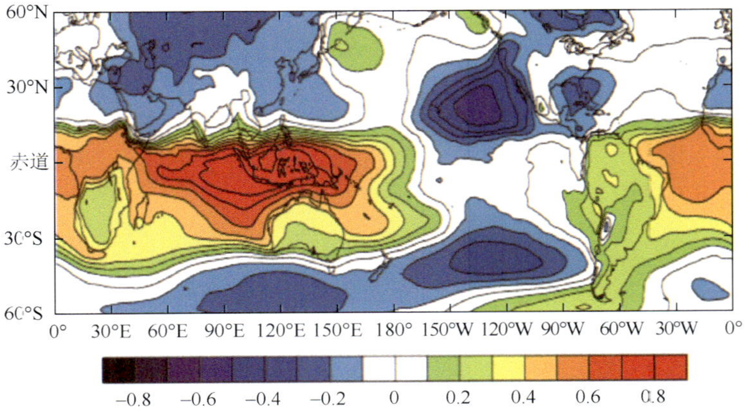

(b) 表面压力场和南方涛动指数的回归系数

图 5.3　南方涛动与表面压力场变化

从图 5.2 中可以看到，ENSO 的成熟位相通常发生在北半球冬季。这意味着 ENSO 事件可能受到气候年循环的调制作用。回到第 2 章所讨论的，东太平洋的 SST 展现了显著的年循环特征，并且年循环的振幅与 ENSO 的振幅相当。类似地，El Niño 和 La Niña 的 SSTA 之差的水平分布形态也与年循环 SST 的暖位相和冷位相之差（如 3 月 SST 减去 9 月 SST）的形态较为相似。但是，尽管 SST 形态相似，次表层海温异常在年际时间尺度和年循环上却展现出不同的特征（图 5.4）。在年际时间尺度上，20℃等温线（代表温跃层深度）具有显著的振荡特征。这意味着海洋温跃层变化及有关的海洋波动、次表层温度变化等在这个时间尺度上对 SST 的变化起着重要的调制作用。在年循环方面，20℃等温线几乎没有变化（Change and Philander，1994）。这说明 SST 的年循环特征主要受海洋混合层动力机制驱动，而温跃层深度振荡起着次要的作用。

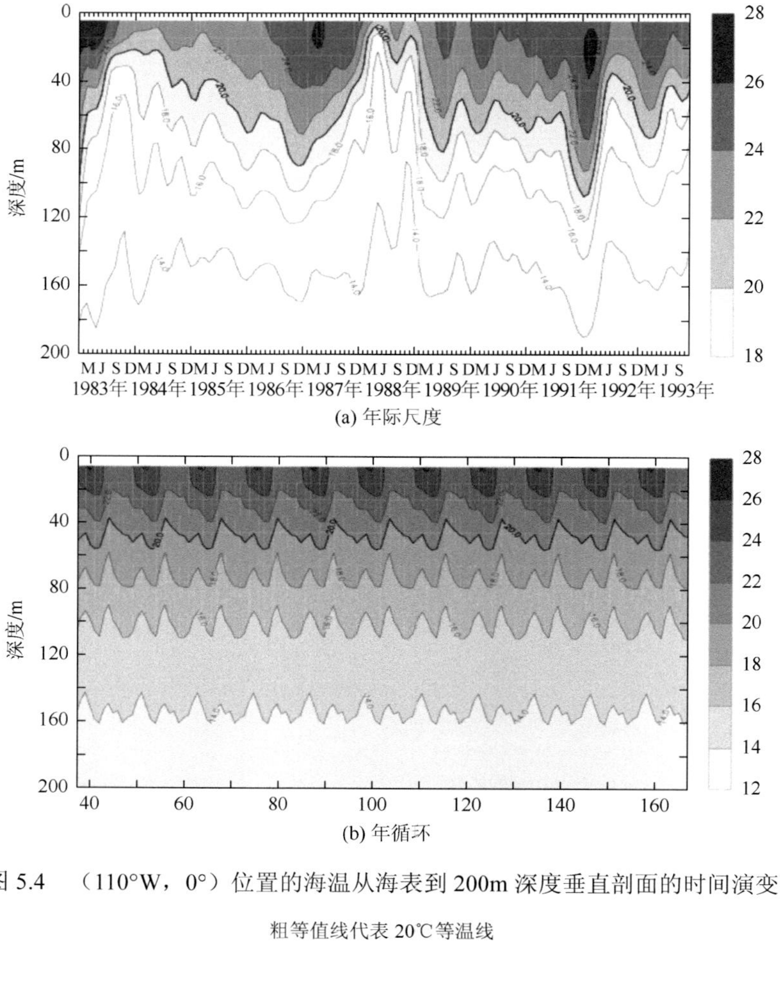

图 5.4　（110°W，0°）位置的海温从海表到 200m 深度垂直剖面的时间演变

粗等值线代表 20℃等温线

上述讨论解释了在年际时间尺度和年循环上，调控 SST 变化的物理机制不同。接下来将讨论 ENSO 动力学的基本科学问题，即 ENSO 增长和变化的物理机制是什么，导致 ENSO 锁相现象的机制是什么，El Niño 和 La Niña 振幅不对称性的物理机制是什么以及回答 El Niño 和 La Niña 演变不对称性的物理机制。

5.2　不稳定性机制

前人研究指出多种海–气正反馈过程对 El Niño 和 La Niña 振荡的增长均有贡献（Philander et al.，1984；Hirst，1986，1988），温度平流项对 SSTA 的增长起着促进作用，而热通量项对 SSTA 的发展起着抑制作用。下面的 SSTA 变化趋势方程中列出了三个主要的海–气反馈动力过程：

$$\frac{\partial T'}{\partial t} \approx -u'\overline{T}_x - w'\overline{T}_z - \overline{w}T'_z \tag{5.1}$$

其中，右边的第一项代表纬向平流反馈；右边第二项代表 Ekman 抽吸导致的异常上升流反馈；右边第三项代表 Bjerknes 温跃层反馈。

图 5.5 详细描述了上述正反馈过程是如何发挥作用的。在正常的气候条件下，赤道上的信风会将上层海洋的暖水向西吹，这就导致了西边的海洋温跃层加深。海洋温跃层作为物质面（物质面上下海水没有质量交换）代表了海水垂直温度梯度最大的区域，它将上层暖水和下层冷水分离开。赤道上的东风导致了海洋表层 Ekman 流的辐散，由此造成海洋上升流的产生，上升流将冷水从海洋底层带到表层。因此，在赤道东太平洋就形成了冷舌。

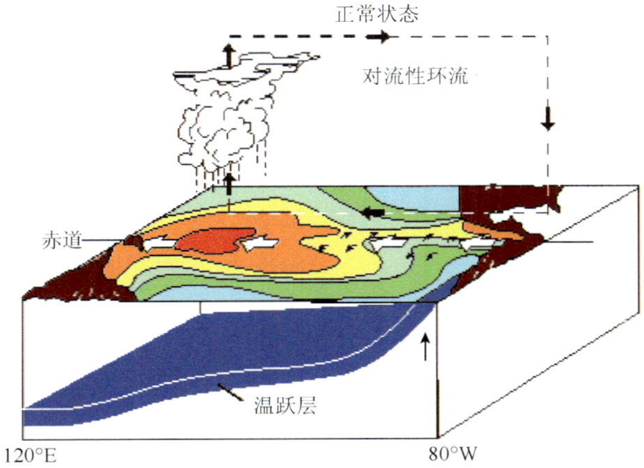

(a) 赤道平面上大气和海洋环流特征

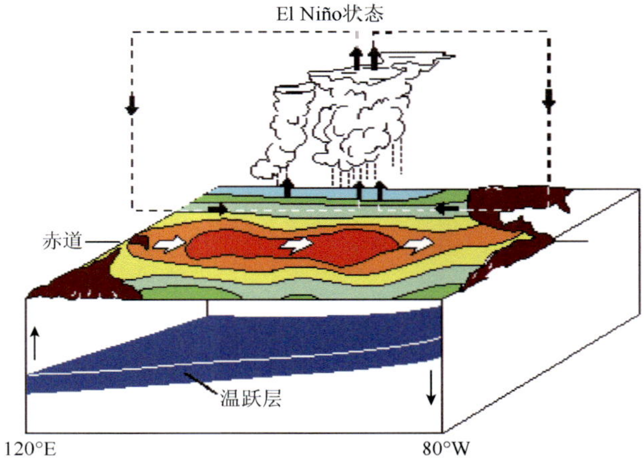

(b) 异常的大气和海洋环流特征

图 5.5　气候平均态条件下赤道平面上大气和海洋环流特征以及在 El Niño 时期异常的大气和海洋环流特征

纬向 SST 梯度会进一步加强赤道上的东风，表面风将暖水聚集在西太平洋暖池区域，使得在暖池区域产生大尺度的对流。因此形成了一个纬向垂直翻转流，Bjerknes（1969）将它称为沃克环流。

假设最初在赤道东太平洋出现了一个弱的正 SSTA，那么这个异常的正 SSTA 会导致在正 SSTA 的中心附近产生异常的表面辐合和异常的对流。对流中心西侧的异常西风会驱动异常的海洋纬向流，海洋纬向流随即将暖的 SST 向东输送，加强初始阶段赤道东太平洋的暖 SSTA。正 SSTA 的增强进一步加大西风异常。初始的 SSTA 增长机制满足正反馈循环，这个过程被称为纬向平流反馈。

初始阶段的正 SSTA 也会造成表面风朝着赤道东太平洋辐合，导致赤道上的海洋表面流辐合，因此在海洋次表层出现局地的异常下沉流。这样，赤道东太平洋的气候平均上升流减弱，促进了赤道东太平洋的正 SSTA 发展。这个正反馈过程称为 Ekman 上升流反馈。

初始的正 SSTA 导致了赤道中太平洋的西风异常，进而引起气候温跃层的东西梯度减弱，最终使得东太平洋温跃层加深而西太平洋温跃层变浅。东太平洋温跃层的加深使得海洋混合层之下的次表层海水温度异常增暖。因此平均的上升流将次表层的暖水向上平流，增强表层的正 SSTA。这个正反馈过程称为 Bjerknes 温跃层反馈。

使用海洋同化资料对海水混合层热量进行收支分析，结果表明 Bjerknes 温跃层反馈、纬向平流反馈以及 Ekman 上升流反馈均对处于发展位相的 El Niño 和 La Niña 海温异常增长有贡献。以上这些动力海-气正反馈作用超过热动力的负反馈过程（如云-SST 反馈和蒸发-SST 反馈）最终促进了 ENSO 事件的发展。

5.3 振荡理论

上述正反馈过程能够解释 ENSO 的增长，但不能解释 ENSO 冷暖位相之间的转换。ENSO 的位相转换需要延迟的负反馈作用。这些负反馈过程是什么呢？迄今为止最为大众接受的负反馈机制有两个。其中一个是延迟振子理论（Sureaz and Schopf，1988；Battisiti and Hirst，1989），这个理论的核心观点是海洋赤道波动的延迟作用。

图 5.6 阐述了延迟振子理论涉及的相关重要过程。赤道东太平洋的正 SSTA 导致了赤道中太平洋的西风异常。这个纬向风异常一方面加深了东太平洋的海洋温跃层深度，最终加强或者说维持了赤道东太平洋的暖 SSTA，另一方面由于赤道外异常的气旋性大气环流，温跃层抬升，激发出赤道外的罗斯贝波。温跃层负距平的信号以罗斯贝波的形式西传，然后在西边界反射成为集中在赤道的开尔文波。温跃层负距平的信号在赤道上以开尔文波的形式向东传播，到达赤道东太平洋，最后终结 El Niño 事件，完成 ENSO 向冷位相转换的过程。

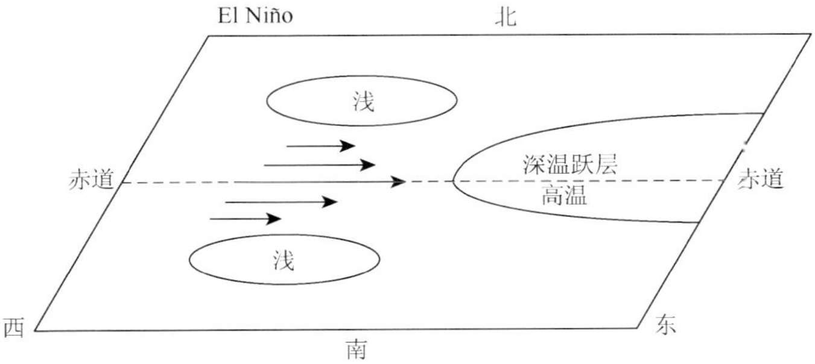

图 5.6　延迟振子理论示意图

另一个著名的理论是充放电振子理论（Jin，1997），或称为纬向平均温跃层振荡理论（Li，1997）。这个理论最核心的思想是纬向平均的温跃层变化，图 5.7 阐述了这个机制是如何发挥作用的。与 ENSO 相关的海洋温跃层异常可以分为两个部分：一个是纬向平均的温跃层异常；另一个是纬向不对称的温跃层异常。纬向不对称的部分在时间上与赤道东太平洋的 SSTA 和赤道中太平洋的纬向风异常同位相，但是温跃层异常纬向平均的部分，在时间上滞后赤道东太平洋的 SSTA 和赤道中太平洋的纬向风异常。例如，作为对东太平洋正 SSTA 的响应，会在中太平洋出现西风异常，东太平洋温跃层加深而西太平洋温跃层变浅（图 5.7（a））。同时，由于气旋式风应力距平的存在，会产生从赤道向两极的经向质量输送。随着赤道地区暖水向赤道外输送，赤道太平洋温跃层将会逐渐抬升（图 5.7（b））。这个变浅的海洋温跃层最终会导致赤道东太平洋负 SSTA 发生并发展（图 5.7（c））。SSTA 变冷导致了中太平洋的东风异常发展，由此会促进上层海水向赤道的质量输送。这样，赤道上的纬向平均温跃层加深，加深的温跃层最终促进了 ENSO 发展向暖位相过渡。

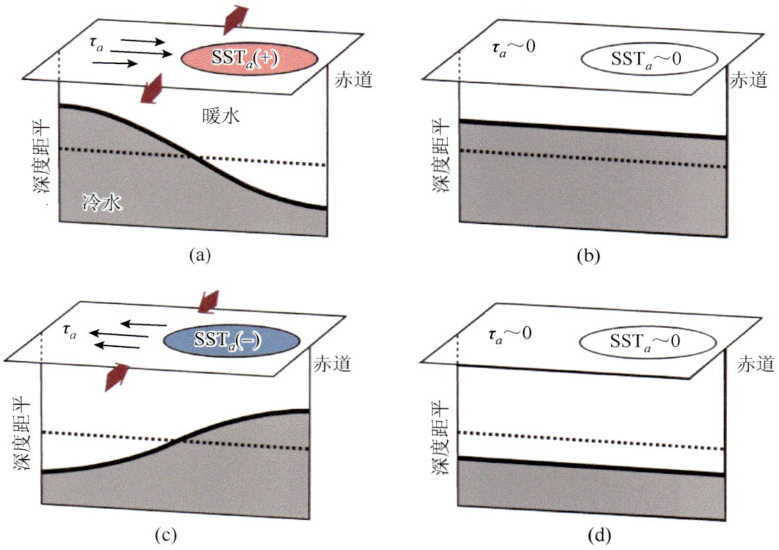

图 5.7　充放电振子理论示意图（Meinen and McPhaden，2000）

Li（1997）与 Meinen 和 McPhaden（2000）通过分析海洋观测及再分析资料，证实了上述的 SSTA-纬向平均温跃层异常之间的关系。图 5.8 显示了纬向不对称的温跃层异常在时间上与东太平洋 SST 和中太平洋的纬向风应力异常同位相。纬向平均的温跃层异常位相大约与 SSTA 相差 90°。当 SSTA 值是正常大小时，纬向平均的温跃层异常达到最大值。当 SSTA 位于峰值时，纬向平均的温跃层异常接近 0。

值得注意的是，Li（1997）通过理想的浅水模式试验扩大了太平洋的区域范围并且加大了东西边界的抑制作用，此试验结果表明尽管在充放电理论中没有明确提到海洋波动，但是它们仍然可以通过积累的波动效应影响纬向平均的温跃层变化。

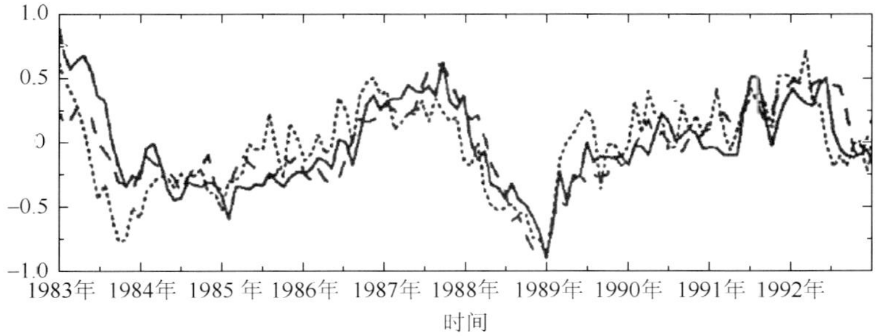

(a) 1983～1992年赤道东太平洋SSTA(实线)、纬向风应力异常(虚线)和纬向不对称的温跃层深度异常(点线)随时间的演变

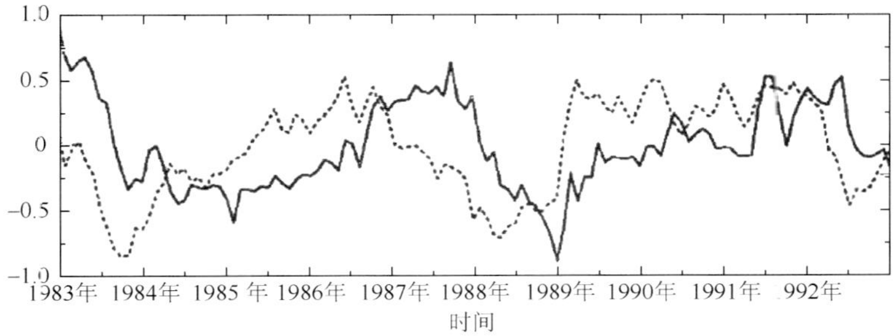

(b) 1983～1992年赤道东太平洋的SSTA(实线)和纬向平均的温跃层深度异常(点线)随时间的演变

图 5.8　1983～1992 年赤道东太平洋 SST 距平和温跃层变化（Li，1997）

5.4　年循环周期调制下的位相锁定特征

在 ENSO 事件的生命史发展过程中存在一个有趣的现象，那就是在气候平均态年循环周期的调制作用下 ENSO 事件具有位相锁定特征。如图 5.2 所示，几乎所有的 El Niño 事件峰值都出现在北半球冬季时期（发展年 12 月至次年 2 月；DJF）。对于 ENSO 事件中位相锁定现象的发生，在此总结两种可能机制。其一是由季节决定的大气-海洋间相互作用所引发的不稳定增长过程导致的。根据 Li（1997）所提出的观点，用于描述 ENSO 事件动力过程的最简化方程组中至少需要包含东太平洋地区 SST 距平变化倾向方程和纬向平均温跃层厚度距平变化倾向方程：

$$\frac{\partial T'}{\partial t} \approx \lambda T' + \sigma \langle h \rangle \tag{5.2a}$$

$$\frac{\mathrm{d}\langle h \rangle}{\mathrm{d}t} = -\Lambda T_E - \varepsilon \langle h \rangle \tag{5.2b}$$

其中，参数λ代表 5.2 节中提到的所有大气-海洋间正反馈过程的总和（如 Bjerknes 温跃层反馈过程、纬向平流反馈过程和 Ekman 上翻过程），其为气候态背景场下赤道东太平洋地区海水平均上翻速度、SST 平均梯度以及大气平均温度垂直梯度三者的函数，这些变量均随季节而变化。当给定各月份气候态背景场后，就可以通过上述方程求解相应的增长率和振荡周期。从图 5.9 中可以看出最大（最小）增长率出现在 9 月（3 月）。该结果表明在东太平洋地区 SST 距平在北半球秋季时增长最迅速，而在北半球冬季时达到最大值。在此之后 SST 距平开始衰减。

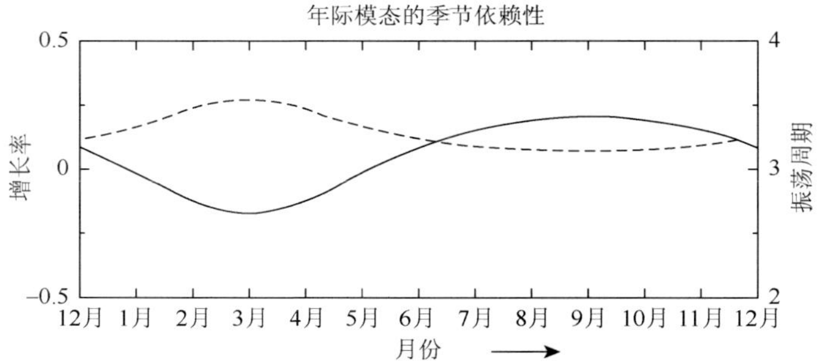

图 5.9　ENSO 模态中增长率（实线）和频率（虚线）随时间变化情况（Li，1997）

结果由给定气候平均态（1 月～12 月）的简单耦合模式（如式（5.2））求解得到

大气-海洋相互作用所引发的最不稳定增长过程之所以发生在北半球秋季，是因为此时气候态背景场中海水平均上翻速度和 SST 平均梯度都达到最大值，相应的冷舌区强度和范围也达到极值。

当给定年循环周期的气候态背景场时，模式结果会体现出规律的 3.4 年周期振荡过程。当模式进行长时间模拟运行后（如 1000 年），每个月份出现 El Niño 事件峰值的概率将是均等的。图 5.10 给出了当季节变化的气候态背景场给定时，

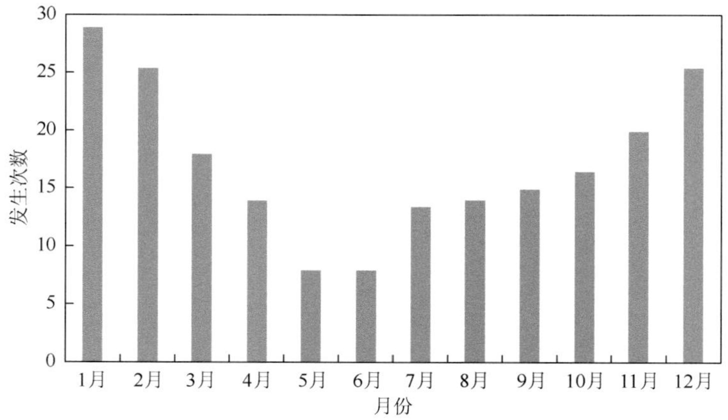

图 5.10　当给定观测的气候态背景场时各月份出现 El Niño 事件峰值频次的数值模拟结果（Li，1997）

各月份出现 El Niño 事件峰值的频次。值得注意的是，即便如此，El Niño 事件的峰值依然更多地出现在北半球冬季时期（DJF），这与观测事实是吻合的。

另一个可能机制是与菲律宾海反气旋相关的赤道西太平洋上东风距平的强迫作用（Wang et al.，2000）。菲律宾海反气旋通常在 El Niño 发展年秋季时开始发展，后续冬季时达到成熟期。异常反气旋环流南侧的东风距平强迫将会激发出海洋中上翻开尔文波（伴随着负温跃层厚度距平信号）向东传播，最终导致赤道东太平洋地区 SST 降低，El Niño 事件出现位相转变。

5.5　El Niño 与 La Niña 事件振幅不对称性

现有研究成果（Su et al.，2010）已经表明，El Niño 事件中 SST 距平振幅大于 La Niña 事件。图 5.11 给出了北半球冬季时热带太平洋地区 SST 距平偏斜度。在这里偏斜度定义为

$$\text{Skewness} \equiv \frac{m_3}{(m_2)^{3/2}}$$

其中，m_k 是距平值 k 次方均值，$m_k = \sum_{i=1}^{N} \frac{(x_i - \bar{X})^k}{N}$，$x_i$ 是第 i 个样本值，$\bar{X}$ 是气候态平均值，N 是观测的样本数目。

偏斜度通常用于衡量正负异常值之间不对称性程度。正偏斜值代表正距平值远大于负距平值，反之类似。图 5.11 可以反映出在赤道太平洋东岸地区（110°W 以东）有明显的正偏斜值出现，意味着在这一特定地区正 SST 距平振幅远大于负 SST 距平。

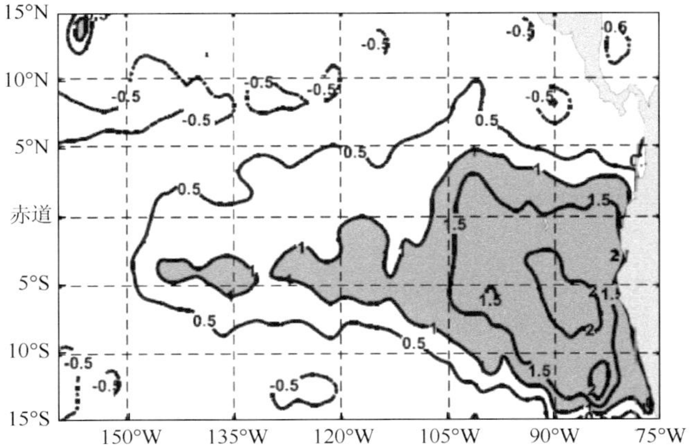

图 5.11　1979～2008 年期间冬季平均 SST 距平偏斜度（Su et al.，2010）

阴影区域代表超过 95%信度检验

从合成的区域平均（图 5.11）SST 距平随时间的变化情况可以看到，El Niño 和 La Niña 事件通常在年初时期开始发展，而在冬季时达到最强。因此造成 ENSO 事件成熟位相时期SST距平振幅不对称的主要原因是发展阶段中SST距平变化倾向的不同。

图 5.12（a）给出了 El Niño 和 La Niña 事件发展阶段中海洋混合层海温热量收支诊断分析结果。在 El Niño 事件中，混合层海温变化倾向比 La Niña 事件中更大，其中海洋三维平流项的贡献作用较大，而海表热通量项的贡献很小。进一步将海洋三维平流项拆分为线性项与非线性项之后发现，振幅不对称性的产生主要是由于非线性项的作用。在 El Niño（La Niña）事件中，线性平流项为正（负）值，因此有利于 El Niño（La Niña）事件的发展（通过多种正反馈过程）。此外，非线性项始终为正值，因此有利于（不利于）El Niño（La Niña）事件的发展。

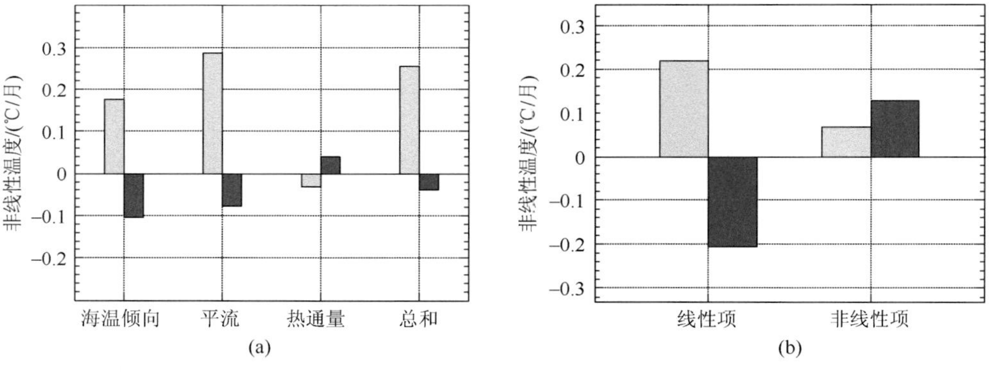

图 5.12　El Niño 和 La Niña 事件中海洋混合层海温热量分析结果以及线性项温度平流项与非线性温度平流项的结果（Su et al.，2010）

图 5.13 给出了纬向、经向和垂直方向上非线性温度平流项的结果。结果表明，非线性水平平流项对正海温变化倾向起主要贡献作用，从而导致 El Niño 事件中 SST 距平振幅大于 La Niña 事件。而非线性垂直平流项却起到相反的作用。

为了揭示非线性平流项对 El Niño 与 La Niña 事件振幅不对称性的贡献，分析了 El Niño 与 La Niña 事件中海水温度和海洋环流的纬向-垂直剖面结构。从图 5.14 中可以看出，最大海温距平中心出现在次表层气候平均温跃层深度处，而这也是垂直温度梯度最大的地方。El Niño 事件中 SST 正距平中心位于 110°W，而 La Niña 事件中 SST 负距平中心位于 120°W。一个值得注意的现象是，在 El Niño 事件中，120°W 以东区域大气中为异常东风，而海洋中异常纬向海洋环流方向指

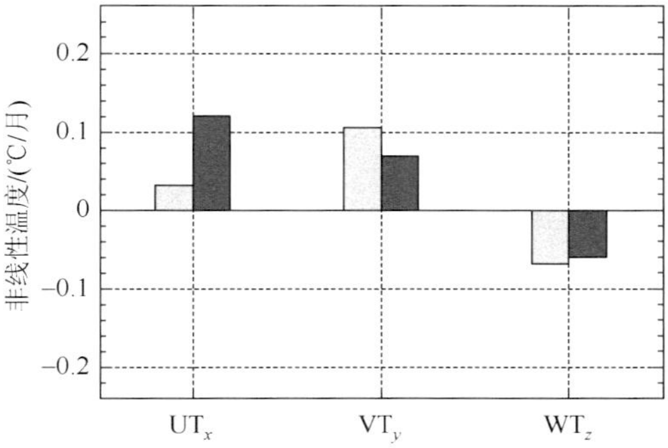

图 5.13　纬向、经向和垂直方向上非线性温度平流项（Su et al.，2010）

向东侧（La Niña 事件中与此相反）。向东的纬向异常海洋环流会将最大的正 SST 距平向东平流，导致正的非线性纬向平流。相似地，在 La Niña 事件中，向西的纬向异常海洋环流出现在最大的负 SST 距平以东，并且与大气纬向异常风应力强迫方向相反。因此，在 La Niña 事件中非线性纬向平流同样为正值。由此产生一个关键性问题：为什么在热带太平洋东岸地区海洋表层异常纬向环流与大气异常纬向风应力方向相反。

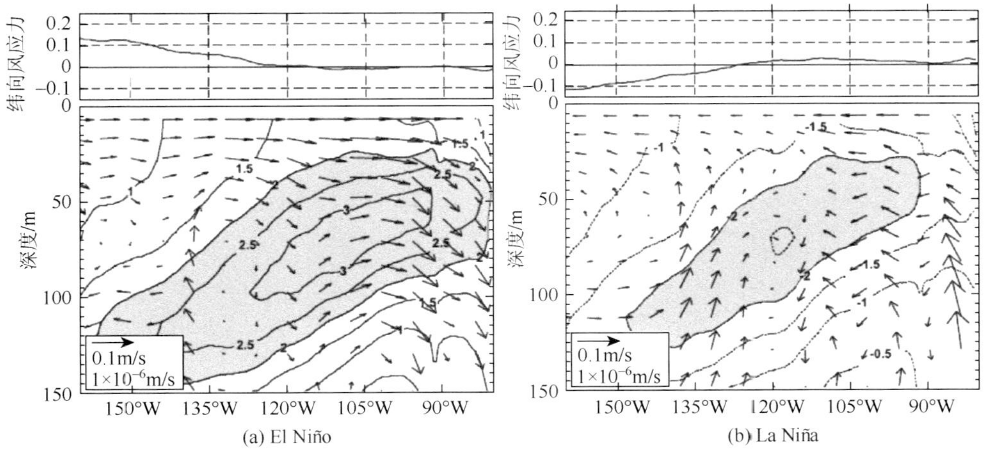

图 5.14　合成的 El Niño 和 La Niña 事件发展阶段中赤道地区（2°S～2°N）纬向风应力距平和海水温度、海洋环流距平的经度-深度剖面图（Su et al.，2010）

进一步将异常海洋环流拆分为地转流和 Ekman 流之后，Su 等（2010）指出在赤道东太平洋地区海洋表层异常纬向环流主要由异常地转流所控制（由温跃层厚度距平决定），而由风场激发出的异常 Ekman 流作用可以忽略。而海洋表层异常经向环流却由异常 Ekman 流控制，两者间具有极大的不同。

图5.15给出了合成的El Niño和La Niña事件发展阶段中东太平洋地区海水温度、海洋环流距平的纬度-深度剖面图。在 El Niño（La Niña）事件中 SST 距平最大值（最小值）中心出现在赤道南侧，而大气异常经向风辐合（速度为零）于赤道北侧。

SST 距平中心与大气环流辐合中心的不重合现象说明，能够驱动大气环流产生变化的强迫来自于海洋 SST 总场，而不仅仅是 SST 距平场。由于平均的 SST 在赤道北侧更大，因此 SST 总场最大值也出现在赤道北侧。该特征与赤道太平洋地区 SST 距平-降水距平纬向分布特征极为相似。相关观测结果表明，虽然 El Niño 时期 SST 距平中心位于 110°W，降水对 SST 距平的响应中心却位于赤道中太平洋地区。这一纬向分布差异源自于平均 SST 场的纬向梯度分布。

由于在东太平洋地区 SST 距平最大值中心与异常经向风辐合中心并不重合，因此在跨赤道气流的强迫作用下，El Niño 时期的异常北向海洋跨赤道环流与 La Niña 时期的异常南向海洋跨赤道环流都将导致正的非线性经向温度平流出现。考虑到非线性纬向温度平流会被非线性垂直温度平流部分抵消（两者由于质量连续作用通常紧密相连），可以认定非线性经向温度平流是 El Niño 和 La Niña 事件中产生 SST 距平振幅不对称的关键。

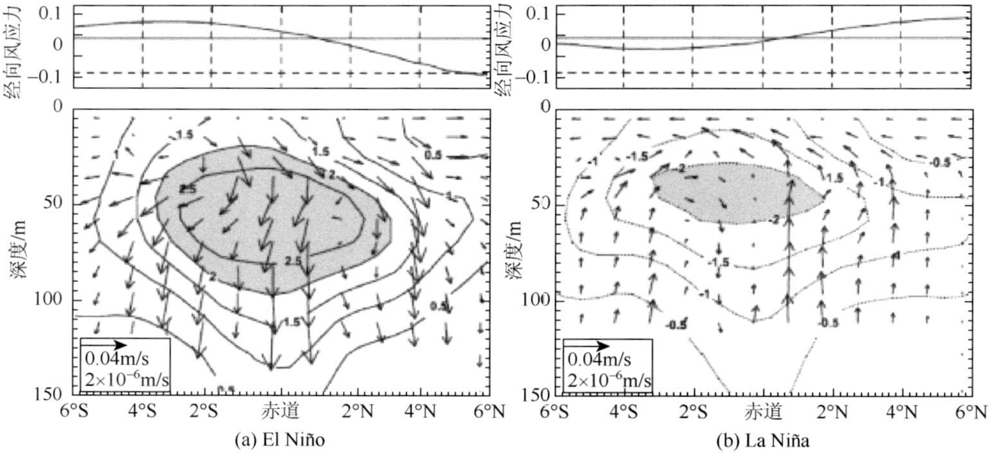

图 5.15 合成的 El Niño 和 La Niña 事件发展阶段中东太平洋地区（110°～80°W）经向风应力距平和海水温度、海洋环流距平的纬度-深度剖面图（Su et al.，2010）

5.6 El Niño 与 La Niña 事件生命史不对称性

对 1980～2013 年观测的赤道东太平洋地区（180°～80°W，5°N～5°S）SST

距平的时间序列进行分析后可以发现，几乎所有的 El Niño 事件（除 1986 年、1987 年 El Niño 事件以外）在北半球冬季时到达最大值之后迅速地衰减，而几乎所有的 La Niña 事件（除 1988 年和 2005 年 La Niña 事件以外）在第二年冬季时再次发展形成第二次 La Niña 事件。

图 5.16 给出了合成的 El Niño 和 La Niña 时期海洋混合层海温的生命史发展特征。在发展年中（第 0 年），El Niño 和 La Niña 事件表现出很大的相似性。对于合成的 El Niño 事件，正的混合层海温距平自 4 月开始增长，12 月时达到最大。对于合成的 La Niña 事件，负的混合层海温距平自 6 月开始增长，12 月时同样达

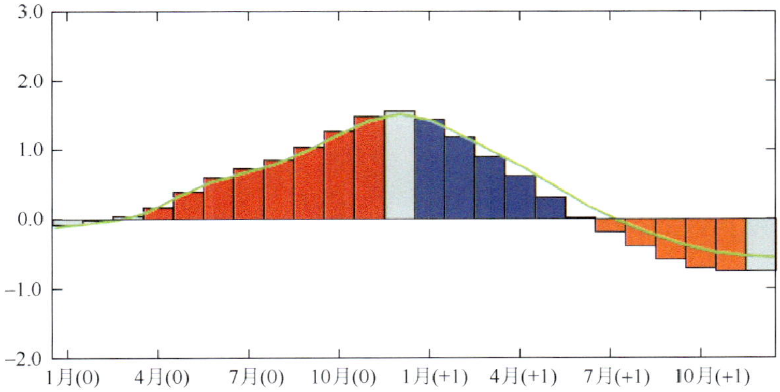

(a) El Niño

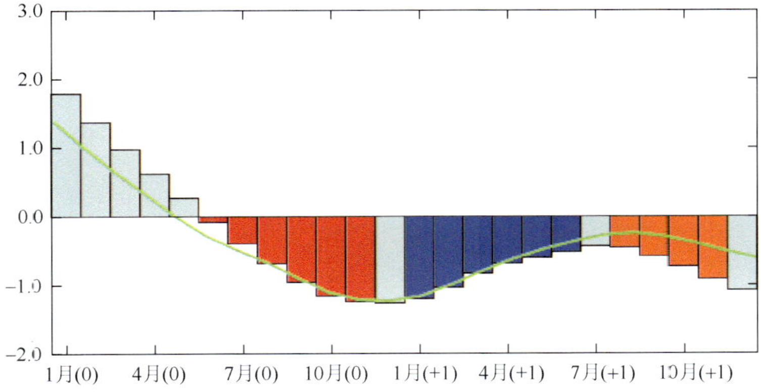

(b) La Niña

图 5.16　合成的 El Niño 和 La Niña 时期海洋混合层海温的生命史发展特征（Chen et al.，2016）

绿色曲线代表全部 ENSO 事件合成结果；柱状图代表选取的典型 ENSO 事件合成结果；柱状图中红色代表 El Niño（La Niña）事件发展阶段；蓝色代表 El Niño（La Niña）事件衰减阶段；橙色代表 El Niño 事件位相转变阶段（La Niña 事件再次增强阶段）

到最大。两者间生命史的不对称性主要体现在第二年（第 + 1 年）。当到达最强位相之后，El Niño 事件开始迅速地衰减，7 月时出现负海温距平。相反地，La Niña 事件衰减速率较小，在第二年 7 月时依然维持着负海温距平，强度约为峰值时的 1/3，到了后续秋季时期负温度距平再次迅速增强。最终，在第二年冬季时出现第二次 La Niña 事件。

为了表明上述的生命史发展过程在 ENSO 事件发展过程中具有共性和代表性，同样给出了所有 ENSO 事件的合成结果（图 5.16 中绿色曲线所示）。可以看到，绿色曲线与柱状图所代表的结果极为相似，因此 El Niño 与 La Niña 事件中生命史不对称性特征是真实存在的，并具有普遍性。

正如图 5.16 所示，El Niño 与 La Niña 事件生命史发展过程中的关键不同点在于第二年上半年中混合层海温距平衰减速度的不同，也就是说，在达到峰值之后 El Niño 比 La Niña 衰减得更快。基于这一不同点，在第二年 7 月时，El Niño 事件中混合层海温距平发生符号转变（变为负距平），而 La Niña 事件中混合层海温依然维持着原本的负距平。

北半球秋季是大气-海洋相互作用最剧烈，也是 ENSO 不稳定增长最迅速的季节（Li，1997），因为在这一时期赤道太平洋气候平均的海水上翻运动和 SST 纬向梯度都是最大的（Li and Philander，1996，Philander et al.，1996）。因此在北半球秋季时，Bjerknes 温跃层反馈作用项（ $-\overline{w}\partial\overline{T}/\partial z$ ）和纬向平流反馈作用项（ $-u'\partial\overline{T}/\partial x$ ）都是最强的。所以在第二年夏季时 SST 距平是否发生符号转变是决定 ENSO 事件后续生命史发展过程的关键。对于合成的 El Niño 事件，第二年上半年时强烈的衰减作用使得其迅速衰减，并在第二年7月时“恰好”转变为负 SST 距平，为后续冷位相的发展提供了很好的条件。相反地，在 La Niña 事件的衰减阶段由于衰减作用较弱，在第二年夏季时依然维持着负海温距平，这一负海温距平在之后的北半球秋季时将会再次发展，并在冬季时达到最强。因此，El Niño 与 La Niña 事件生命史发展过程中的关键不同点在于第二年上半年中两者衰减速度的不同。

为了理解在第二年上半年时期，究竟是动力过程还是热力过程导致了不同的衰减速度，在这里引入了海洋混合层温度热量收支诊断分析。表 5.1 给出了合成的 El Niño 和 La Niña 事件衰减阶段海洋混合层海温距平热量收支诊断分析结果。值得注意的是 El Niño 事件的衰减速度大约是 La Niña 事件的两倍。进一步将海洋三维温度平流项和海平面热通量项进行拆分后可以看到，动力过程和热力过程都对 El Niño 和 La Niña 事件中衰减速率的差异起到贡献作用。在动力过程中起主要贡献作用的是纬向异常平流项（ $-u\partial\overline{T}/\partial x$ ），而在热力过程中起主要贡献作用的是短波辐射异常项和潜热释放异常项。

表 5.1　合成的 El Niño 和 La Niña 事件衰减阶段赤道东太平洋地区（180°～80°W，5°N～5°S）海洋混合层海温距平热量收支诊断分析结果（Chen et al.，2016）

	dT'/dt	*Adv*	Hflx	Sum	$-u'\partial\overline{T}/\partial x$	sw′	lh′
El Niño	−0.28	−0.12	−0.20	−0.32	−0.19	−0.07	−0.14
La Niña	0.13	0.06	0.11	0.17	0.10	0.04	0.06

注：“*Adv*”代表海洋三维平流项，“Hflx”代表海表面热通量过程，“Sum”为“*Adv*”和“Hflx”过程之和，“sw”代表短波辐射异常项，“lh”代表潜热释放异常项。诊断分析结果由两套海洋再分析资料（GODAS 和 SODA 2.1.6）以及两套海表面热通量资料（NCEP v2 和 OAFlux）集合平均得到。

El Niño 和 La Niña 事件中纬向洋流的不对称性主要源自于大气风场对 ENSO 事件不对称强迫作用的响应。图 5.17（a）和图 5.17（b）给出了合成的 El Niño 和 La Niña 事件冬季 92.5kPa 风场距平和流函数距平的水平分布情况。注意到在 El Niño 时期西北太平洋上空（WNP）有异常的反气旋性环流生成。反气旋性环流南侧东风距平将会激发出海洋中的上翻开尔文波，抬升赤道温跃层。负的温跃层厚度距平将会激发出海洋中向西的地转流，因此上层海洋中出现纬向异常冷平流，东太平洋地区暖性的 SST 距平衰减。相反地，在 La Niña 时期有异常的气旋性环流出现在西北太平洋上空，然而该气旋性环流位置明显向西偏移（图 5.17（b））。因此在赤道西太平洋地区（135°E～150°E）出现了东风距平而不是西风距平。正

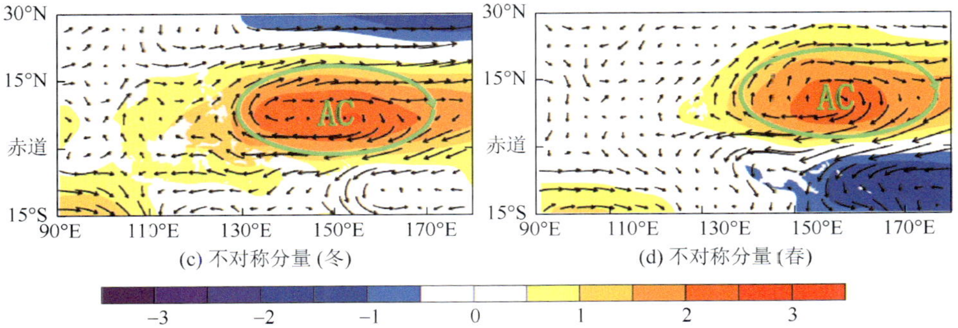

(c) 不对称分量 (冬)　(d) 不对称分量 (春)

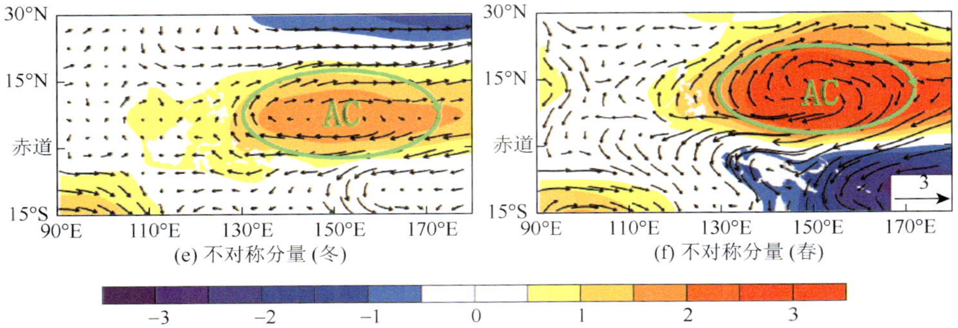

(e) 不对称分量 (冬)　(f) 不对称分量 (春)

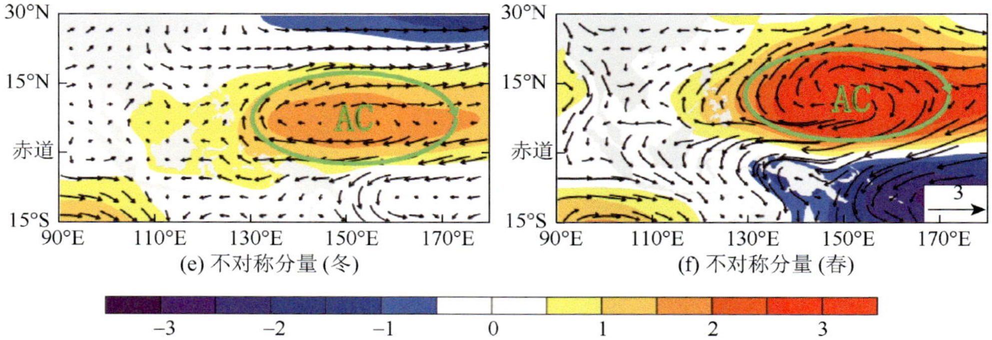

图 5.17　合成的 El Niño 和 La Niña 事件冬季 92.5kPa 风场距平和流函数距平的水平分布情况（Chen et al., 2016）

是由于纬向风距平不对称性的出现导致在 El Niño 和 La Niña 事件衰减阶段纬向异常平流项存在差异性。

假设 El Niño 和 La Niña 时期环流场是完全对称分布的，那么两者相加之和应该为零。根据 Wu 等（2010）的结论，将 El Niño 和 La Niña 事件中异常风场的不对称性（对称性）分量场定义为两者之和（差）。从图 5.17（c）中可以看出，西北太平洋地区风场的不对称性分量场与 El Niño 事件的合成结果更为相似。北半球冬季时期 El Niño 和 La Niña 事件中不对称性环流场的分布形态可以向前追溯到前期夏季和秋季时局地 SST 距平的不对称性分布（Wu et al., 2010）。

El Niño 和 La Niña 事件中 SST 距平振幅的不对称性可能是导致上述环流场不对称性的原因之一。为了去除振幅不对称所带来的影响，在计算不对称性分量场前首先将风场结果除以对应的赤道东太平洋地区 SST 距平值。图 5.17（e）给出了经过这一标准化处理后得到的异常风场不对称性分量场。依然可以很清楚地看到 El Niño 和 La Niña 事件中纬向风场具有不对称性，这也说明风场的不对称性主要源自于 SST 距平空间分布的不对称性。

El Niño 和 La Niña 事件中风场的不对称性对第二年两者温跃层的发展过程具有重要影响（图 5.18）。对于合成的 El Niño 事件，第二年早期赤道西太平洋上负温跃层距平强度更强并在 5 月时向东传播至东太平洋地区（图 5.18 左侧图）。之后伴随着东传，东太平洋地区负温跃层距平强度继续增强。然而在 La Niña 事件中温跃层距平的发展过程截然不同（图 5.18 右侧图），在第二年早期时正温跃层距平强度太弱，以至于无法向东传播使得赤道东太平洋地区温跃层距平改变符号。由于风场的强迫作用较弱，在 5 月时，东太平洋地区以负温跃层距平为主，最小值出现在赤道，而两个相对大值中心出现在赤道外地区（图 5.18（f））。

El Niño 时期赤道温跃层更强的响应过程将会通过两种方式影响 SST 距平变化倾向。首先，更浅的温跃层将会激发出海洋中向西的地转流，从而引发纬向异常冷平流（$-u\partial\overline{T}/\partial x<0$），减弱 SST。其次，更强的负温跃层距平意味着更冷的次表层海温距平，通过平均海洋上翻运动引起的垂直方向异常平流减弱 SST。这两个过程都会使得 El Niño 事件迅速地衰减。相反地，在 La Niña 事件衰减阶段的 3～5 月，赤道地区与赤道外地区温跃层距平梯度相对较弱，因此激发出较弱的向东地转流。在 La Niña 事件的衰减时期，混合层海温温度倾向变化较小，衰减过程缓慢。

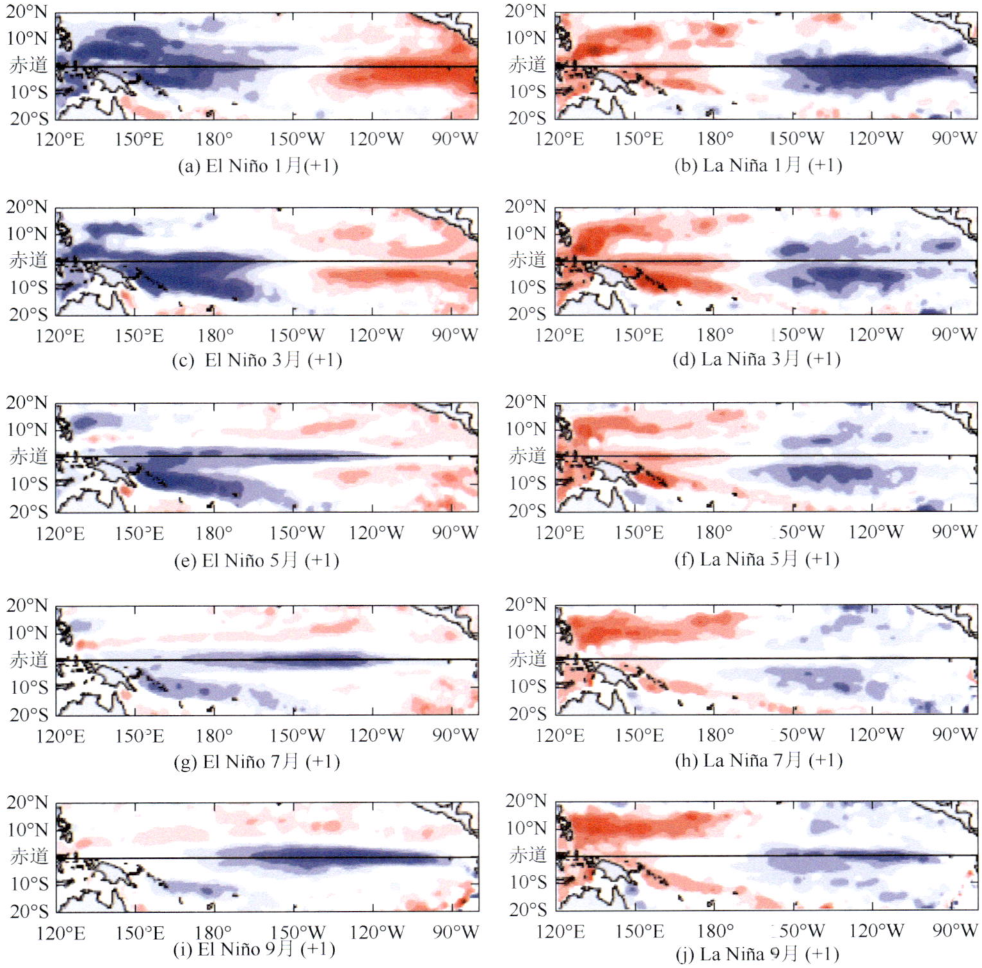

(a) El Niño 1月(+1)　(b) La Niña 1月 (+1)

(c) El Niño 3月 (+1)　(d) La Niña 3月 (+1)

(e) El Niño 5月 (+1)　(f) La Niña 5月 (+1)

(g) El Niño 7月 (+1)　(h) La Niña 7月 (+1)

(i) El Niño 9月 (+1)　(j) La Niña 9月 (+1)

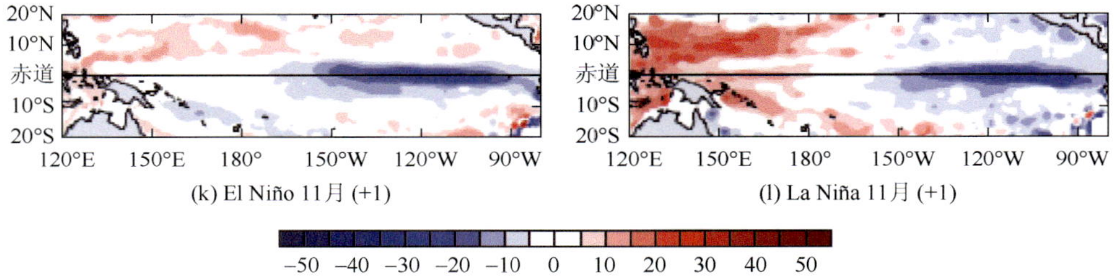

图 5.18　合成的 El Niño 和 La Niña 事件第二年中温跃层厚度距平的变化情况（Chen et al.，2016）

除了上述的海洋动力过程的作用之外，热力反馈过程的不对称性也会导致 El Niño 和 La Niña 事件中 SST 衰减速度的不同（表 5.1）。图 5.19 给出了合成的 El Niño 和 La Niña 事件衰减阶段中向外长波辐射（OLR）异常场的空间分布情况。在 El Niño 事件中，赤道中东太平洋地区以负 OLR 距平为主，中心位于 160W°（图 5.19（a））。相反地，在 La Niña 事件中，正 OLR 距平中心向西偏移了 40 个经度（图 5.19（b））。由于 SST 距平中心主要出现在赤道东太平洋地区，La Niña 事件中 OLR 距平中心西移意味着云-辐射-SST 负反馈作用强度较弱。图 5.19（c）给出了 El Niño 和 La Niña 事件中 OLR 距平的不对称性分量场。该结果证实了在 El Niño 和 La Niña 事件中云响应过程具有东西向不对称性。

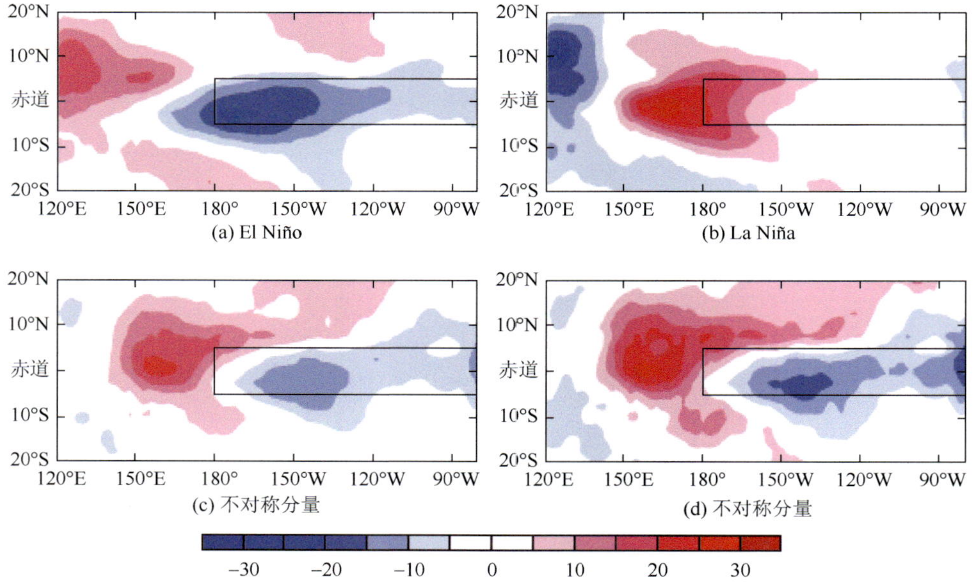

图 5.19　合成的 El Niño 和 La Niña 事件衰减阶段向外长波辐射距平场空间分布情况（阴影；单位：W/m^2）（Chen et al.，2016）

图（c）为两者间不对称性分量场；图（d）为标准化后的分量场

为了确认 El Niño 和 La Niña 事件中 OLR 距平不对称性是否由 SST 距平振幅不对称所主导，同样计算了标准化后的 OLR 距平场以及它们间的不对称性分量场。图 5.19（d）给出了海温变化 1℃时 OLR 距平场的不对称性分量。可以看到即使 SST 异常强迫的强度相同，在 El Niño 事件中云-辐射-SST 负反馈作用依然更强。因此不对称性主要源自于 El Niño 和 La Niña 事件中 OLR 距平场空间分布不对称性。

海平面潜热释放通量距平的不对称性同样对 El Niño 和 La Niña 事件中不同的衰减速度起到贡献作用（表 5.1）。可以影响潜热释放变化的因子包括风速和海气比湿差的变化。诊断分析结果显示，潜热释放项的不对称性主要来自于海气比湿差异常场，而风速异常场的贡献作用相对较小。

图 5.20 给出了合成的 El Niño 和 La Niña 事件衰减阶段海气比湿差距平场空间分布情况。在 El Niño 事件的衰减阶段，赤道中东太平洋地区以海气比湿差的正距平为主，最大值中心位于 160°W（图 5.20（a））。相比 El Niño 事件，在 La Niña 事件的衰减阶段，负海气比湿差距平中心明显向西偏移（图 5.20（b））。因此，El Niño 和 La Niña 事件中海气比湿差场具有明显的空间分布不对称性，表现为赤道东太平洋地区为正距平，在其西侧为负距平（图 5.20（c））。这一不对称分布情

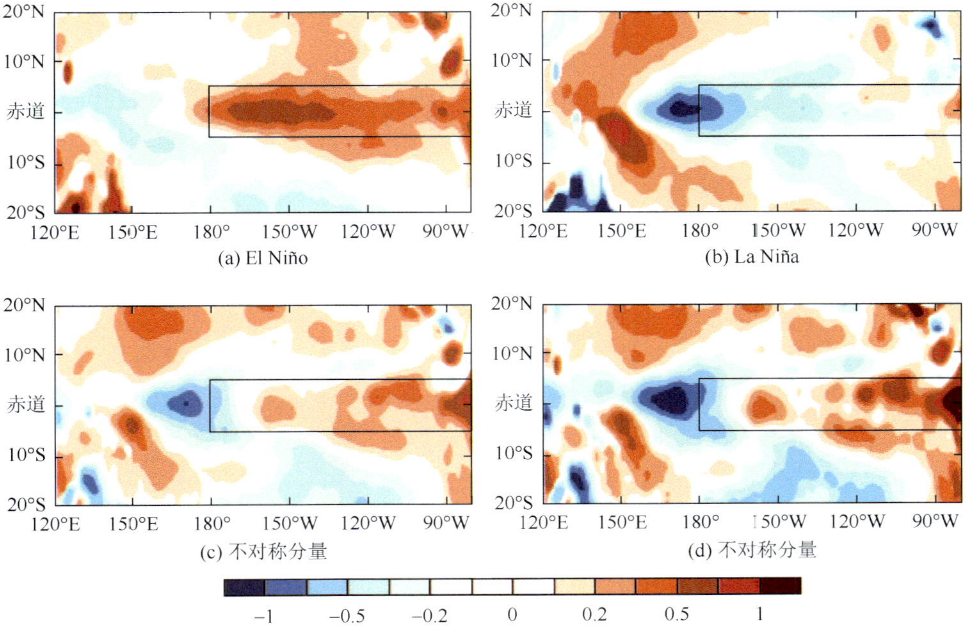

图 5.20　合成的 El Niño 和 La Niña 事件衰减阶段海气比湿差距平场空间分布情况（阴影；单位：k/kg）（Chen et al.，2016）

图（c）为两者间不对称性分量场；图（d）为标准化后的不对称性分量场

况意味着，在 La Niña 事件中蒸发负反馈作用相对较弱。图 5.20（d）进一步表明这一不对称性并不依赖于 El Niño 和 La Niña 事件间振幅的不对称性。因此，El Niño 和 La Niña 事件中蒸发负反馈过程的不对称性主要源自海气比湿差场空间分布不对称性，这一点与云-辐射-SST 负反馈作用极为相似。

综上所述，海洋混合层海温热量收支诊断分析结果表明，热力（海表热通量）和动力（风场）过程都对 El Niño 与 La Niña 生命史不对称性有贡献作用。前者与不对称云-SST 负反馈和蒸发-SST 负反馈过程有关，后者与西北太平洋上风场的不对称响应有关。在 El Niño 事件的衰减阶段 SST 距平衰减迅速，而在 La Niña 事件衰减阶段 SST 距平衰减缓慢。此差异导致在第二年夏季时，El Niño 事件中 SST 距平符号发生改变，而在 La Niña 事件中 SST 距平符号维持不变。由季节决定的大气-海洋相互作用所引发的不稳定增长过程在北半球秋季时期进一步参与其中，使得 El Niño 事件在第二年底时转变为 La Niña 事件，而 La Niña 事件在第二年底时又出现第二次 La Niña 事件。诊断分析结果表明，在导致 El Niño-La Niña 事件生命史不对称性产生的过程中，热力过程与动力过程同等重要。

5.7　年代际背景场对 El Niño 特性的调控作用

传统 El Niño 的海温暖中心位于东太平洋，但是自 1999 年起，El Niño 的海温暖中心倾向于在中太平洋频繁出现。图 5.21 展现了在 1980～1998 年（时间段 1）和 1999～2010 年（时间段 2）这两个不同的年代际背景下海温距平的 EOF 主模态。时间段 1 的海温距平在南美洲海岸出现最大值中心，与典型的东太平洋 El Niño 海温型相似。时间段 2 的海温距平最大值中心出现在赤道中太平洋，和典型的中太平洋 El Niño 海温型相近。这两个时间段的 EOF 主模态均解释了约 61%的方差贡献。

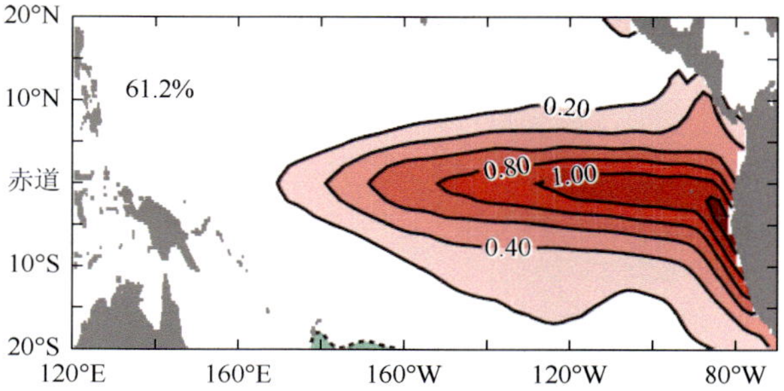

(a) EOF-1(1980～1998年)

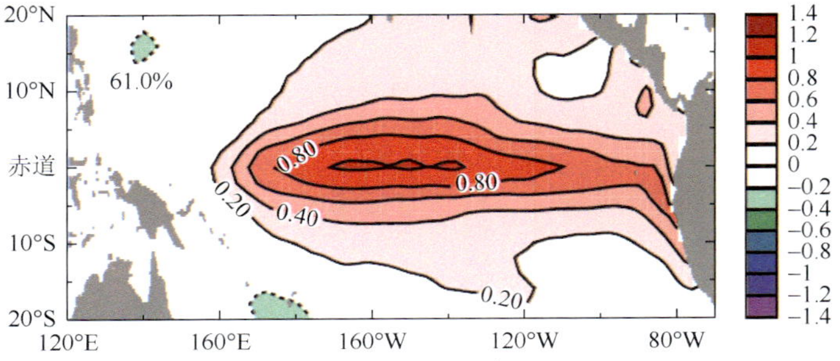

(b) EOF-1(1999～2010年)

图 5.21　时间段 1 和时间段 2 的月平均海温距平场 EOF 分解主模态（Xiang et al.，2013）

为了理解导致 El Niño 特性发生变化的原因，首先分析时间段 1 和时间段 2 期间 El Niño 的结构和演变特征。基于东（中）太平洋型 El Niño 事件在第 1（2）阶段占主导的事实，可使用 1982 年和 1997 年这两个超强 El Niño 个例来代表东太平洋型 El Niño（东太平洋增暖，EPW），用 2002 年、2004 年、2009 年这三个个例来代表中太平洋型 El Niño（中太平洋增暖，CPW）进行合成分析（图 5.22）。

对于 EPW 型，赤道西太平洋异常深厚温跃层的出现是 El Niño 发生的前兆信号，并在随后向东稳定移动。一旦温跃层异常到达中太平洋，其迅速向东太平洋传播，最终在赤道东太平洋出现显著增暖。通过 Bjerknes 反馈，东太平洋海温的异常增暖使其西部的异常对流和异常西风增强且向东移动，并进一步反馈到东太平洋暖海温之上（图 5.22（a）和图 5.22（b））。在北半球冬季之后，东太平洋暖海温异常比中太平洋暖海温异常持续时间更长。

相比之下，对于 CPW 型，异常加深的温跃层和暖海温异常最初出现在日界线附近（160°E～160°W）。有趣的是，相应的纬向风应力却在初始阶段特别微弱。尽管最大暖中心和最深的温跃层异常区域均缓慢向东太平洋移动，两者的最大值均未到达东太平洋，表明其呈现一个静态特征。与准静止的海洋异常环流相一致，增强的对流和西风异常都被限制在 160°W 以西且没有明显的东传特征。

不同的 El Niño 在北半球春季的发展对于其接下来的发展具有很显著的影响。正如图 5.22（b）和 5.22（d）所示，在北半球春季之后，CPW 型的海温异常在中太平洋附近继续发展，而 EPW 型的海温异常却继续向东移动。这一现象表明北半球春季时，海温异常随时间的倾向项在 CPW 型和 EPW 型存在差异。是什么导致了两类 El Niño 的暖海温异常倾向项在中太平洋形成差异？

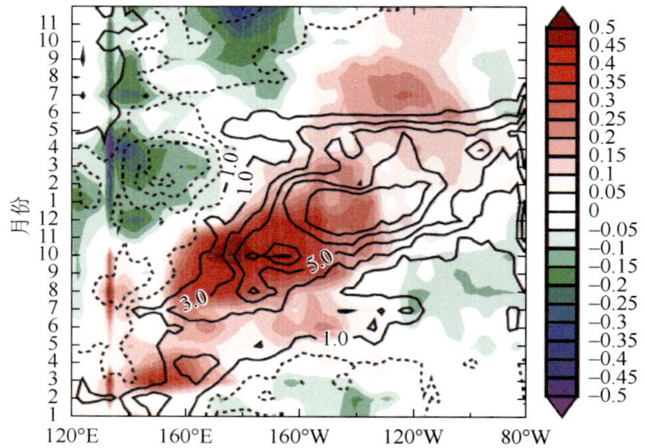

(a) 纬向风应力与降水(EPW)

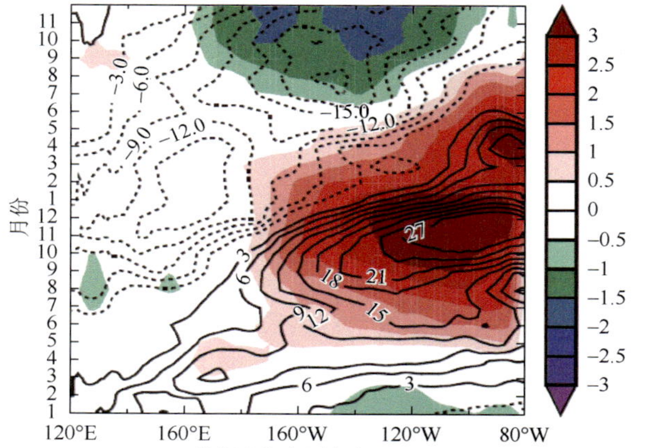

(b) 海温和海表面高度(EPW)

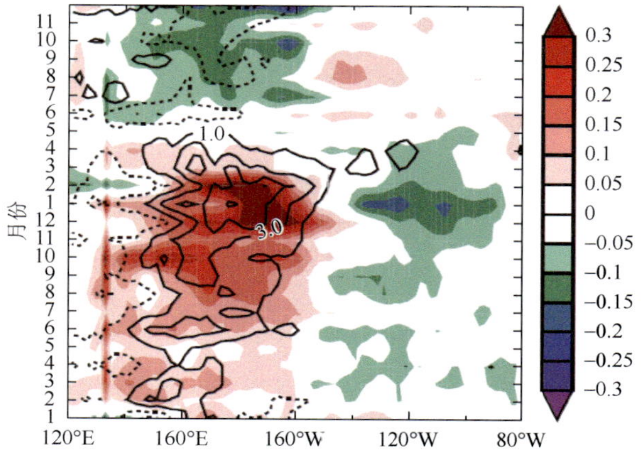

(c) 纬向风应力与降水(CPW)

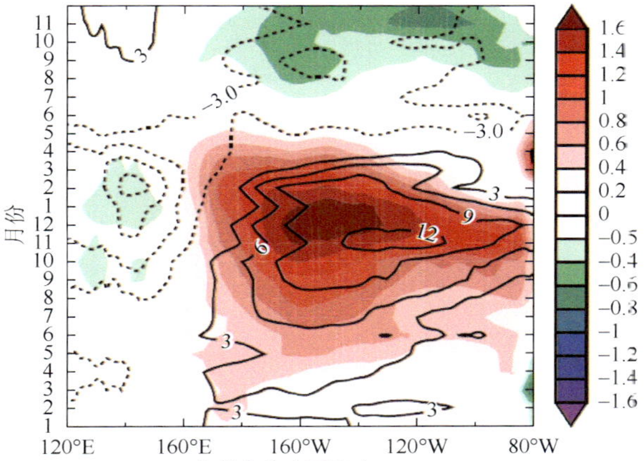

(d) 海温和海表面高度(CPW)

图 5.22　EPW 型和 CPW 型合成的演变图（Xiang et al.，2013）

注意纬向风应力和海温距平场在 EPW 和 CPW 使用的是不同的色标

接下来对比两类 El Niño 在 4 月、5 月的空间分布型（图 5.23）。很显然，EPW 型所对应的降水和风场异常与海温异常是同位相的，然而与 CPW 型对应的降水和纬向风异常却移动到了最大海温异常中心的西部（图 5.23（a）和图 5.23（b））。CPW 型的纬向风应力异常呈现出一个相对对称的结构，西太平洋呈西风异常而东太平洋呈东风异常（图 5.23（b）），使温跃层异常的最大值限制在中太平洋（图 5.23（d））。这与 EPW 型的情况形成对比，当其为 EPW 型时，其纬向同位相的风应力异常激发出东太平洋区域的最大温跃层异常（图 5.23（c））。这一温跃层异常响应的显著差异导致了两类 El Niño 海温异常的时间倾向项的显著差异。

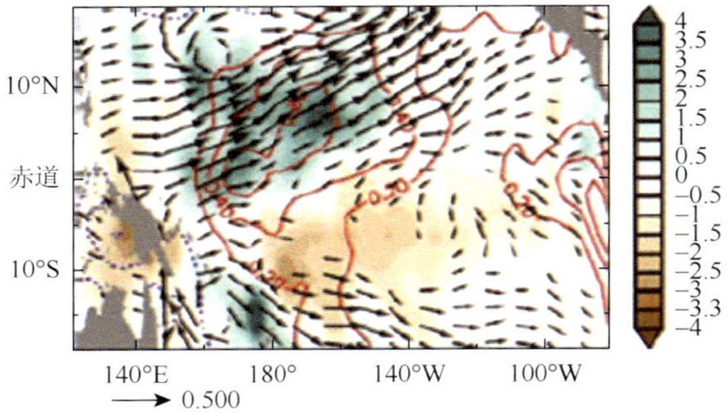

(a) 降水、海温和风场(EPW)

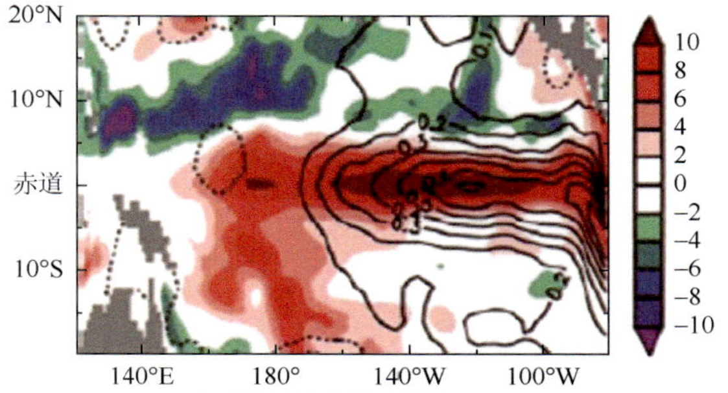

(b) 海表面高度和温度倾向(EPW)

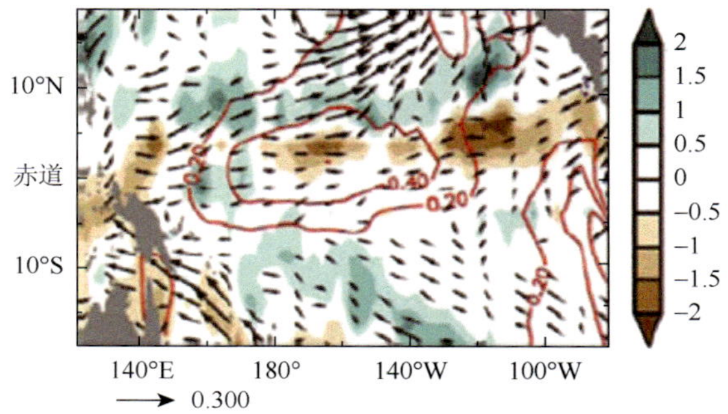

(c) 降水、海温和风场(CPW)

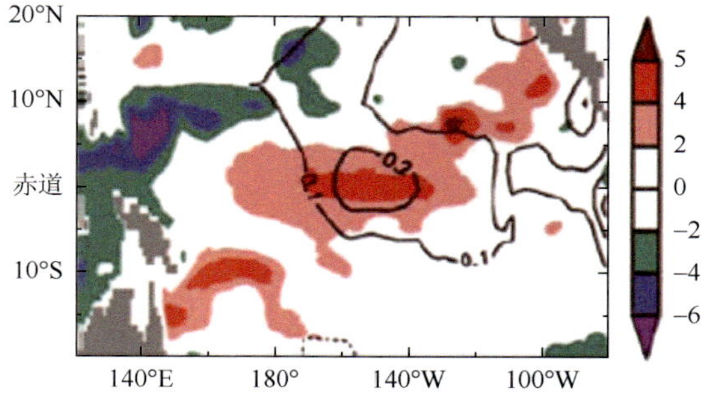

(d) 海表面高度和温度倾向(CPW)

图 5.23　EPW 型和 CPW 型的海温异常、纬向风应力异常和降水异常在初始发展阶段合成对比图（Xiang et al.，2013）

运用 GODAS 再分析资料进行混合层海温诊断，其结果证实 EPW 型和 CPW 型海温异常倾向项的分布存在纬向非对称性。因此，海温异常中心东部的最大海温异常倾向有助于 EPW 型的异常海温向东传播；对于 CPW 型，最大的海温异常倾向和海温异常中心处于同位相，这与 CPW 型所呈现出的静态发展特征（无显著的东传特征）相一致。因此，海温-降水-风应力的位相关系是理解引起 CPW 型和 EPW 型物理机制的关键。

由此推测海洋-大气气候平均态的改变对于 ENSO 特性具有显著的影响。图 5.24 展现了两个年代际背景（1999～2010 年减去 1980～1998 年）气候平均态的差异。海温的改变呈现出类 La Niña 的海温型，其特征是赤道中太平洋和副热

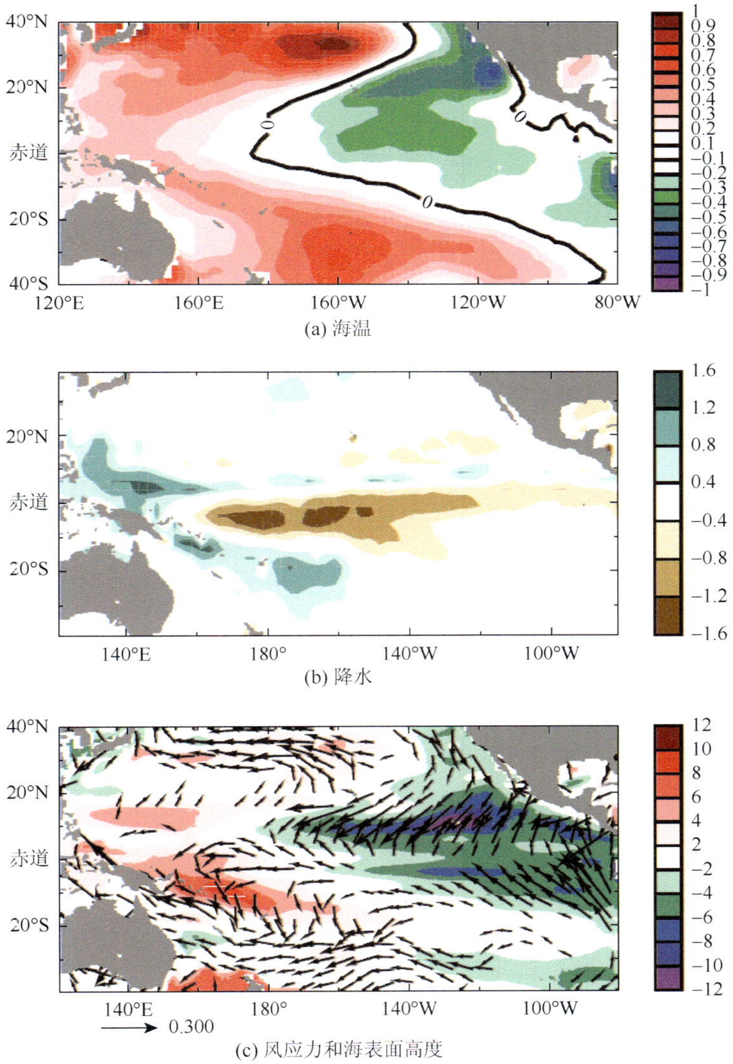

图 5.24　不同阶段差异的海温、降水、海平面高度和表面风应力
（Xiang et al.，2013）

带东太平洋为冷海温异常，而太平洋的其他区域为暖海温异常（图 5.24）。与之关联的平均降水在赤道中太平洋（5°S～5°N，170°W～130°W）被严重抑制，减少了约 27%。同时，第二个年代际出现了增强的信风和东西向更加倾斜的温跃层（图 5.24（c））。

Xiang 等（2013）推断增强的背景场低层辐散和下沉运动可能会抑制日界线以东异常深对流的发展，进一步导致准静态发展的对流，并使低层风异常限制在西太平洋。为了验证这个假设，使用 ECHAM4.6 来进行敏感性试验。具体通过在风应力倾向方程中加上一个恢复项，从而使得模式的 85～100kPa 的辐合风场与时间段 1 和时间段 2 的真实辐合风场一致。给定时间段 1 和时间段 2 不同的背景场，并在中太平洋添加特定的海温异常场。ECHAM 的敏感性试验表明，与时间段 1（1980～1998 年）相比，在时间段 2（1999～2010 年）的气候背景下，中太平洋的降水和 100kPa 纬向风有向西移动的倾向（图 5.25）。模拟出来的降水和纬向风

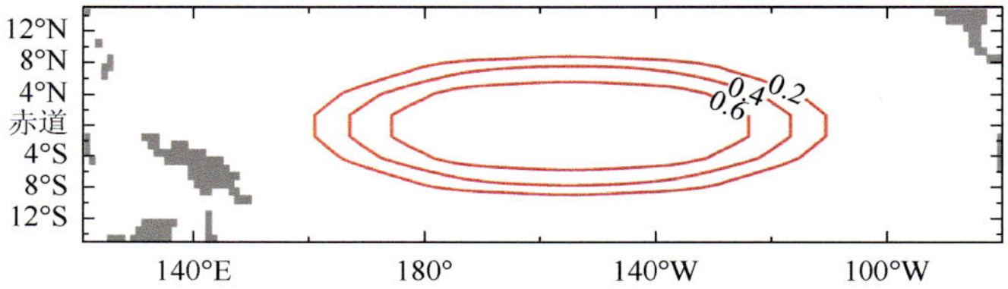

(a) SST异常

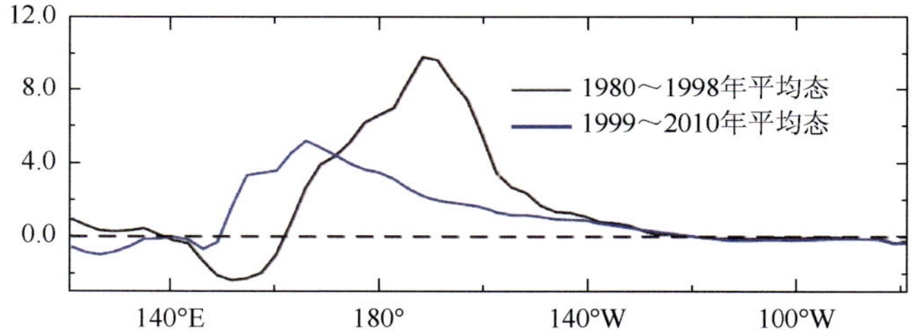

(b) 降水响应

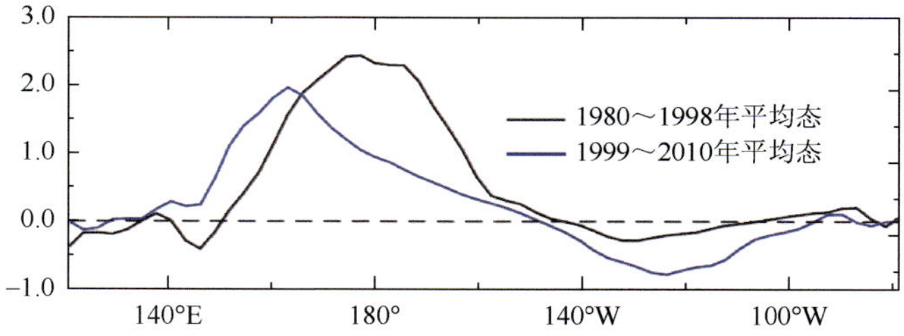

(c) 100kPa纬向风响应

图 5.25　ECHAM 模式中给定的 SST 异常、降水响应和 100kPa 纬向风响应（Xiang et al.，2013）

在数值模拟的试验中，低层辐合向观测趋近，两段时间的 SST 是给定的

移动与观测相一致，预示着气候平均态的差异的确会造成年际海温-降水-纬向风位相关系的年代际变化。

除了低层辐散的影响，背景场纬向海温梯度的变化可能也会造成年际海温-降水-纬向风位相关系的年代际变化。通过理想的大气和海洋数值试验，Chung 和 Li（2013）表明气候背景场纬向海温梯度越大，其对流和风应力对于海温异常的响应越向西移，并进一步导致在海温异常西侧的海温倾向越大。因此，此耦合系统有助于中太平洋型 El Niño 的发展。如果背景场的纬向海温梯度较弱，则耦合系统有助于东太平洋型 El Niño 的发展。

综上所述，时间段 1 较弱的气候平均态海温梯度和中太平洋相对较强的低层辐散有助于异常海温-降水-纬向风的同位相关系，使得海温异常向东传播，最终导致形成 EPW 型。时间段 2 较强的海温梯度和中太平洋强的低层辐散促进了异常对流和风应力的西移，最终导致了静态发展的中太平洋型 El Niño。

5.8　印度洋偶极子

在热带印度洋存在一个与 El Niño 相类似的海气相互作用现象，这个海气耦合模态的特征表现为赤道东西印度洋异常海温的对比，因此命名为印度洋偶极子（Indian Ocean dipole，IOD）（Saji et al.，1999，Webster et al.，1999）。一般而言，IOD 事件强度较弱，但 1997 年的 IOD 事件强度较大，是有观测以来最强的一次，此事件引起了东非严重的洪涝和印度尼西亚的干旱。有研究指出，1997 年印度洋的异常海温可能导致了异常的 ENSO 和印度季风的关系。

一个重要的科学问题是：IOD 是否与 ENSO 现象类似，可自发维持其模态？印度洋异常纬向风-海温之间的关系促使一些研究人员推断 IOD 可能存在与 ENSO 发生发展相似的物理机制。然而，赤道太平洋和印度洋的气候平均态风场和海温场存在显著的差异，Li 等（2003）指出太平洋和印度洋的海气相互作用过程存在四个基本的差异。

第一个差异是异常对流和海温之间纬向位置的关系。El Niño 和 IOD 合成的海温和海表面短波净辐射存在显著的差异，在东太平洋，海温和短波辐射（或云）的异常存在显著的位置差，而在印度洋两者处于同位相。此差异起因于大气对暖池和冷舌海温异常响应的差异。通常来讲，大气的深对流在暖海温区（高于 27℃）易被触发，因此尽管 El Niño 最大的正海温异常在东太平洋，其观测的对流却在赤道中太平洋。由于此位相差异，深对流导致的向下短波辐射的减少不能有效地削弱 El Niño。但是在海温较暖的海域，一个适当的海温异常就可能会在原地触发深对流，因此海温异常和云量几乎同位相。增加的云量会减少向下短波辐射并进一步减弱海温，使得大气和海洋之间出现负反馈。

上述云量-辐射-海温负反馈的强度可以用观测资料来估算。根据观测的海温-短波辐射的关系，在混合层深度为 50m 时，反算得牛顿衰减时间尺度大概为 100d。如此强的热力衰减率暗示，除了在正反馈较显著或是具有持续外强迫的区域，热带印度洋的海温变率通常较小。

第二个差异是气候平均态纬向风和海洋波动的差异。热带太平洋为东北信风占主导，而热带印度洋却以跨赤道的季风环流为特征。在赤道上，太平洋的年平均风场为较强的东风而印度洋呈现弱西风。这一显著的差异导致了两个海域相反的温跃层梯度。

上述基本态风场和纬向温跃层梯度的不同预示着印度洋海洋波动的作用可能和太平洋的不同。在太平洋上，El Niño 型的增暖会导致赤道中太平洋西风异常，此西风异常会激发携带温跃层负异常的海洋罗斯贝波向西传播。罗斯贝波在西边界被反射后转化为携带温跃层负异常的开尔文波，向东传播至东太平洋，减弱其海温正异常。因此，在 El Niño 发生时，海洋波动充当的是负反馈，这是导致 El Niño 位相转变的主要原因。

印度洋的平均温跃层并不像太平洋向东逐渐变浅，而是西浅东深。因此，印度洋西侧的海温对于波动激发的温跃层变化比东侧更为敏感。当 IOD 发生时，对于正位相 IOD 响应的异常风应力旋度会激发携带正异常温跃层信号的罗斯贝波向西传，增强西印度洋的海温正异常。因此，海洋波动对于 IOD 的初始和发展阶段具有正反馈作用。在西边界反射后形成的开尔文波对于东印度洋的海温异常具有削弱作用，但是这个负反馈发生在 IOD 发展的后期，因此对印度洋海盆模态的形成具有促进作用。上述罗斯贝波传播的信号被卫星观测所探测（Webster et al., 1999），并在海洋模式中成功模拟出来。

第三个差异是南亚季风及其与邻近海域相互作用方面的差异。印度洋的暖海温异常可能通过增加水汽通量来增强印度季风（Meehl，1997）。为了探讨 IOD 对于印度季风的可能影响，利用 ECHAM4 大气环流模式进行数值试验来验证。模式的初始强迫场如下：热带印度洋（30°S～30°N，40°E～110°E）为 1997 年的月平均海温观测场，其余区域为气候平均态的海温场。以上试验进行十个集合模拟后取平均值作为敏感性试验。控制试验的下边界强迫则为全球给定气候平均态海温。将敏感性试验减去控制试验的结果可知大气对 IOD 的响应，模拟结果表明，正位相的 IOD 会增强印度季风降水。

增强的印度季风又是如何进一步反馈到 IOD 上的呢？较强的印度季风会增强非洲海岸附近向北的跨赤道气流和北印度洋的西风，最终导致西印度洋出现负海温异常（通过增强表面蒸发、海洋混合和海岸的涌升流）。同时，增强的季风可能会进一步增强大尺度东西向的环流，并导致西太平洋/海洋性大陆出现正海温异常（Chang and Li，2000）。因此，印度洋局地的沃克环流增强，进而通过异常的温跃层变化促使暖（冷）海温异常在东（西）印度洋出现，削弱 IOD。因此，季风反馈对于 IOD 是负反馈。

第四个差异为东太平洋有稳定的偏东信风，而苏门答腊岛附近盛行风随季节转变，导致东南印度洋海气反馈作用在不同季节产生差异。在北半球夏（冬）季时，苏门答腊岛附近存在海气相互作用的正（负）反馈机制。图 5.26 呈现了北半球夏季海气相互作用的正反馈作用。东南印度洋（苏门答腊岛附近）存在较高的平均海温和深对流。假定在北半球夏季时，苏门答腊岛海岸最初有一个冷海温异常，由于东南印度洋是一个有强对流的区域，冷海温异常预示着大气对流加热的减弱或是大气热源的汇（sink）。根据 Gill（1980）理论，大气的负加热会在其西边激发下沉罗斯贝波，导致异常的反气旋式环流，由于北半球夏季时局部的平均风是东南风，因此异常的反气旋环流前部的东南风将会增强总风速并通过增强蒸发、垂直混合和海岸涌升流降低海温。通过这个海气正反馈，冷海温异常和异常的反气旋式环流得以增长。

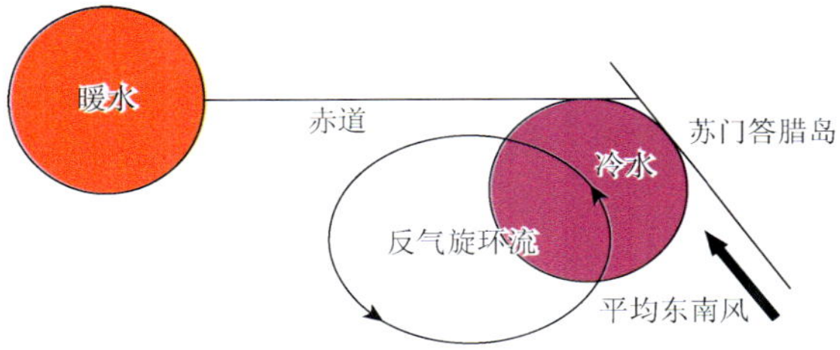

图 5.26　北半球夏季东南印度洋的海气相互作用正反馈的示意图（Li et al.，2003）

此正反馈机制仅在北半球夏季（气候平均态风场为东南风）有显著作用。北半球冬季时，气候平均态风场转向，此异常的反气旋环流将减弱总风速，使得原来的负海温异常减弱。因此，局地海气相互作用在北半球冬季为负反馈机制。此季节依赖的海气反馈机制给出了 IOD 在北半球夏季能快速增长，至秋季达到峰值，而在冬季衰减的原因。

Li 等（2003）建立了一个简易的海气耦合模式来理解 IOD 的触发机制，此模式包含五个区域，分别是热带西印度洋、热带东印度洋、南亚季风区、西太平洋/海洋性大陆区域和赤道东太平洋。关于模式的设计和方程的推导细节可参阅相关文献（Li et al.，2003）。模式中考虑了不同的正负反馈机制，包括云-辐射-海温反馈、风-蒸发-海温反馈、Bjerknes 温跃层反馈、东南印度洋季节依赖的海气相互作用和季风-海洋相互作用。

若不考虑 ISO 和 ENSO 的外强迫，此模式激发了一个弱衰减模态，表明 IOD 不像 ENSO 一样能通过海气相互作用自我维持。此外，由于其在北半球夏季存在很强的不稳定，这个模态很容易在北半球夏季被外强迫（如 ENSO）所激发，高频的 ISO 强迫可将原来的弱衰减模转化为弱的非规律振荡模。

在真实的 ISO 和 ENSO 强迫下，此模式在很大程度上重现了西印度洋和东印度洋观测的海温变率。图 5.27 呈现了 1997～1998 年观测和模式模拟出的印度洋东部和西部海温异常随时间的演变。在东部地区，冷海温异常在 1997 年 10 月达到峰值，随后迅速衰减。1998 年 1 月之后，洋面迅速增暖。此异常海温的转变在观测和模拟中同时出现。

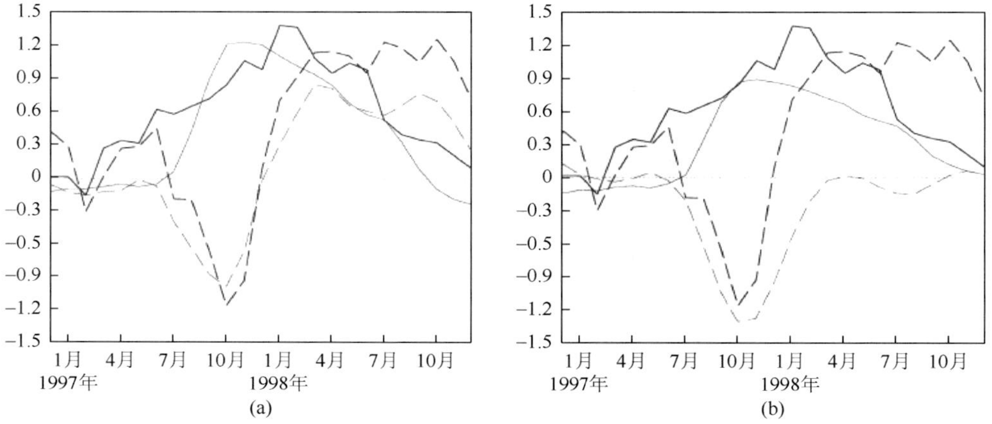

图 5.27　1997～1998 年印度洋东部（虚线）和西部（实线）的观测（粗线）和模拟（细线）的海温异常（Li et al.，2003）

图（a）（图（b））是包含（去掉）海洋波动的结果

在敏感性试验中去掉海洋波动的作用，结果表明印度洋东部的增暖来源于海洋波动的延迟效应引发的温跃层正异常。在东部地区，1997 年 10～12 月海温冷异常快速地衰减主要归因于两方面：一是 El Niño 激发的下沉运动使得印度洋东部出现正的短波辐射异常；二是季节依赖的蒸发-风-海温的负反馈机制。敏感性试验的结果还表明，海洋波动是造成东部地区从正常状态到异常增暖的主要原因。

问　　题

1. 为什么 El Niño 能发展到很大的强度？哪些海气相互作用的机理与 ENSO 的发展有关？这些海气相互作用过程的相对贡献为何？

2. 是什么过程导致了 ENSO 由暖（冷）位相至冷（暖）位相的转变？有哪些

理论可以解释 ENSO 位相的转变？

3. 哪些过程导致了 ENSO 年循环的锁相特征？为什么印度洋偶极子在北半球秋季最强？

4. 为什么 El Niño 的强度比 La Niña 的强度大？是什么原因导致了 El Niño 和 La Niña 演变的不对称性？

参 考 文 献

Battisti D S，Hirst A C. 1989. Interannual variability in a tropical atmosphere-ocean model：Influence of the basic state，ocean geometry and nonlinearity. J. Atmos. Sci.，46：1687-1712.

Bjerknes J. 1969. Atmospheric teleconnections from the equatorial Pacific. Mon. Wea. Rev.，97：163-172.

Chang C P，Li T. 2000. A theory for the tropical tropospheric biennial oscillation. J. Atmos. Sci.，57：2209-2224.

Chang P，Philander S G H. 1994. A coupled ocean-atmosphere instability of relevance to the seasonal cycle. J. Atmos. Sci.，51：3627-3648.

Chen M，Li T，Shen X，et al. 2016. Relative roles of dynamic and thermodynamic processes in causing evolution asymmetry between El Niño and La Niña. J. Climate，29：2201-2220.

Chung P H，Li T. 2013. Interdecadal relationship between the mean state and El Niño types. J. Climate，26：361-379.

Gill A E. 1980. Some simple solutions for heat-induced tropical circulation. Quart. J. Roy. Meteor. Soc.，106：447-462.

Hirst A C. 1986. Unstable and damped equatorial modes in simple coupled ocean-atmosphere models. J. Atmos. Sci.，43：606-632.

Hirst A C. 1988. Slow instabilities in tropical ocean basin-global atmosphere models. J. Atmos. Sci.，45：830-852.

Jin F F. 1997. An equatorial ocean recharge paradigm for ENSO. Part I：Conceptual mode. J. Atmos. Sci.，54：811-829.

Li T. 1997. Phase transition of the El Ninõ-Southern oscillation：A stationary SST mode. J. Atmos. Sci.，54：2872-2887.

Li T，Wang B，Chang C P，et al. 2003. A theory for the Indian Ocean dipole-zonal mode. J. Atmos. Sci.，60：2119-2135.

Meehl G A. 1997. The South Asian monsoon and the tropospheric biennial oscillation. J. Climate，10：1921-1943.

Meinen C S，McPhaden M J. 2000. Observations of warm water volume changes in the equatorial Pacific and their relationship to El Niño and La Niña. J. Climate，13：3551-3559.

Nitta T. 1987. Convective activities in the tropical Western Pacific and their impact on the Northern Hemisphere summer circulation. J. Meteor. Soc. Japan，65：373-390.

Philander S G H. 1990. El Niño，La Niña，and the Southern Oscillation. London：Academic Press：289.

Philander S G H，Yamagada T，Pacanowski R C. 1984. Unstable air-sea interactions in the tropics. J. Atmos. Sci.，41：604-613.

Rasmusson E M，Carpenter T H. 1982. Variations in tropical sea surface temperature and surface wind fields associated with the Southern Oscillation/El Niño. Mon. Wea. Rev.，110：354-384.

Saji N H，Goswami B N，Vinayachandran P N，et al. 1999. A dipole mode in the tropical Indian Ocean. Nature，401：360-363.

Su J，Zhang R，Li T，et al. 2010. Amplitude asymmetry of El Nino and La Nina in the eastern equatorial Pacific. J. Climate，23：605-617.

Suarez M J，Schopf P S. 1988. A delayed action oscillator for ENSO. J. Atmos. Sci.，45：3283-3287.

Wallace J M，Gutzler D S. 1981. Teleconnections in the geopotential height field during the Northern Hemisphere winter. Mon. Wea. Rev.，109：784-812.

Wang B，Wu R，Fu X. 2000. Pacific-East Asian teleconnection: How does ENSO affect East Asian climate？J. Climate，13：1517-1536.

Webster P J，Moore A M，Loschnigg J P，et al. 1999. Coupled ocean-atmosphere dynamics in the Indian Ocean during 1997-1998. Nature，401：356-360.

Wu B，Li T，Zhou T. 2010. Asymmetry of atmospheric circulation anomalies over the Western North Pacific between El Niño and La Niña. J. Climate，23：4807-4822.

Xiang B，Wang B，Li T. 2013. A new paradigm for the predominance of standing Central Pacific warming after the late 1990s. Clim. Dyn.，41：327-340.

第 6 章　季风动力学及海气相互作用

6.1　引　　言

季风一词来源于阿拉伯语“季节”，它以盛行风向的季节性反转为特征。图 6.1 为北半球冬季和夏季大尺度地面风场和气压场的分布。在北半球冬季，北半球接收的太阳短波辐射较少，高压控制着欧亚大陆，同时由于地球的自转，欧亚大陆上表现为反气旋性环流。向南的跨赤道气流在印度洋和澳大利亚季风区辐合。在北半球夏季，地面风场与气压场发生逆转，即欧亚大陆上为低压和气旋性环流，向北的跨赤道气流穿过印度洋和西太平洋。因此，季风产生的主要驱动力是太阳辐射强迫下海陆热力差异的季节变化。由于欧亚大陆有世界上最大的陆地和最高的山脉，所以亚洲季风是地球上最强大的季风系统。

季风经典的定义是基于风向的季节性反转，但这样的定义可能将高纬度地区也误列为季风区，因此合理的季风定义还需要考虑降水的季节性变化。除了海陆热力差异，两半球间不对称的海温梯度也可导致季风的产生。因此“海洋季风”的概念被引入，以区别于经典的“大陆季风”。此外，由于青藏高原的热力强迫作用，季风还可以延伸至中纬度地区，因此有了副热带季风的概念。

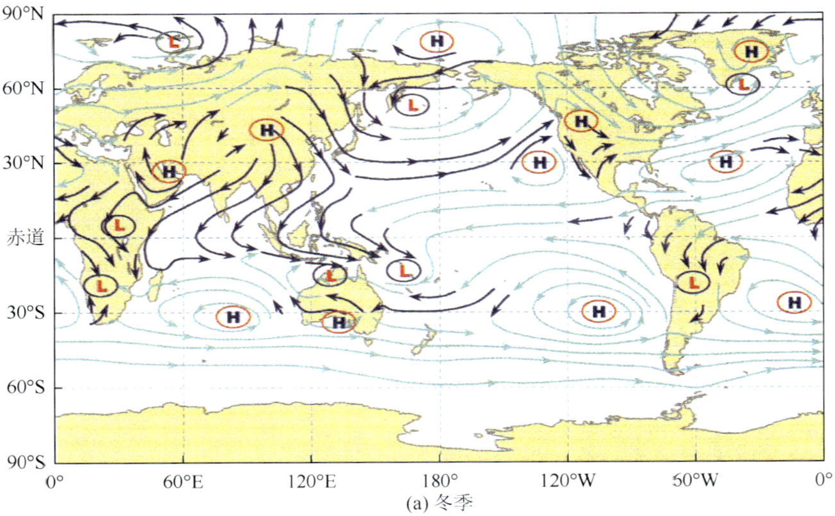

(a) 冬季

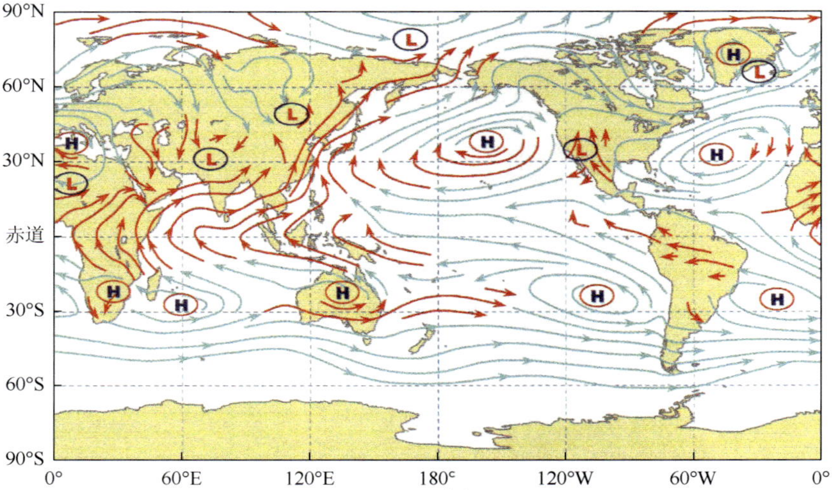

(b) 夏季

图 6.1　北半球冬季（12～2 月）和夏季（6～8 月）全球地面气压场和风场示意图

基于上述考虑，亚洲季风系统进一步被分为三个子系统，即印度季风（IM）、东亚季风（EAM）和西北太平洋季风（WNPM）。图 6.2（a）为根据冬夏季降水和低层风场季节差异划分的三个季风子系统所包含的区域（Wang et al.，2003）。从图中可以看出，印度季风的特征是低层西风和高层东风，该风场分布主要是由热的亚洲大陆和冷的印度洋之间南北向热力对比形成的热成风导致的；而东亚季风的特征是低层的南风，该南风的产生是由亚洲大陆和中纬度太平洋之间东西向的热力差异所致。印度季风和东亚季风都是典型的由海陆热力差异导致的大陆季风，而西北太平洋季风则是由东西半球的海温梯度不对称所导致的海洋季风。

图 6.2（b）为三个等面积季风区气候平均年降水量的演变。从图中可以看出三个季风子系统的降水强度是不同的，其中西北太平洋季风区总降水量最多而东亚季风区最少。亚洲季风区降水随时间的演变有着显著的地域特征（图 6.2（c））。4 月下旬对流首先在孟加拉湾（BOB）建立，随后在中国南海爆发并向北移动至东亚地区。通常认为，东亚季风属于副热带季风，会影响中国东部、日本、韩国以及一些相邻的海域，如 20°N～40°N，100°E～140°E 地区。其降水的主要系统是副热带季风锋，初夏时其位于长江流域到日本南部地区，又称为梅雨锋。梅雨发生之前，通常南海季风会爆发，时间在 5 月中旬左右，伴随着强对流在南海北部的突然发展，而南海中部被西风气流控制（Wang and Wu，1997；Xie et al.，1998；Lau and Wu，2001）。南海季风爆发之后，首先在西北太平洋副高的西北侧，即从中国的南部沿海到中国台湾、冲绳东部会形成一条雨带。6 月 10 日左右，梅雨锋（东亚季风锋）和与其相对应的雨带北跳至长江流域和日本南部地区。这些地区会

出现持续一个月左右的连阴雨天气。7 月中旬，这条雨带进一步北上至中国北部和东北部。从 8 月下旬开始，东亚夏季风开始逐渐南退。东亚季风雨带季节性的北进南退是其与印度季风的不同点之一。印度季风的特征是从 5 月初到 7 月，对流雨带从孟加拉湾到阿拉伯海逐渐北移。西北太平洋季风的特征则是从 5 月中旬到 8 月对流雨带的逐渐东移。

除了显著的年循环，亚洲季风区的降水和环流场还呈现出很强的 ISO 变率。ISO 首先由 Madden 和 Julian 在 1971 年提出，其表现为 Canton 岛纬向风场具有显著的 40～50d 周期。随后他们进一步发现，ISO 具有全球尺度的纬向 1 波结构，并

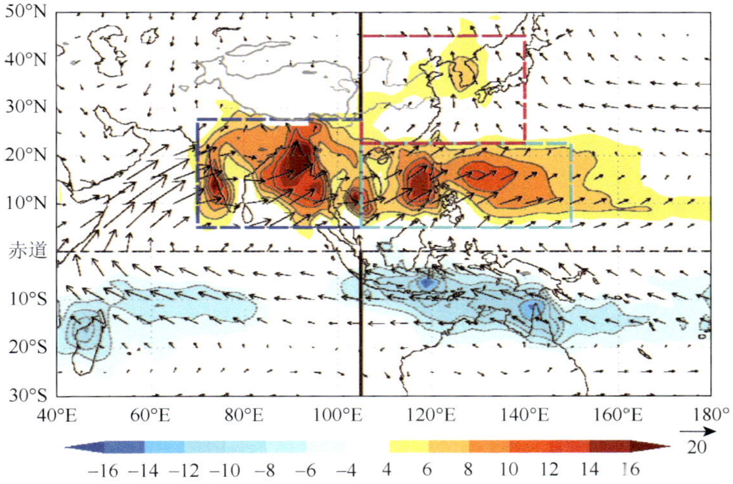

(a) 亚洲季风降水和风场的季节差异降水(阴影)和85kPa风场(矢量)差值场分布(Wang et al., 2003a)

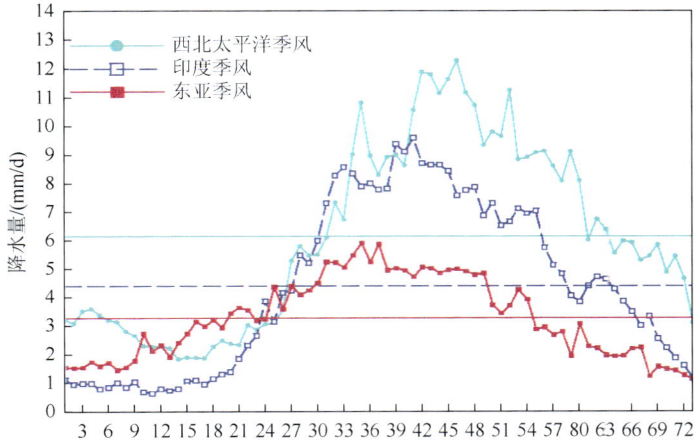

(b) 亚洲季风平均候降水演变(Wang et al., 2003a)

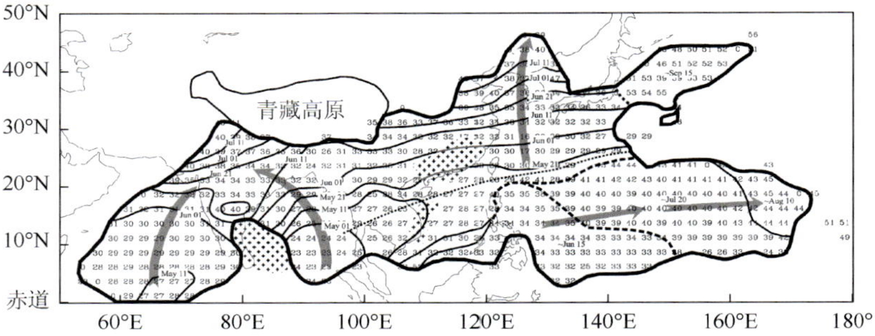

(c) 亚洲季风的爆发日期(Wang and LinHo, 2002)

图 6.2　亚洲季风的气候特征

沿着赤道东传（Madden and Julian，1972）。ISO 东传的模态主要发生在北半球冬季，而在夏季，ISO 主要表现为在亚洲季风区的北传。第 3 章讨论了其北传的物理机制。ISO 的北传主要发生在北印度洋和南海地区，其西传主要发生在赤道外的热带西北太平洋地区。

观测表明，南亚季风区降水的季节内变化与夏季北传的 ISO 联系紧密。图 6.3 为 1981～2002 年夏季平均的 ISO（BSISO）变化和 2004 年印度次大陆区域平均的降水随时间的演变。值得注意的是，印度季风区降水的季节内变化强度与降水的年循环强度相当，这表明在季风期，降水的季节内变化也是很大的。在 2004 年的 5～10 月，印度降水经历了六个主要的活跃期，而每一个活跃期或峰值都对应着 ISO 的北传。鉴于这种紧密的联系，只要模式可以抓住 ISO 的北传特征，那么对印度季风活跃期和中断期的预测就很有可能实现。

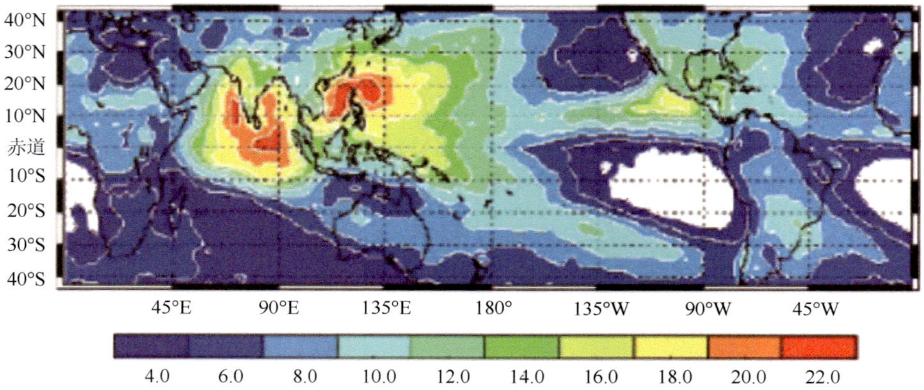

(a) 1981～2002年25～80d滤波的OLR标准差

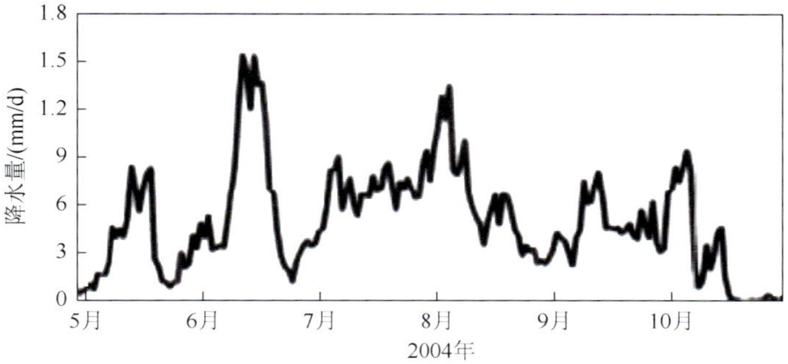

(b) 2004年南亚地区(15°N～30°N, 60°E～100°E)日降水时间演变

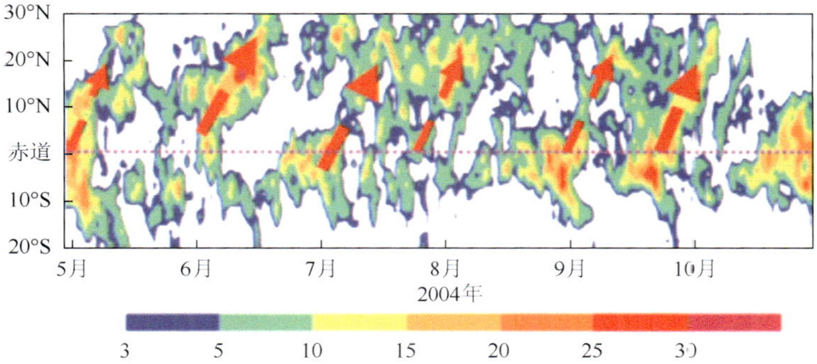

(c) 2004年60°E～100°E平均的日降水时间-纬度剖面图

图 6.3　亚洲季风的季节内尺度特征

除了显著的季节内变化，亚洲季风还呈现出显著的年际变化。在诸多因素中，ENSO 被视为调制季风降水年际变化的一个主要强迫因子。Walker（1923，1924）首先提出了南方涛动对印度季风的作用。此后，科学家在季风与 ENSO 的关系方面进行了大量的研究（Yasunari，1990；Webster and Yang 1992；Ju and Slingo 1995；Lau and Yang 1996；Webster et al.，1998）。研究表明，印度季风与东太平洋海温呈现出同期的负相关关系。ENSO 通过调制海洋性大陆上空的对流加热及在其西北侧所激发出的低层反气旋性罗斯贝波来影响印度季风（Gill，1982）。夏季的平均气流（如东风垂直切变）会进一步调制这种罗斯贝波响应（Wang et al.，2003）。除了 ENSO 的外部强迫，暖池地区的季风-海洋相互作用本身也会形成一个准两年振荡模态，即对流层准两年振荡（TBO）。在后面章节将依次介绍 TBO 和季风-ENSO 的相互作用。

6.2　TBO 理论

观测中印度季风降水时间序列（除去气候平均）呈现出显著的准两年振荡信

号（图 6.4（a））。令人感到意外的是，这种降水振荡和几千公里之外的赤道西太平洋次表层海温有着很高的相关性，这意味着暖池地区活跃的海气相互作用存在准两年周期。图 6.4（b）为 1949～1998 年的全印度降水指数的功率谱分析。与 Niño 3 区指数显著的 3～4 年周期不同，印度季风降水指数呈现显著的准两年周期（2～3 年）。上述的观测事实说明季风确实存在准两年周期特征。

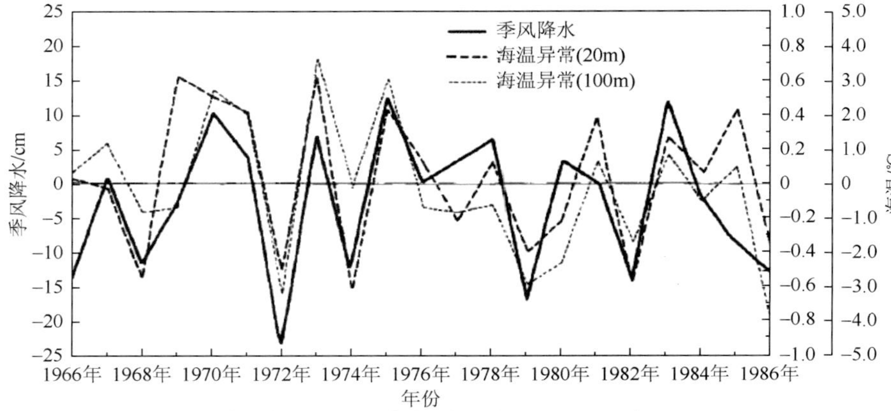

(a) 全印度降水异常和赤道西太平洋20m和100m深度海温异常的时间序列(Yasunari, 1990)

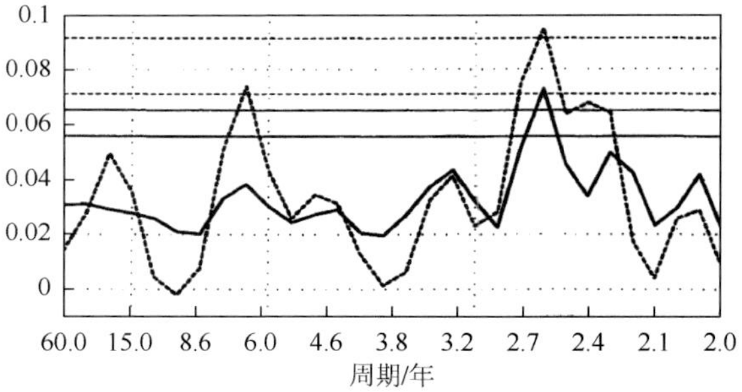

(b) 1949～1998年全印度降水指数的功率谱分析(Li et al., 2001)

图 6.4　印度季风降水的准两年周期特征

降水这种一年增强两年衰减的特征称为 TBO（Meehl，1994，1997）。观测表明多个季风区，如印度尼西亚/北澳大利亚（Nicholls，1978；Yasunari and Suppiah，1988）、东亚/西北太平洋（Lau and Sheu，1988；Tian and Yasunari，1992；Shen and Lau，1995；Chang et al.，2000a，2000b；Wang and Li，2004；Li and Wang，2005）和印度（Mooley and Parthasarathy，1984；Meehl，1987；Rasmusson et al.，1990；

Yasunari，1990，1991）的降水均有准两年周期变化。

为什么季风会有准两年的周期变化特征呢？目前有三种理论试图去解释准两年振荡的成因。第一种理论强调局地的海气相互作用（Nicholls，1978；Meehl，1987）。图 6.5 是 TBO 产生的主要过程示意图。由于这个过程是循环的，可从图中任一点开始。假设从强季风季开始，因为季风增强，地面风速和对流随之增强，这导致了蒸发的增强和入射短波辐射的减少，海平面温度因此降低。由于海洋具有较长的“记忆”能力，冷的海温可以持续三个季节，直到下一年季风爆发，较冷的海温导致次年夏季风的减弱，而减弱的季风又使得地面风速和对流减弱，进而导致蒸发的减少和入射短波辐射的增多，使得海面增温。这种增温又会持续三个季节影响下一年季风的强度。通过这种局地的海气相互作用，准两年振荡产生了。

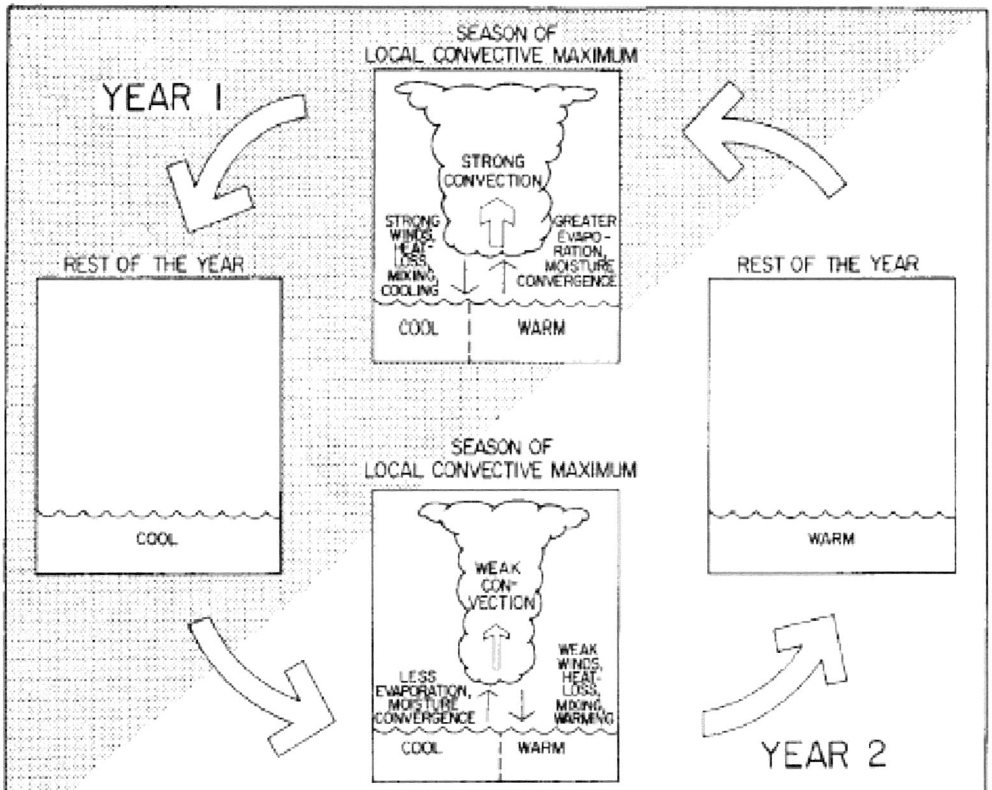

图 6.5　局地海气相互作用导致准两年振荡产生机制示意图（Meehl，1993）

第二种理论强调赤道印度洋和西北太平洋不同海域遥相关作用以及印度季风和澳大利亚季风与周围海域之间的相互作用（Chang and Li，2000，Li et al.，2006）。Chang 和 Li（2000）建立了简单的五箱模式来理解观测到的印度季风与澳大利亚季风的同相相关关系（图 6.6）。赤道印度洋异常的暖海温通过增强水汽输送使得印度季风增强，而增强的印度季风会引起大尺度的东西纬向环流异常，从而使海洋性大陆区域出现异常的东风。因为海洋性大陆区域的平均风为西风，异常的东风使得西风减弱，从而减小蒸发，使得海洋性大陆区域海温在随后的季节中变暖。海洋性大陆的增暖位于澳大利亚的北部，会进一步增强澳大利亚季风。增强的澳大利亚季风使得赤道印度洋出现异常西风，从而通过增强蒸发（平均风为西风）和输送纬向冷平流的共同作用，使得赤道印度洋的海温降低并导致次年夏季弱的印度季风。通过这种不同海域的遥相关作用，印度季风和澳大利亚季风的准两年振荡产生了。强的印度季风之后往往澳大利亚季风也会增强。

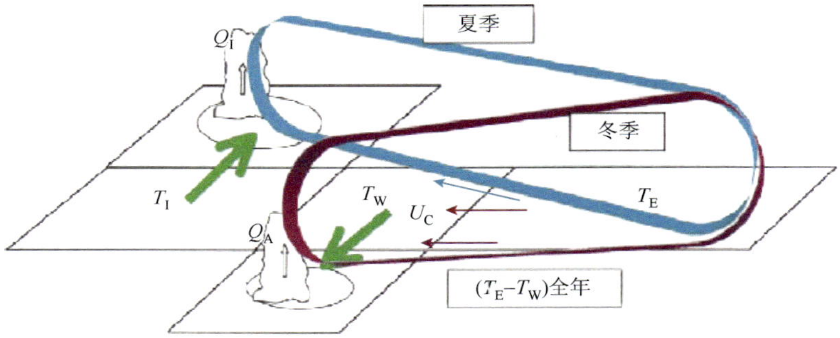

图 6.6　五箱模式示意图（Chang and Li，2000）

T_I 和 T_W 表示赤道印度洋和海洋性大陆/西太平洋的海表温度；Q_I 和 Q_A 表示印度季风区和澳大利亚季风区的加热；东边的方框代表赤道东太平洋

Li 等（2006）设计了一组理想的海气耦合模拟试验，以进一步证实季风-印度洋-西北太平洋的相互作用机制，试验中只有赤道印度洋和西太平洋地区（30°S～30°N，40°E～180°）存在海气耦合，而其他海域的海温则通过将一个强的阻尼因子作用于海温，以消除观测到的海温的年际循环，去除 ENSO 的影响。

为了验证季风暖池地区的海气相互作用可导致准两年振荡的发生，Li 等（2006）进行了理想的海气耦合数值试验。模式的大气部分用的是 ECHAM4 T30L19 版本。将 ECHAM4 与考虑热量通量的中等复杂程度（intermidiate）的海洋模式（Wang et al.，1995）耦合（Fu et al.，2002，2003）。中等复杂程度的海洋模式包含上层海洋中的两个活跃层，分别是深度可变的混合层和温跃层

（Wang et al.，1995）。该模式的最新版本包含了海洋上层动力学（McCreary and Yu，1992）和混合层动力学（Gaspar，1988）。该模式有自己的夹卷层（entrainment）海温参数化方案，考虑了温跃层变化和混合层温度变化对夹卷层海温的影响（Wang et al.，1995）。垂直夹卷速度的计算考虑了切变、风搅拌和浮力的作用。该模式能模拟出接近实际观测的海温年循环、年际变化以及相对应的温跃层深度和混合层深度变化（Fu and Wang，2001）。

为了研究暖池地区海气相互作用的影响，Li 等（2006）设计了一组理想的海气耦合模式试验，其中只在赤道印度洋和西太平洋地区（30°S～30°N，40°E～180°）存在海气耦合，而其他海域的海温则由气候态的月平均温度给定。通过这种做法消除了 ENSO 的影响。

模式先初始化 10 年，接着积分 50 年。50 年模拟的结果表明，该模式可很好地模拟出赤道太平洋海温年循环和 ENSO 年际变率。除了夏季时北美沿岸和冬季时澳大利亚西海岸和南海地区以外，全球大多数海域模拟的季节平均海温误差都在 1℃之内。

通过对模式输出海表面温度年际变化（1～8 年）标准差以及准两年（1.5～2.5 年）周期分量相对强度的诊断发现，在孟加拉湾、东南印度洋、西北太平洋和南太平洋辐合带地区的年际变率和准两年周期的信号都是最强的。这四个地区准两年振荡的海温平均方差贡献超过了 60%，大约比观测的大两倍，这说明模式中没有赤道东太平洋的海气相互作用，TBO 表现为主导的信号。强 TBO 信号还存在于对流层中层 50kPa 垂直运动和对流层低层 85kPa 纬向和经向风中。对模式输出的海温和 50kPa 垂直运动时间序列进行功率谱分析发现，两者均存在一个准两年的周期（20～28 个月），且超过了 95%的显著性检验。这个结果表明，暖池地区的海气相互作用有利于产生准两年周期振荡。

为了研究在印度洋-太平洋暖池地区 TBO 的时空演变特征，Li 等（2006）对模式资料和 NECP 再分析资料进行了季节连续 EOF 分析。图 6.7 为模式中 85kPa 风场和 50kPa 垂直运动的季节演变主要模态。图中的垂直运动均乘以-1，使得正值代表异常上升运动。结果显示，该模式基本反映了这个地区 TBO 的大致结构和时间演变特征。例如，在当年夏季东南印度洋为异常的下沉运动（对流抑制）和低层的反气旋性气流，西北太平洋为上升运动和气旋性气流。东南印度洋反气旋在北半球秋季最显著，在其后的季节衰减。菲律宾上空在当年秋季有下沉运动和反气旋气流，它们会在其后的季节稍微东移并一直持续到次年夏季。这样次年夏季的环流异常与前一年夏季的环流相反。

由于模式没有考虑 ENSO 的影响，因此模式中 TBO 的产生仅来自于印度洋-太平洋暖池的海气相互作用。具体是什么过程导致了该区域 TBO 的产生呢？图 6.8 为海温异常对于季节连续 EOF 第一模态时间系数回归的季节演变。当年夏季

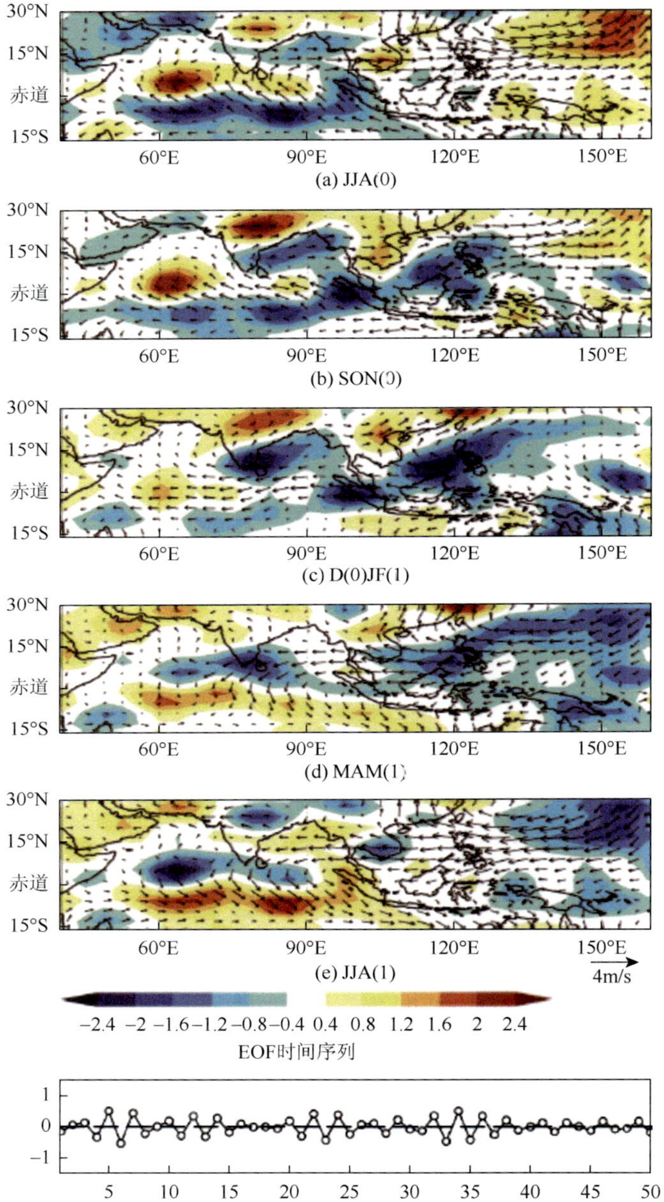

图 6.7　对混合耦合模式输出的 50 年结果中与准两年振荡变化相关的 50kPa 垂直速度和 85kPa 风场距平的季节连续 EOF 分析的空间模态分布图及其对应的时间序列（Li et al., 2006）

垂直速度已乘以−1，正值代表增强的异常对流

东印度洋和亚洲沿岸有显著的降温区，最大的负海温异常出现在孟加拉湾和南海。随着负海温异常在随后季节的减退，当年秋季和冬季新的负海温异常在西太平洋发

展。值得注意的是，西北太平洋上负海温在当年冬季达到最大，并持续两三个季节直到次年夏季。自此东印度洋和南海地区的海温由负异常完全转变为正异常。

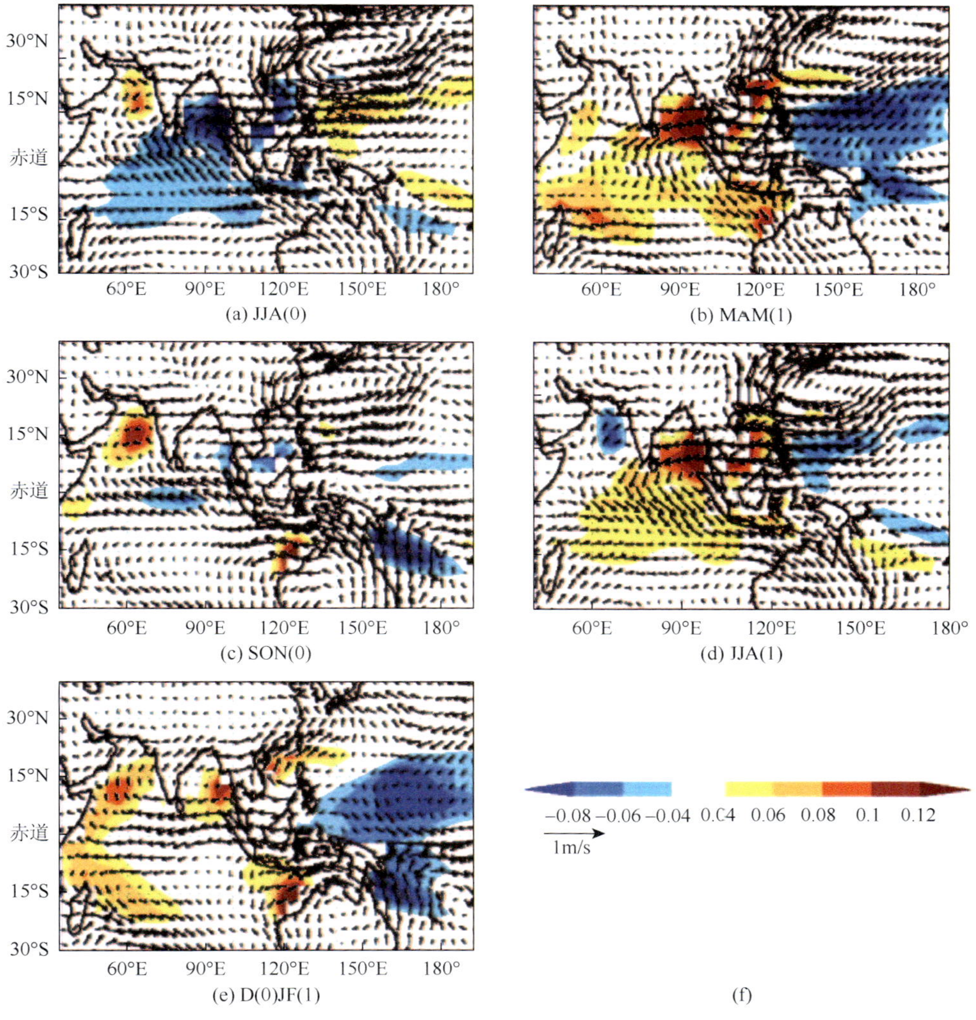

图 6.8　海平面温度及风场 EOF 时间序列的回归场（Li et al.，2006）

Li 等（2006）对模式海温资料的诊断分析结果表明，当年夏季印度洋海温的降低主要是由于表面风速增加导致的蒸发增强和海洋的垂直混合，而当年秋季和冬季西太平洋海温的降低则是由于异常风应力导致的海洋动力过程。基于模式中大气环流和海温的演变，提出了解释 TBO 产生的一种假说。假设当年夏季西北太平洋季风增强，增强的季风加热会导致低层异常向北的跨赤道气流，该异常风与平均风的风向相同，使总风速增强。增强的风速使得海表蒸发和海洋垂直混合增强，从而使东印度洋和亚洲沿岸的海温降低。从图 6.8 中可以看出，孟加拉湾、南海和海洋性大陆区域存在最强的降温。强降温对秋季移到东南亚和冬季移动到海洋性大陆的年平均最大对流区的强度有着重要的影响（Meehl，1987）。海洋性大陆上空被抑制的对流能够通过异常沃克环流进一步激发赤道西太平洋的异常西风。

靠近赤道的异常纬向风应力会通过激发上翻的海洋罗斯贝波和抬升温跃层而对海表温度产生动力影响，使得海温降低。对海洋模式的混合层热力收支诊断表明，当年秋季和冬季负的海温趋势确实对海洋动力作用项（即三维海洋温度平流作用）有贡献，而净热通量作用较小，这一特征在冬季特别显著。

一旦由海洋动力过程激发，西北太平洋的负海温异常则可通过海-气热力作用的正反馈（Wang et al.，2000）作用从北半球冬季持续到次年夏季。持续的负海温异常最终抑制对流的产生，从而削弱次年夏季西北太平洋季风，完成了从当年夏季的气旋性环流到次年夏季反气旋环流的 TBO 转变。减弱的西北太平洋季风激发异常的向南跨赤道气流，向南的气流与平均气流方向相反，使东印度洋和南海地区海表面温度升高，自此该地区的另一半 TBO 循环开始了。

图 6.9 为混合耦合模式中产生 TBO 关键物理过程示意图。最开始，夏季强的西北太平洋季风对应强的对流，继而产生向北的跨赤道气流，该气流与平均气流方向相同，因此使得海洋性大陆和苏门答腊岛西侧东南印度洋地区出现负海温异常。海洋性大陆负海温异常通过局地海温异常影响局地对流、低层湿度、风场辐合及印度洋局地沃克环流，从而抑制海洋性大陆的对流活动。海洋性大陆对流抑制导致西太平洋异常西风，继而通过直接的海洋动力过程（海洋罗斯贝波和温跃层的改变）和间接的大气作用（赤道中东太平洋的加热及大气罗斯贝波的响应）使得西北太平洋上出现异常的低温。通过海气热力相互作用反馈，西北太平洋上的低温得以维持，进而减弱次年夏季西北太平洋季风，从而开始了后半程的 TBO 循环。这证实了前面的假说，即由于赤道太平洋和印度洋的遥相关作用，ENSO 的准两年振荡可认为是 TBO 的一部分。

第三种理论主要强调赤道和中纬度相互作用（Meehl，1997）。通过模式诊断，Meehl（1997）提出热带强季风的异常加热会通过减弱欧亚大陆和印度洋的海陆热力差异来对中纬度环流产生影响，而中纬度环流又使得次年夏季风减弱。然而，鉴于中纬度大气的混沌性质，赤道强迫的遥相关为何能够持续几个季节仍是一个亟待解决的关键问题。

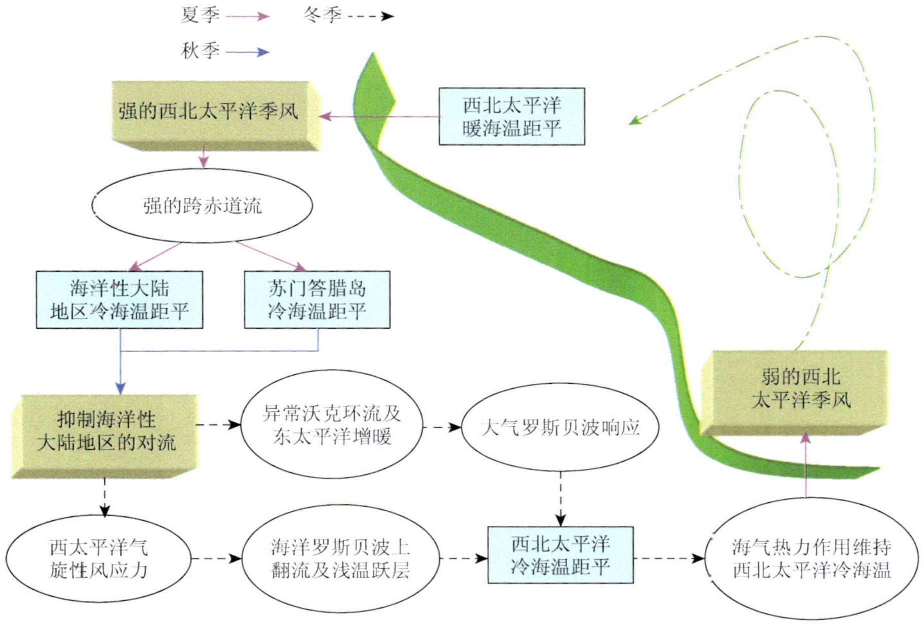

图 6.9　赤道太平洋和印度洋 TBO 的主要物理过程示意图

绿丝带的左边是 TBO 循环的一半，它从当年夏季西北太平洋季风增强开始到次年季风减弱结束；红色、蓝色和黑色箭头分别代表北半球夏季、秋季和冬季事件

6.3　季风准两年及低频变率

印度区域平均的降水时间序列功率谱分析表明，印度降水在年际尺度上存在两个明显的周期（图 6.4（b）），分别为准两年周期（2～3 年，下面统称为季风准两年模态或者对流层两年振荡模态）和低频周期（3～7 年，下面统称为季风低频模态）。准两年周期比低频周期更强。除了印度降水，全球降水场的 EOF 第一模态（Lau and Sheu，1998）、南海地区经向风以及亚洲大陆和西北太平洋的海平面气压差异（Tomita and Yasunari，1996）也存在类似的功率谱周期。Webster 等（1998）利用小波分析研究了印度降水的时间变率特征，他们发现印度降水的两个周期会交替出现。Niño3 区的海平面温度异常也存在两个周期，但低频模态要比准两年模态更强。那么到底是什么原因使得印度季风有更显著的准两年周期呢？又是什么机制驱动着这两种季风变率？

本节将通过揭示印度季风降水准两年模态和低频模态的大气环流及海平面温度时空特征，讨论这两种模态变率的物理机制。首先，运用滤波的方法将降水资料分别进行 2～3 年和 3～7 年的两波段滤波，而后通过分析与这两波段相关的大气环流时空特征来研究影响这两种时间尺度降水的物理机制。为了验证和比较结果，除了分析滤波数据，也将采用未经滤波的原始资料进行合成分析。

使用的资料主要有区域平均的印度降水资料、NCAR/NCEP 再分析资料集的风场、湿度、温度及高度场资料以及 Reynold 海平面温度资料(Reynold and Smith, 1994)，各资料时间跨度均为 1949～1998 年。印度降水由 26 个均匀分布在印度次大陆的测站观测数据平均计算得到。这些测站为 NOAA 指定的陆地气候基准站，这些基准站由 NCDC 记录并由 CAC 的全球 CEAS 的观测报告更新。如此计算的印度区域平均降水与全印度降水指数（Mooley and Parthasarathy，1984）相关系数高达 0.86。

为分别提取区域平均降水的 2～3 年和 3～7 年波段，首先运用带通滤波器（Murakami，1979）对数据进行滤波。这两个波段对应功率谱分析中印度区域平均降水的两个显著周期。接着对不同波段资料进行滞后相关分析，同时通过对原始资料的合成分析来验证滞后相关分析结果。

图 6.10 为印度夏季降水和印度洋（60°E～95°E，赤道～15°N）、西太平洋

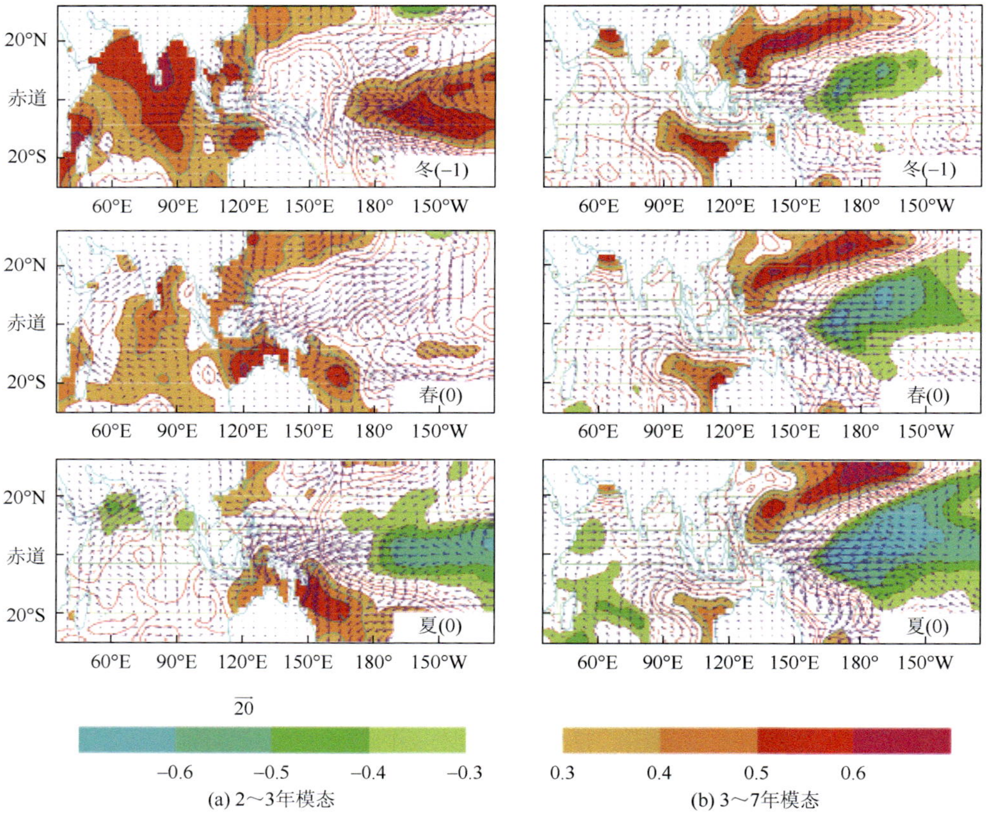

图 6.10　2～3 年滤波和 3～7 年滤波的全印度季风降水指数与前冬到当年夏季海表温度异常（阴影）滞后相关场和 85kPa 风场滞后回归场（Li et al.，2001）

相关系数大于 0.4 即超过 95%显著性检验

（130°E～150°E，10°N～20°N）和东太平洋（170°W～120°W，5°S～5°N）区域平均海平面温度的滞后相关。对 2～3 年周期而言（图 6.10（a）），印度洋海平面温度相对于前期冬季和春季异常与印度季风降水存在显著正相关关系，最大相关系数达 0.6，通过 95%置信度（考虑到滤波后自由度下降，95%置信度对应的相关系数为 0.4）。这种印度洋暖海温异常超前于季风降水出现意味着印度洋海温异常可能对印度季风降水起主动影响作用。

前冬较弱的亚洲冬季风对应着偏弱的盛行北风，此偏弱的北风可能导致冬季印度洋海温的暖异常。由图 6.10 可知，低层经向风与季风存在正的滞后相关（最大相关系数大于 0.4）。这表明前期冬季北印度洋存在异常南风（偏弱的北风），异常南风的作用主要包括：①减弱局地表面蒸发（由于气候态风场在冬季为北风）；②异常的经向温度平流输送南部暖水，使得北印度洋异常增暖。因此，对准两年周期而言，在强的印度夏季风之前总有以北印度洋异常偏南风为特征的弱的亚洲冬季风。

另外一个与季风准两年振荡模态相关的显著特征是，春季东太平洋海平面温度异常的位相转变。如图 6.10 所示，海平面温度相关系数从前冬的正相关转变为当年夏季的负相关。与这种海温异常位相转变相联系的是赤道中太平洋低层风场从西风异常转变为东风异常。

有别于上述讨论的滞后相关性，印度季风与印度洋海温异常的同期相关性偏低。原因在于强的印度季风能够产生强的低层风场，并通过增强海平面蒸发和海洋混合使得海平面温度降低，因此，夏季北印度洋（特别在非洲东海岸和阿拉伯海域）的海平面温度迅速减弱。

对于印度季风低频模态，最显著海平面温度相关位于太平洋。季风与前期冬季西太平洋海平面温度异常存在正的滞后相关（0.4），而与同期东太平洋海平面温度异常有负的相关（–0.5）。季风爆发前的印度洋海温异常与季风降水相关性弱，而季风爆发后则出现负的相关，这意味着季风对印度洋海温有较强影响。

2～3 年与 3～7 年季风模态的共同特征就是它们都与东太平洋海温异常有着同期的负相关关系。这表明了印度季风-ENSO 系统相互作用的本质。一方面，正（负）海平面温度异常通过大尺度垂直环流异常影响季风（Meehl，1987）。另一方面，异常季风潜热加热通过改变中西太平洋风场而影响东太平洋海温（Chang and Li，2001）。

为研究水汽输送异常的影响，进一步对 NCEP/NCAR 再分析资料的 100kPa 水汽通量散度场进行合成分析。基于不同波段滤波的降水资料，挑选 10 个最涝与最旱年分别进行合成。在合成差值场上（涝年减旱年）可以发现，对 2～3 年模态而言，在前冬和当年春季，印度半岛上有显著的低层水汽辐合。而 3～7 年模态异常水汽通量辐合完全不同——在印度半岛没有出现明显的水汽辐合。

沃克环流是连接太平洋和亚洲季风的重要中介。对流层中层垂直运动与低层和高层辐合/辐散气流联系紧密，因此可以用 85kPa 与 20kPa 之间的速度势差异来表示沃克环流的翻转变化。正（负）的速度势差对应强的上升（下沉）运动。

图 6.11 为 3～7 年波段的合成的速度势差异场。2～3 年和 3～7 年波段在夏季的一个相似特征是在季风区上升和在中东太平洋下沉运动的沃克环流。但是沃克环流的演变在这两个波段却有显著差异。在低频（3～7 年）模态上，沃克环流的上升支和下沉支基本是静止的，而在 2～3 年模态上，沃克环流上升支和下沉支是在缓慢东移的。这种时间演变特征在某种程度上与 Barnett（1991）的研究一致。对 2～3 年模态而言，另外一个特征是即使冬季中东太平洋存在遥强迫作用，赤道印度洋仍然表现为上升运动。这支上升运动由印度洋海温暖异常直接导致，与 El Niño 在东太平洋的作用相反。因此，除了提供水汽，印度洋海平面温度异常对沃克环流的垂直翻转还有动力作用影响。

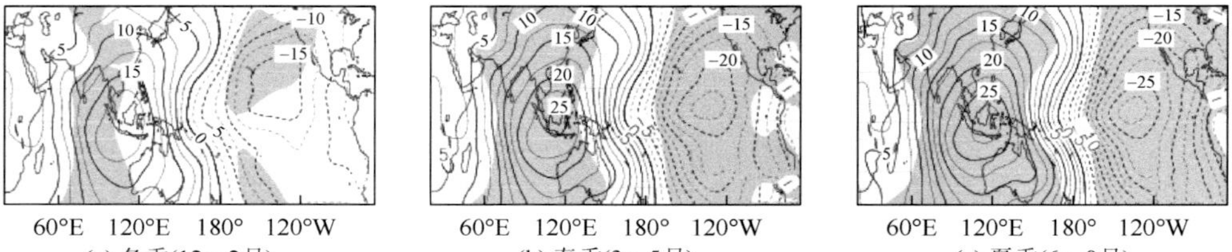

(a) 冬季(12～2月) (b) 春季(3～5月) (c) 夏季(6～8月)

图 6.11 湿年减干年的 3～7 年周期速度势高低层差值（85kPa 减 20kPa）

阴影区域代表通过 95%显著性检验

亚洲大陆与印度洋的海陆热力差异能够较好地表征季风强度（Li and Yanai，1996；Yang et al.，1996）。为了考察海陆热力差异在季风变率中的作用，计算了季风降水与对流层（20～50kPa）平均温度的滞后相关，如图 6.12 所示。在 2～3 年波段上（图 6.12（a）），对流层平均温度增加对应着冬季和春季印度洋海平面温度的增加，而在亚欧大陆上没有明显的温度变化；在 3～7 年波段上（图 6.12（b）），对流层平均温度在冬季副热带亚欧大陆上有显著增温，相关系数大于 0.7。同时，在赤道西印度洋存在负相关中心。这种南北向的热力差异在春季表现得更为明显，其与夏季风降水有显著相关性。尽管已有研究（Meehl，1997；Yang and Lau，1998）假设这种经向海陆热力差异可能源自热带海温强迫，但其物理机制并不清楚。前期经向温度梯度的建立能够使得西南季风更早、更强地爆发。

以上基于时间滤波的分析表明，季风准两年模态和低频模态有着不同的时空特征。在准两年模态上，印度洋海温正异常导致季风增强，而东太平洋海温异常在春季改变其位相。而对于低频模态，冬季至夏季持续的东太平洋冷异常与强的季风有关。

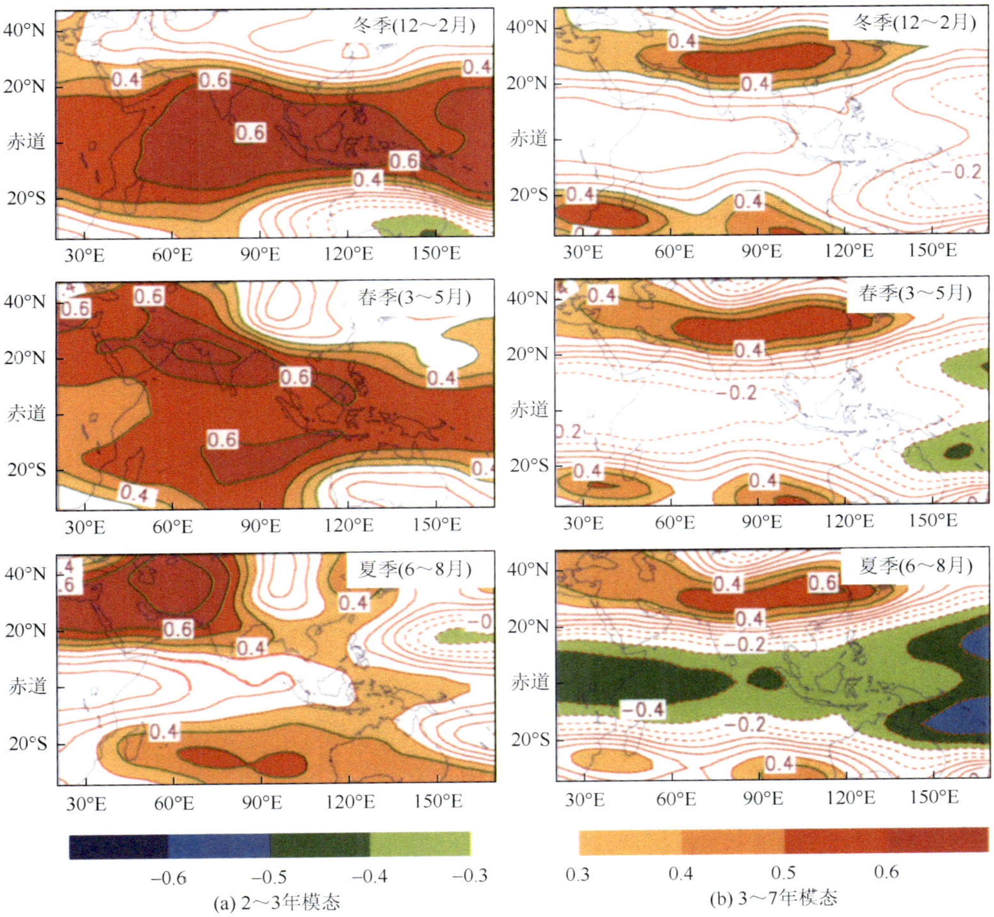

图 6.12　印度全季风降水与对流层平均温度在冬季、春季和夏季的滞后相关图（Li et al., 2001）

等值线间隔为 0.1；深（浅）色阴影为正（负）相关超过 0.3 地区；相关系数大于 0.4 为超过 95%置信度检验

时间滤波分析也表明了印度季风与冬季、春季的印度洋海温在准两年周期上有很好的相关关系。那么前期的印度洋海温异常是通过什么物理过程影响季风的？研究显示，印度洋海温可能通过动力和热力作用共同影响印度季风。动力作用通过激发季风区上升运动来部分抵消了东太平洋 El Niño 的强迫作用。而热力作用主要是通过水汽的影响，地表蒸发增加的局地水汽与暖海温异常有关，季风爆发后平均西南气流将这些异常水汽输送到季风区，因此印度洋地区绝对湿度增加是强季风的前兆信号。而强的季风反过来又加强地表风，进而加速地表蒸发和海洋混合，导致印度洋海温出现冷异常，使得下一年出现弱的季风。

除了印度洋海温以外，前期春季低层水汽辐合/辐散场与印度季风的准两年周期也存在显著相关。异常的水汽辐合通过聚集局地水汽影响印度季风，在旱季（非季风季节），印度上空局地大气较为稳定。因此，在季风爆发之前水汽的辐合只能够使局地大气变湿，局地湿度的增加能够使季风强度增强，进而激发出的异常西南季风又能够从热带海洋上空带来更多的水汽。需要注意的是，异常水汽辐合机制与印度洋海温强迫机制不同，前者是异常风带来的水汽通量变化，后者是平均风场平流输送异常水汽。

印度季风准两年振荡主要受局地过程的影响，而其低频变率则可能受太平洋海温异常的遥强迫作用。有三种可能过程影响低频季风降水异常：第一种过程是东太平洋海温异常直接影响大尺度的东西纬向环流的翻转/变化（Meehl，1987）。降水多寡年的速度势差值场的合成图（图 6.11）可以用来说明这种机制。第二种过程是西太平洋海温异常的影响，与赤道东太平洋冷异常相对应的是西太平洋暖异常。这个暖异常可以影响局地对流活动，在菲律宾地区激发对流层低层异常环流（Tomita and Yasunari，1993），而西太平洋强的对流活动能够加强向西北传播的天气尺度扰动的频率和强度，继而使得位于赤道西太平洋与印度半岛间的季风槽加深。第三种过程来自热带海温异常激发的中纬度大气环流的影响。降水多寡年的对流层平均温度合成差值场表明，在降水多年的前期 3～6 月，南亚大陆与印度洋的南北海陆热力差异就已建立。青藏高原上有暖中心，这个暖中心的位置验证了前人关于季风爆发前青藏高原热力强迫以及欧亚大陆雪盖对季风强度有着重要影响的相关推论（Mooley and Shukla，1987；Yanai et al.，1992）。这与准两年季风模态不同，准两年模态的冬季、春季，在印度半岛与印度洋区域都为一个狭长的暖异常带。因此，在低频尺度上，强（弱）的海陆热力差异对应其后强（弱）的印度季风，但准两年模态并没有这种特征。

6.4　太平洋-东亚遥相关型

观测资料表明，印度季风年际变率主要受发展位相的 ENSO 影响，而东亚季风年际变率则与衰减位相的 ENSO 高度相关。在 El Niño 次年夏季，即使赤道东太平洋海温接近常态（图 6.13），梅雨降水也往往偏多（Huang and Wu，1989；Wang and Li，1990；Zhang et al.，1996；Lau and Yang，1996；Yeh and Huang，1996；Soman and Slingo，1997；Kawamura，1998）。为什么 ENSO 对东亚季风会起到延迟作用呢？

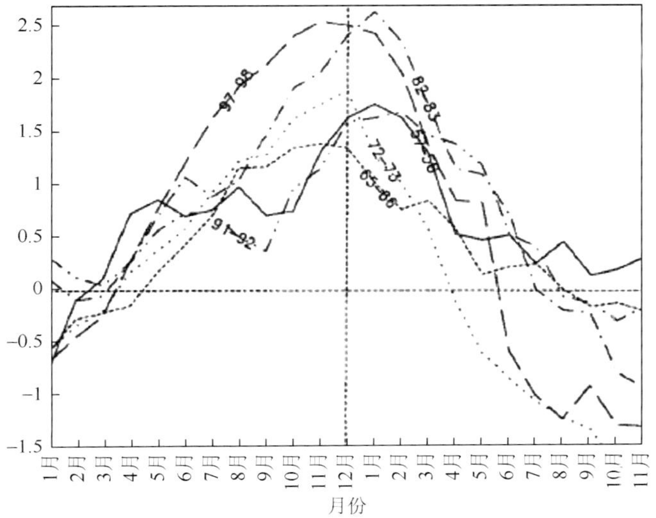

图 6.13 历次（1956～2000 年）El Niño 事件 Niño3.4 海温异常时间演变（Wang et al.，2000）

为了回答这个问题，首先需要揭示 ENSO 发展与衰减位相时季风区的主要环流季节演变特征。采用 Wang 等（2013）的方法，计算了季节连续的奇异值分解，图 6.14 为与 ENSO 位相转换相关的 85kPa 异常风场和垂直速度的季节连续奇异值分解第一模态。这个模态解释了太平洋和印度洋（40°E～90°W，20°S～20°N）海平面温度异常与五个季节的 85kPa 风场异常间 91%总协方差。

在 El Niño 发展年的夏季，海洋性大陆到印度洋南侧地区低层受狭长反气旋高压脊控制。与这个高压脊相对应的是从孟加拉湾到西北太平洋的倾斜的带状显著西风异常、海洋性大陆上被抑制的对流和菲律宾海上空增强的对流（图 6.14（a））。加强的季风槽使热带西北太平洋东南象限（5°N～17°N，140°E～170°E）生成的热带气旋数量增加（Chen et al.，1998；Wang and Chan，2002）。另外，印度上的异常反气旋环流对应偏少的印度降水。

在 El Niño 发展年的秋季，南印度洋反气旋剧烈增长，导致巨大的反气旋高压脊控制着印度洋地区。这个倾斜的反气旋高压脊从澳大利亚以西一直延伸至阿拉伯海（图 6.14（b）），而反气旋中心位于（10°S，90°E）。值得注意的是，在菲律宾附近上空一个新的低层异常反气旋正在形成。

在 El Niño 成熟位相（当年冬季），南印度洋和西北太平洋地区分别被两个副热带低层异常反气旋环流所控制（图 6.14（c））。南印度洋异常反气旋是由前期秋季南印度洋反气旋东移减弱形成的，而西北太平洋反气旋异常是由菲律宾反气旋东移和加强而来。对流抑制中心位于菲律宾以东。

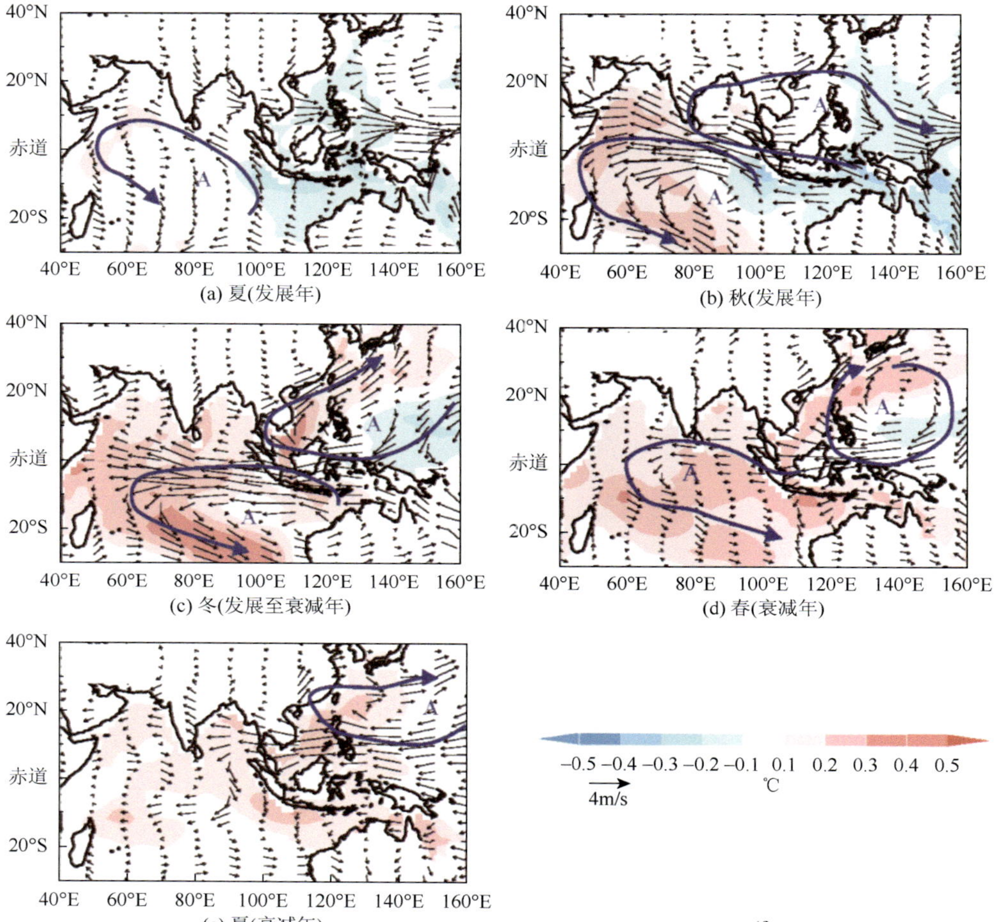

(a) 夏(发展年)　(b) 秋(发展年)　(c) 冬(发展至衰减年)　(d) 春(衰减年)　(e) 夏(衰减年)　(f)

图 6.14　El Niño 发展年夏季到衰减年夏季的 85kPa 风场和海表温度异常的季节演变图（Wang et al.，2013b）

春季和夏季与前期冬季有着相似的异常分布，也以西北太平洋异常反气旋为最显著特征（图 6.14（d）和图 6.14（e）），只不过西北太平洋反气旋的强度从冬季到夏季减弱。在夏季，菲律宾海和东南亚受下沉气流控制，代表弱的西北太平洋季风与南亚季风。这种与前一年夏季基本相反的环流异常分布特征表明，季风存在与 El Niño 位相转变相关的显著两年周期。

图 6.14 中季风季节演变的一个有趣的特征是，西北太平洋反气旋能够从 El Niño 盛期的冬季一直持续到次年夏季。这个夏季异常反气旋通过增加气压梯度和水汽输送使得梅雨降水增多（Chang et al.，2000ab）。由于大气本身并没有较长的记忆，那么菲律宾海异常反气旋能够从冬季一直持续到夏季的动力学解释是什么？

Wang 等（2000）解释了 ENSO 对于东亚季风延迟作用的机理过程（图 6.15）。他们提出的机理核心是：El Niño 盛期到其后夏季持续的菲律宾海异常反气旋是由下沉的罗斯贝波与西北太平洋冷异常海温的局地海气正反馈作用过程导致的。在东北信风的气候环流背景下，这种正反馈机制描述如下：在菲律宾海异常反气旋的东侧，增强的风速通过加速蒸发和夹卷作用使得海表冷却。冷海表异常反过来抑制对流和潜热加热，从而进一步激发下沉的大气罗斯贝波，使得西侧菲律宾异常反气旋得以加强。最初触发这个冷海平面温度异常的则是大气对 El Niño 盛期冬季赤道中太平洋加热的大气罗斯贝波响应。罗斯贝波响应的异常环流正好与气候背景场环流叠加，加速了蒸发使得局地海平面冷却。而最初触发菲律宾海异常反气旋的则可能归咎于亚洲大陆的冷涌入侵（Wang and Zhang，2002）或者热带印度洋低层反气旋的东移（Chen et al.，2007）。

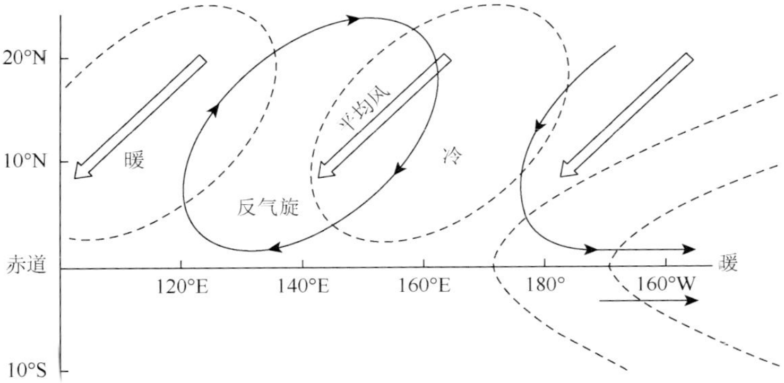

图 6.15　菲律宾海异常反气旋与西北太平洋局地冷海温的海气作用正反馈机理示意图（Wang et al.，2000）

空心箭头代表气候态信风；实心箭头代表异常风；长、短虚线分别代表正、负海平面温度异常

与 El Niño 衰减年夏季相反，西北太平洋季风在 El Niño 发展年的夏季是增强的（图 6.14）。El Niño 发展年时西北太平洋夏季风增强的可能原因有：①与赤道西风异常相联系的低层气旋性涡度的增强；②受 El Niño 强迫，海洋性大陆上空的对流被抑制。在夏季非对称东风切变的环流气候背景下，抑制的对流强迫出非对称的赤道大气罗斯贝波（Wang et al.，2013b）。因此，强的反气旋在赤道北部出现，反气旋高压脊呈西北向的印度大陆倾斜，使得印度季风降水减少。同时，异常反气旋增强了低层西风，从而增强了西北太平洋对流活动。这可以说明印度季风和西北太平洋季风年际异常的负相关关系。

6.5　印度洋和西北太平洋海平面温度异常对西北太平洋环流的影响

6.5.1　印度洋海平面温度异常强迫的季节依赖性

图 6.16 为 1950～2006 年 El Niño 盛期冬季到其后夏季的异常的大气环流和海温合成图。从图中可以看到，西北太平洋上持续的反气旋异常从 El Niño 盛期持续到其后的夏季。这个反气旋异常在 El Niño 衰减年的夏季会给长江流域带来灾害性降水。

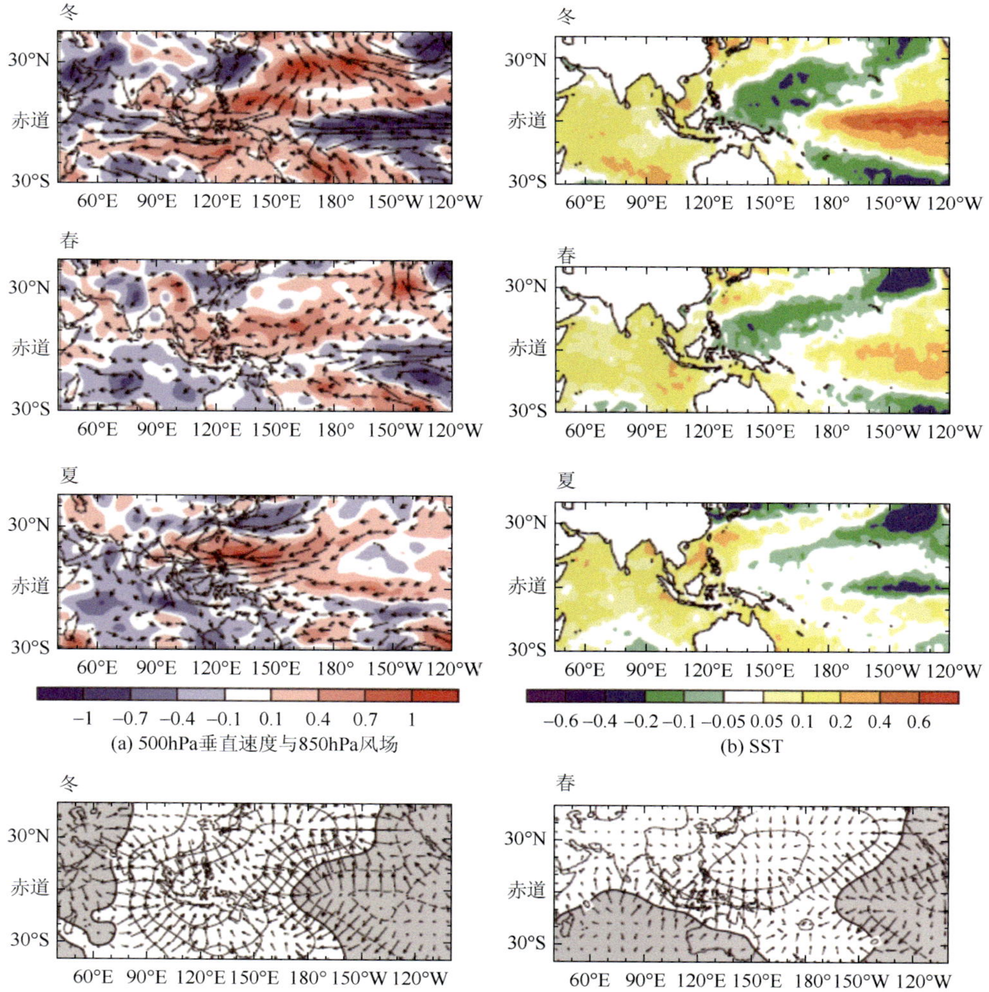

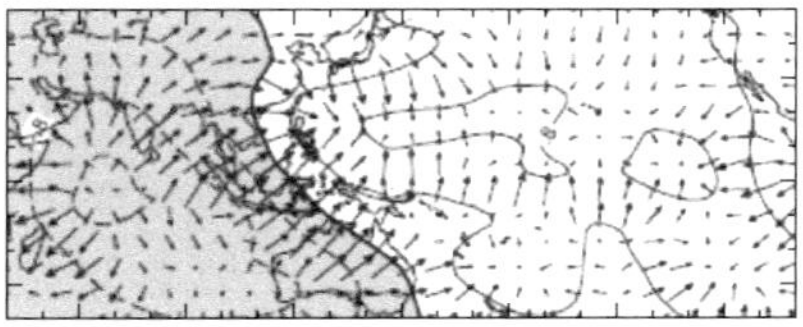

图 6.16　El Niño 事件合成的 85kPa 风场（矢量）和 50kPa 垂直速度、海平面温度以及 20kPa 速度势的季节演变合成图（Wu et al.，2009）

什么原因使得这个反气旋异常能够从冬季一直持续到夏季？图 6.15 所示的海气热力相互作用正反馈机制可以解释当平均气流为东北信风时，反气旋异常能够从冬季持续到春季的原因。而在夏季，当平均风场改变方向，就转为负反馈机制。与此同时，El Niño 衰减伴随整个印度洋的增温，这个全海盆的增温从 El Niño 盛期冬季一直持续到夏季。那么，印度洋增温对西北太平洋异常的反气旋环流到底起到什么作用？

Wu 等（2009）的研究指出印度洋全海盆的增温仅在 El Niño 衰减年的夏季对西北太平洋有影响，而在 El Niño 盛期冬季和之后春季没有显著影响。物理解释如下。尽管印度洋存在全海盆的海平面温度异常，降水和对流异常却表现为明显的东西向偶极子结构，在西（东）印度洋存在增强（抑制）的对流。在夏季之前，印度洋海平面温度异常仍表现为纬向偶极模态，东太平洋有强的冷异常。从秋季到冬季东印度洋的迅速增温主要受到短波辐射的增强以及海洋波动的影响（Li et al.，2003；Hong et al.，2010）。

El Niño 盛期（冬季）印度洋降水和海平面温度的关系（图 6.17）表明海温与局地降水有复杂的关系。在东印度洋两者呈负相关，表示局地大气强迫海洋，而在西印度洋两者呈正相关，表示海温主动强迫对流（即主要为海洋影响大气）（Wu et al.，2009；Wu et al.，2012）。

鉴于如此复杂的关系，在设计大气模式数值试验时要谨慎从事。在数值试验中，海平面温度异常强迫能够带来印度洋全海盆的降水异常，根据 Gill（1980）解析解，印度洋海盆降水异常激发赤道西太平洋低层东风。然而这种模拟出的印度洋海盆一致降水异常场在观测中并不存在。

为了阐述印度洋海平面温度异常如何影响西太平洋的大气，基于 ECHAM4 模式设计了控制试验（所有海温强均都为气候态海温）和两组敏感性试验。在第一组试验中，印度洋海平面温度异常（图 6.17（a））叠加到气候态海温作为海平面温度异常强迫。在第二组试验中，直接在印度洋上空大气施加一个偶极型加热，其分布与图 6.17（b）中降水异常偶极型分布相同，并给定加热垂直廓线，其在对流层中层为最大。图 6.18 中两组模式结果表明，当用印度洋海温异常作为强迫时，出现了印度洋全海盆降水异常，降水异常导致了赤道西太平洋低层东风。相反地，当用印度洋偶极型大气加热作为强迫时，东（西）印度洋异常的下沉（上升）运动有利于印度洋和太平洋反沃克环流异常的形成，从而导致赤道西太平洋西风异常。

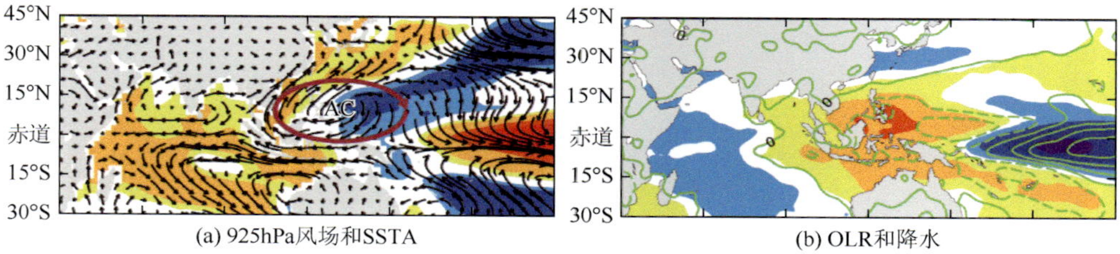

图 6.17　El Niño 盛期（12～2 月）合成的 92.5kPa 风场和海平面温度距平、对流（填色）和降水（等值线）（Chen et al.，2016）

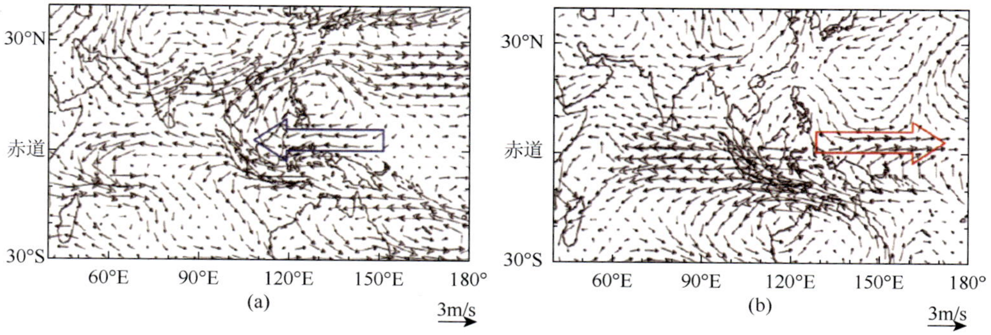

图 6.18　ECHAM4 模拟的 85kPa 风场对印度洋海平面温度强迫以及对印度洋上空大气非绝热加热强迫的响应（Chen et al.，2016）

蓝色箭头代表异常东风；红色箭头代表异常西风

为了保证给定的局地加热强迫更接近于真实情况，很有必要将给定海平面温度异常区域内的观测和模拟的降水进行比较。

印度洋在 El Niño 盛期冬季异常垂直运动和降水场上呈现为东西向的偶极型分布，随后的春季则变为南北向的偶极型，赤道以南有异常上升运动（图 6.16）。只有在 El Niño 盛期后的夏季，当赤道东太平洋海温异常消失时，印度洋整个海盆才出现上升运动和降水异常，这种全海盆特征在 20kPa 的速度势场（图 6.16）上同样存在。因此，只有在夏季这种全海盆的印度洋海表温度异常才能激发整个印度洋的大尺度对流加热，继而进一步影响到太平洋上空的环流。

图 6.19 为印度洋全海盆的对流影响西北太平洋反气旋异常的示意图。受全海盆的赤道印度洋对流异常强迫，西太平洋出现东风异常的开尔文波响应（Gill，1982）。开尔文波响应的振幅在赤道为最大，随着纬度增加而减弱，这使得赤道以北存在反气旋异常切变，从而导致 PBL 有异常的辐散和下沉运动，引起 PBL 的比湿减小。减小的湿度抑制了季风降水潜热加热，从而进一步激发西北太平洋低层的反气旋环流。通过这种遥强迫作用机制，印度洋在 El Niño 衰减年的夏季能够影响西北太平洋上空的环流。Xie 等（2009）将这种机制称为印度洋电容效应。

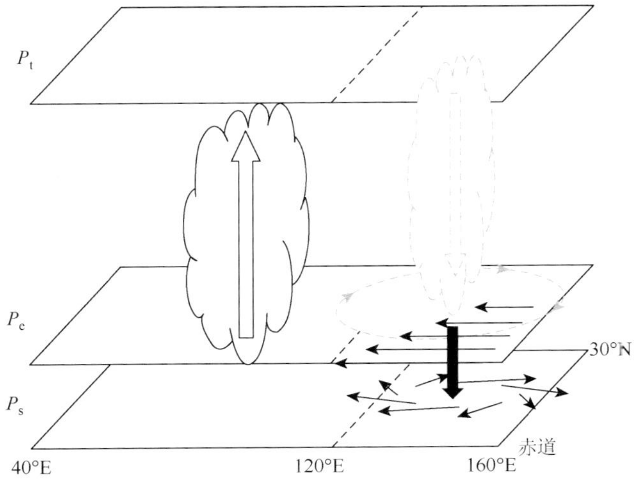

图 6.19　El Niño 衰减年夏季印度洋全海盆加热影响西北太平洋异常反气旋的机理示意图

6.5.2　印度洋和太平洋海平面温度强迫的相对作用

6.4 节提到从 El Niño 盛期冬季到之后的春季，西北太平洋异常反气旋的维持主要归咎于局地的海气热力正反馈作用。西太平洋冷海温异常抑制局地对流，从而在其西侧对流层低层激发反气旋异常。异常反气旋东侧的东北风异常加强信风，通过增加表面潜热通量反过来又冷却局地海平面温度（Wang et al.，2002）。

而在西北太平洋夏季风爆发之后，东北信风由西南季风环流所取代。因此，在这个区域蒸发-风-海平面温度变成了负反馈。局地的海气负反馈作用使得在 El Niño 衰减的夏季，西北太平洋负海温减弱。然而与减弱的局地负海温异常相反，西北太平洋反气旋却从春季到夏季持续增强（图 6.16）。

在 El Niño 衰减阶段的夏季，西北太平洋反气旋异常增强的一个可能原因是受热带印度洋的海平面温度遥强迫作用的影响（Wu et al.，2009；Xie et al.，2009）。印度洋全海盆模态在 ENSO 成熟的冬季建立。这种热带印度洋全海盆加热可能是由沃克环流异常下沉支相联系的海平面热通量异常（Klein et al.，1999；Lau and Nath，2003）或热带对流层温度变化所导致的（Chiang and Sobel，2002）。此外，海洋动力过程也起到作用（Li et al.，2003）。印度洋全海盆模态可以通过如下两种机制使得夏季西北太平洋异常反气旋增强。一方面，通过热带印度洋增强的对流，印度洋海盆模态增温能够在西太平洋激发开尔文波的东风异常响应。与这个东风异常相联系的反气旋异常切变涡度通过Ekman抽吸辐散作用减弱西北太平洋季风（Wu et al.，2009）。另一方面，印度洋全海盆模态增温通过增加表面湿度从而使得海洋性大陆低层水汽输送和对流得以增强。增强的对流能够进一步通过异常的局地哈得来环流激发西北太平洋的下沉气流（Chang and Li，2000；Li et al.，2001；Sui et al.，2007）。

很显然，西北太平洋局地负海温异常作用和热带印度洋海温异常都能影响 El Niño 衰减年夏季西北太平洋反气旋异常。但是，两区域海温异常的相对贡献并不清楚。

进一步设计了理想数值试验来揭示热带印度洋和西太平洋海温异常强迫对于西北太平洋反气旋异常的相对贡献。在控制试验（CTRL）中，ECHAM4 模式用气候态海平面温度强迫积分 20 年。在三组敏感性试验中，全球海平面温度异常（GB run）、仅热带印度洋海平面温度异常（IND run）以及仅西太平洋海平面温度异常（WP run）分别加在气候态海平面温度上作为模式下垫面强迫场。注意在热带印度洋和西太平洋海温异常强迫试验中，热带印度洋和西太平洋区域外的海温强迫为气候态海平面温度。每组试验从 4 月积分到 8 月，共 20 个集合成员，主要分析 6～8 月集合平均的模式输出结果。

全球海平面温度异常强迫试验与控制试验的差值场反映模式对西北太平洋反气旋异常模拟的效果。印度洋海平面温度异常强迫试验与控制试验的差值场反映印度洋海盆模态对于西北太平洋反气旋异常的单独贡献。而西太平洋海平面温度异常强迫试验和控制试验的差值场则反映西太平洋局地海温强迫对于西北太平洋反气旋异常的单独贡献。

上述敏感性试验说明，印度洋全海盆海温异常强迫与局地的西太平洋海温异常强迫对维持 El Niño 衰减夏季的西北太平洋异常反气旋都有作用。图 6.20 为 WP

和 IND 试验中，西北太平洋地区（10°N～35°N，115°E～160°E）区域平均的 6～8 月的涡度异常。两组试验夏季（6～8 月）平均的涡度异常强度差异不大，说明西太平洋局地海温异常强迫和热带印度洋海温异常在 El Niño 衰减夏季对西太平洋异常反气旋的维持有同等重要的作用。而进一步分析两组试验的季节内演变会发现很重要的差异，西太平洋海温异常强迫试验中西北太平洋异常反气旋在 6 月有最强的响应，7、8 月份迅速减弱；而印度洋海温强迫异常强迫试验中，夏初的西北太平洋异常反气旋的强迫响应较弱，而夏末的强迫响应变强。为什么会有这样的差异呢？

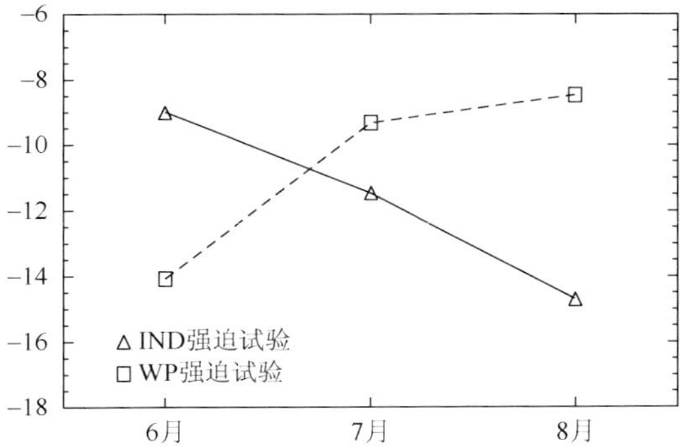

图 6.20　印度洋和西太平洋海温异常强迫试验中显示的 10°N～35°N，115°E～160°E 区域平均的涡度异常的时间演变（Wu et al.，2010）

在 WP 试验中，西北太平洋反气旋主要受局地负海平面温度异常强迫。在 El Niño 衰减的夏季，通过前面提到的局地海气热力正反馈作用，西北太平洋存在显著的负海平面温度异常。当夏季时，气候态平均风反转因此导致海气负反馈作用。虽然存在负的反馈，6、7 月份西北太平洋负海平面温度仍然显著，因此能够影响局地的环流异常。而负反馈作用不断减弱局地海平面温度负异常，使得 6～8 月西北太平洋异常反气旋持续减弱。

与 WP 试验不同，IND 试验中西北太平洋的演变与季节内环流背景场演变联系紧密。西北太平洋季风槽在晚夏（7 月 15 号以后）已经完全建立。虽然印度洋全海盆增温的强度在 6～8 月略有减小，模拟的西北太平洋异常反气旋却不断增强且东扩。这种增强和东扩对应着气候态西北太平洋季风槽在晚夏的建立。作为对热带印度洋热力作用强迫的开尔文波响应，西太平洋东风异常产生的反气旋切变通过 Ekman 抽吸作用使得西北太平洋边界层辐散（Wu et al.，2009）。在季风槽完全建立以后，边界层的辐散抑制了晚夏的降水。这给出了 6～8 月即便印度洋全海盆模态在减弱，印度洋的遥强迫作用仍在增强的原因。

综上所述，在 El Niño 衰减阶段的夏季，西北太平洋异常反气旋主要归咎于热带印度洋和西北太平洋海平面温度异常的共同强迫。在初夏时期，反气旋异常主要受西北太平洋局地负海平面温度异常影响，而在晚夏时期，印度洋全海盆模态对西北太平洋反气旋异常的维持起重要作用。

6.6　平均气流对 El Niño 响应的调控

图 6.21 所示为在 El Niño 发展阶段夏季合成的降水及低层环流的异常场。值得注意的是，在 El Niño 的强迫下，海洋性大陆表现出了大尺度的降水负异常。在这个大尺度负热力异常的西边，出现了两个罗斯贝波环流，而这两个分别位于赤道南北侧的环流是关于赤道不对称的，位于赤道北侧的环流相对更大一些。

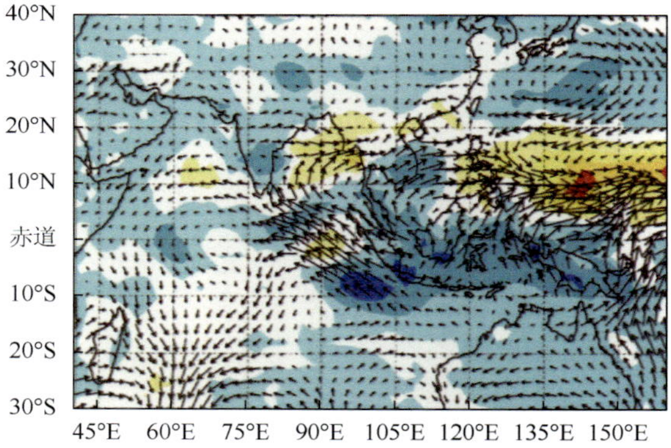

图 6.21　El Niño 发展年夏季的合成降水及 92.5kPa 风场异常场

合成基于 1950～2006 年的所有 El Niño 事件

为什么环流对于对称的 El Niño 强迫的响应是不对称的呢？作者猜想这主要是因为夏季平均气流是关于赤道不对称的，尤其是垂直切变的不对称。从图 6.22 中可以看出背景场中垂直风切变在北半球的夏季关于赤道是不对称的。在印度季风区，有显著的低层西风以及高层东风。在北印度洋有很强的垂直东风切变，而南印度洋的垂直风切变则要弱很多。Wang 和 Xie（1996）的理论研究指出，东（西）风切变的背景场有利于热带罗斯贝波在对流层低层（上层）的扰动。由于在热带的能量主要来源于潜热，一个强的对流层低层涡度有利于产生强的边界层水汽辐合，从而造成一个很强的对流反馈（Li，2006）。

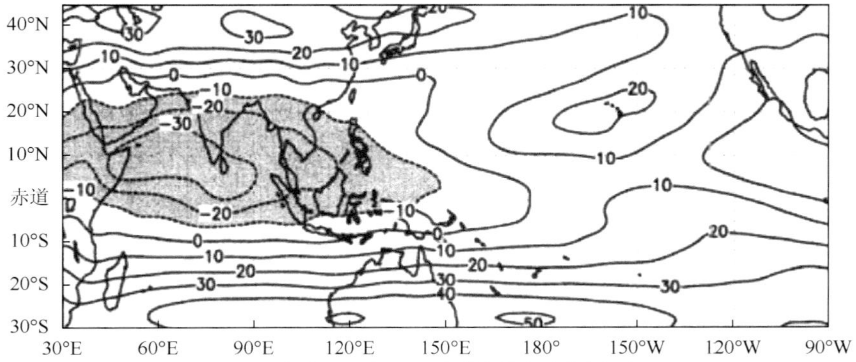

(a) 冬季20kPa与85kPa气候态纬向风垂直切变

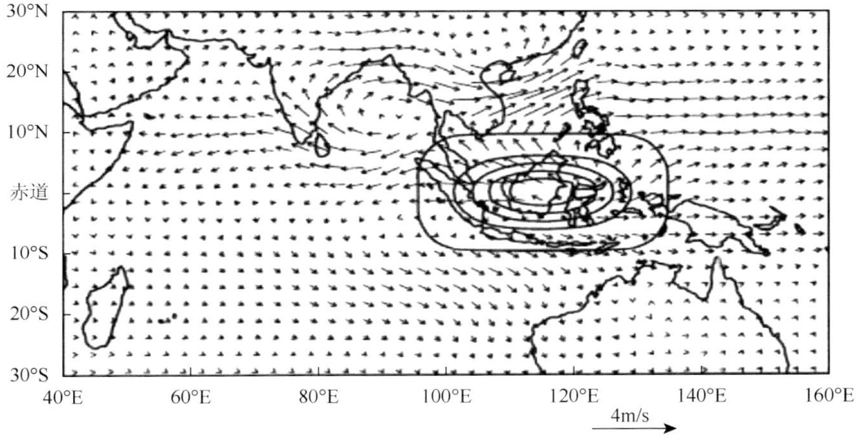

(b) 由异常大气模式模拟的低层风对海洋性大陆负热力异常的响应

图 6.22 夏季平均环流作为背景场趋动大气模式，显示大气模式对海洋性大陆热力异常的响应（Wang et al.，2003）

为了检验在印度洋-西太平洋区域气候平均气流如何调控大气环流的异常响应，设计了一个异常的数值模拟试验。模式采用夏季平均气流作为背景场，并在海洋性大陆设置了沿赤道对称的负热力异常（模仿 El Niño 强迫作用）。图 6.22（b）为低层环流异常对上述对称加热强迫的响应。与观测相似，较强的罗斯贝波环流出现在北半球，因此，模式验证了夏季平均气流的不对称性对 El Niño 在南亚和热带印度洋的遥相关分布型的影响。

6.7 不同子季风系统间的联系

Meehl（1987）根据有限的数据得出印度季风（IM）与澳大利亚季风（AM）之间存在同相相关。这种关系是否稳定存在？西北太平洋季风（WNPM）与印度季风以及澳大利亚季风之间的关系是否也存在类似的联系呢？

Gu 等（2010）采用了不同的再分析资料，对西北太平洋季风、印度季风以及澳大利亚季风这三类热带季风之间的相互关系进行了诊断。表 6.1 为 1979～2005 年三类季风强度时间序列的相关。西北太平洋季风与超前的澳大利亚季风之间的相关系数为 0.37，通过 90%的信度检验。这表明前期强（弱）的澳大利亚季风之后可能伴随着强（弱）的西北太平洋季风。在总共 27 年的样本中，这种正相关关系发生了 19 次。通过考查西北太平洋季风-澳大利亚季风 19 个同位相年份冬季 Niño3.4 指数，发现东太平洋海平面温度偏高（低）时，西北太平洋季风和澳大利亚季风都更弱（强）。这说明 ENSO 是控制澳大利亚季风-西北太平洋季风之间联系的主要因子。

西北太平洋季风与之后的澳大利亚季风之间的相关系数为−0.41，通过 95%的信度检验。两者之间的负相关关系说明，强（弱）的西北太平洋季风之后存在弱（强）的澳大利亚季风。大约 2/3 的样本存在这样的负相关关系。

同期的西北太平洋季风与印度季风的相关最为显著，相关系数高达−0.64，通过 99%的信度检验。1979～2005 年中有 17 年的夏天出现了这种同期的负相关关系。

由表 6.1 可见，与西北太平洋季风与澳大利亚季风/印度季风的相关相比，印度季风与澳大利亚季风之间的相关性较弱并且在统计上不显著。与许多已有的对 El Niño 与 La Niña 进行合成分析的研究不同，本节的合成分析基于季风强度异常。以下将着重分析西北太平洋季风与另外两个季风系统之间的相关关系。主要思路是通过研究环流和海平面温度演变特点来寻找控制这种相关关系的共同特征及其物理机制。

表 6.1　1979～2005 年由 NCEP-DOE 及 CMPA 数据所得西北太平洋季风、印度季风与澳大利亚季风的滞后相关系数（Gu et al.，2010）

由	印度季风、夏（0）	澳大利亚季风、冬（0）	西北太平洋季风、夏（0）	澳大利亚季风、冬（0）	西北太平洋季风、夏（0）
至	澳大利亚季风、冬（1）	印度季风、夏（0）	澳大利亚季风、冬（1）	西北太平洋季风、夏（0）	印度季风、夏（0）
相关系数	0.29	−0.28	−0.41	0.37	−0.64
事件个数	17	17	17	19	17

注：通过 90%（95%）信度检验的相关系数为 0.32（0.38）；事件个数指有多少年两种季风符合正负相关关系。

图 6.23～图 6.25 为各季风间的相关关系形成的主要物理过程示意图。澳大利亚季风与之后的西北太平洋季风的正相关关系主要出现在 El Niño 的衰减位相（图 6.23）。一方面，东太平洋的海平面温度异常激发了异常的反向沃克环流，并在冬季 El Niño 的成熟期形成了偏弱的澳大利亚季风；另一方面，通过太平洋-东亚遥相关（Wang et al.，2000，Wang and Zhang，2002）或热带印度洋向东传播的低层异常反气旋（Chen et al.，2007）使得西北太平洋出现异常的反气旋环流。在冬季到春末、晚春平均东北信风的背景下，反气旋与局地冷海温异常之间形成了

局地海气热力作用正反馈效应，使得西北太平洋异常反气旋得以维持。而局地海水冷异常会导致西北太平洋季风偏弱。

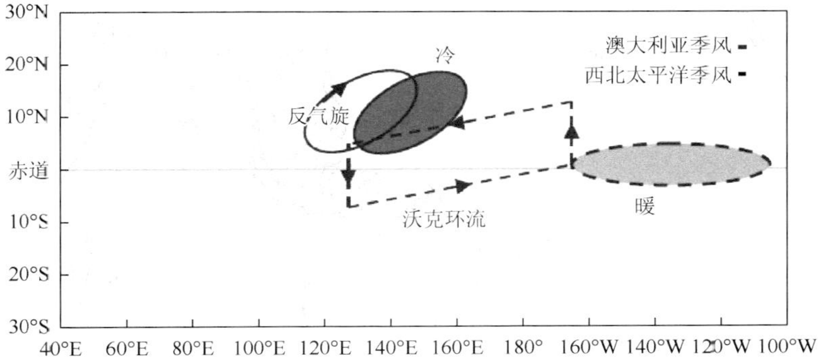

图 6.23　冬季（虚线）与夏季（实线）澳大利亚季风与之后西北太平洋季风的正相关关系物理过程示意图（Gu et al.，2010）

西北太平洋季风与之后澳大利亚季风之间的负相关关系有两种情况（图 6.24）。一种对应 El Niño 发展初期或持续的 La Niña 事件；另一种对应 El Niño 衰减/La Niña 发展期或 La Niña 衰减/中部型 El Niño 发展期。对于第一种情况，东太平洋海平面温度异常的遥作用是关键因素。例如，海平面温度暖异常激发罗斯贝波响应和西北太平洋上的低层气旋性切变（Gill，1980），继而通过 Ekman 抽吸作用引起的边界层辐合加强了西北太平洋季风的强度。随着海平面温度异常持续到冬季，此海温异常继续通过冬季异常的沃克环流来减弱澳大利亚季风。对于第二种情况，El Niño 衰减期持续的异常反气旋是西北太平洋季风减弱的主要原因。由于 El Niño 衰减期通常伴随着来年 La Niña 的爆发，东太平洋的冷水可能会通过异常沃克环流来加强北半球冬季的澳大利亚季风。由此可见，在第二种情况中，西北太平洋季风与澳大利亚季风的相关关系同时依赖于持续的异常西北太平洋反气旋和东太平洋海平面温度异常的位相转换（图 6.24（b））。

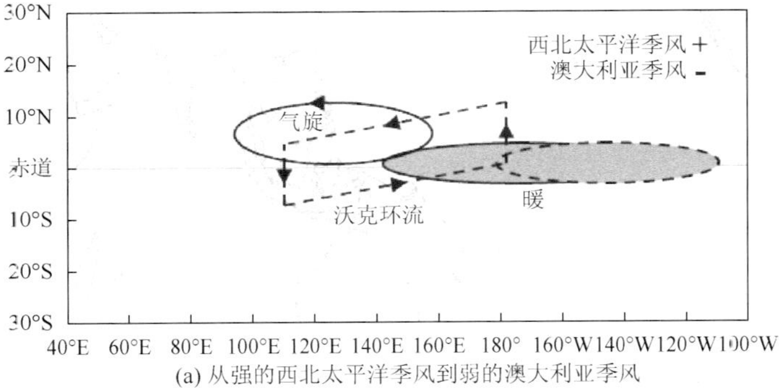

(a) 从强的西北太平洋季风到弱的澳大利亚季风

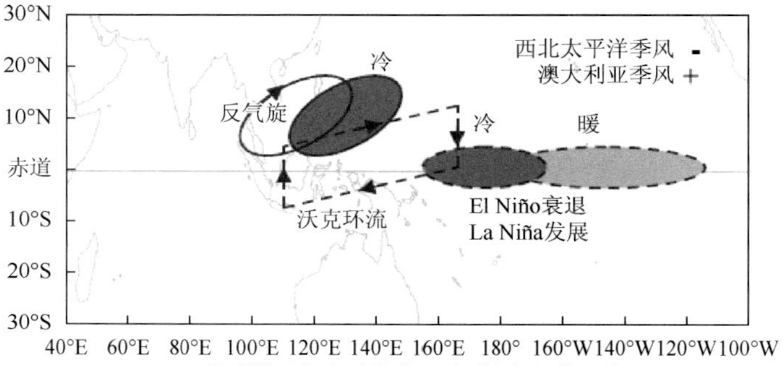

(b) 从弱的西北太平洋季风到强的澳大利亚季风

图 6.24　西北太平洋季风与澳大利亚季风相关关系的物理过程示意图（Gu et al.，2010）

西北太平洋季风和印度季风的同期负相关关系主要有以下两种情况。第一种情况对应 El Niño 提前爆发（或者 La Niña 持续）事件。东太平洋的海平面温度异常，通过异常的赤道中太平洋加热，激发出西北太平洋气旋性风切变以及海洋性大陆上空的下沉气流。前者会造成西北太平洋季风的增强，而后者则会抑制印度季风（图 6.25（a））。第二种情况对应 El Niño 衰减/La Niña 发展（或者 La Niña 衰减/El Niño 发展）事件。从北半球冬季到夏季持续的西北太平洋低层异常的反气旋（气旋）会导致弱（强）的西北太平洋季风，而强（弱）的印度季风则由夏季东太平洋海温从正（负）到负（正）异常所导致；也可能是由从 El Niño（La Niña）成熟年冬季到次年夏季持续存在的整个印度洋全海盆增暖（冷却）所导致（图 6.25（b））。整个印度洋全海盆增温会通过增加（减少）水汽输送而加强（减弱）印度季风（Chang and Li，2000；Li et al.，2001；Li and Zhang，2002）。

早期的观测研究（Lau and Yang，1996；Li et al.，2001；Li and Zhang，2002）揭示了热带印度洋海平面温度正异常对应强的印度季风。Chang 和 Li（2000）则认为印度洋的暖海温异常对印度季风降水既有正向作用又有反向作用。海温暖异常一方面增加了局地海表湿度，而平均季风环流会输送增强的湿度，从而导致季风的增强。另一方面，海温暖异常降低了海陆热力差异从而导致季风降水减弱。尺

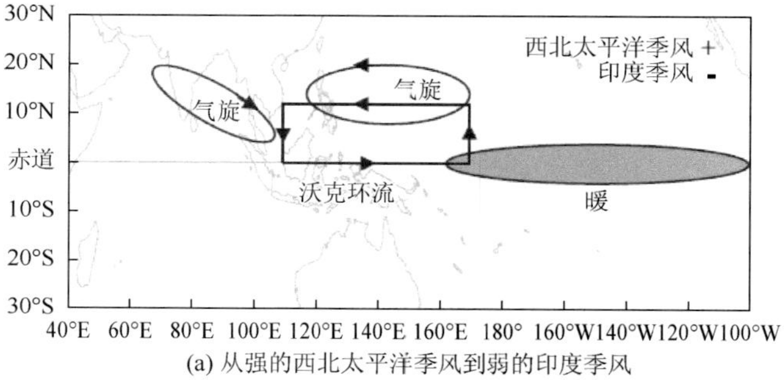

(a) 从强的西北太平洋季风到弱的印度季风

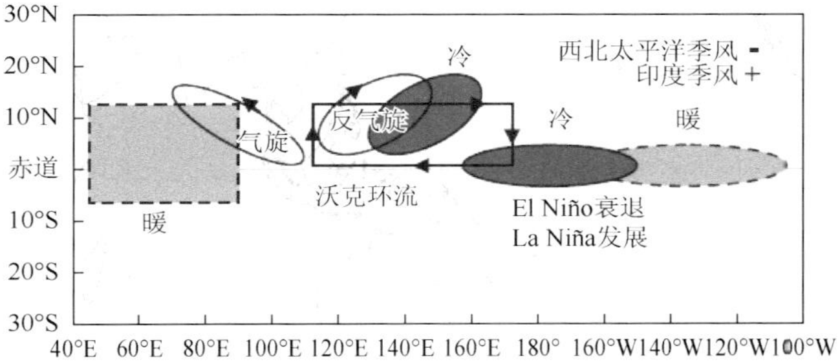

(b) 从弱的西北太平洋季风到强的印度季风

图 6.25　西北太平洋季风与印度季风相关关系的物理过程示意图（Gu et al.，2010）

度分析（Chang and Li，2000）和模式模拟（Meehl and Arblaster，2002）都表明暖海温对季风的正向作用更强一些。

在分析印度季风和西北太平洋季风的同期负相关关系时，发现 2001 年夏季是一个上述两种理论都无法解释的特殊个例。伴随着 La Niña 事件衰减，南海/西北太平洋异常气旋从冬季持续到 2001 年夏季。在季风爆发之前，热带印度洋没有显著的全海盆海温异常出现，而到了夏季，热带东太平洋的海温也趋于正常；尽管如此，印度季风仍然显著减弱了。导致印度季风减弱的原因可能是大气罗斯贝波对海洋性大陆上对流被抑制的响应。而海洋性大陆对流被抑制则是由西北太平洋强的对流加热通过影响局地异常哈得来环流导致的（Kajikawa and Yasunari，2003）。这表明了这两个季风系统之间可能存在一种自我调控机制。

上述的合成分析结果是基于 CMAP 和 NCEP-2 再分析数据得出的。为了验证不同数据集中上述过程的结论是否一致，Gu 等（2010）采用相同的分析程序，对两个完全不同数据集进行了分析。第一个数据集包括时间跨度一致的 GPCP2 降水数据和 JRA 再分析数据。第二个数据集包括 1948～2006 年 PREC 降水数据和 NCEP/NCAR 再分析数据。表 6.2 为用 GPCP/JRA 数据集分析得出的两类不同季风系统之间的超前滞后相关。从表中可以看出，前期的西北太平洋季风和其后的澳大利亚季风之间的相关系数是–0.32，西北太平洋季风和之前的澳大利亚季风之间的相关系数则是 0.32，两者刚好通过 90%的显著性检验。西北太平洋季风和同期印度季风之间的相关系数则为–0.70，通过 99%的显著性检验。

表 6.2　采用 GPCP2 和 JRA 资料计算的西北太平洋季风、印度季风和澳大利亚季风之间的超前滞后相关系数（Gu et al.，2010）

由	印度季风、夏（0）	澳大利亚季风、冬（0）	西北太平洋季风、夏(0)	澳大利亚季风、冬（0）	西北太平洋季风、夏(0)
至	澳大利亚季风、冬（1）	印度季风、夏（0）	澳大利亚季风、冬（1）	西北太平洋季风、夏(0)	印度季风、夏（0）
相关系数	0.35	–0.26	–0.32	0.32	–0.70
事件个数	17	14	14	18	15

注：通过 90%（95%）显著性检验的相关系数为 0.32（0.38）；事件个数表示一共有多少年符合两者相关关系。

利用更长时间（1948～2006 年）的 NCEP/NCAR 和 PREC 资料计算得出的结果（表 6.3）表明，西北太平洋季风和其后的澳大利亚季风之间的相关系数为–0.39，通过了 99%显著性检验。西北太平洋季风和同期印度季风的相关系数为–0.29，通过了 95%显著性检验。而澳大利亚季风与其后西北太平洋季风之间的相关系数则变得不显著。因此，通过对三个不同数据集的分析发现，同期的印度季风与西北太平洋季风、西北太平洋季风与其后的澳大利亚季风都存在显著的相关关系。而澳大利亚季风和其后的西北太平洋季风的相关关系则并不显著。在季节预报中必须注意这个不显著的相关关系。

表 6.3　采用 NCEP/NCAR 和 PREC 资料计算的 1948～2006 年西北太平洋季风、印度季风及澳大利亚季风之间的超前滞后相关系数（Gu et al.，2010）

由	印度季风、夏（0）	澳大利亚季风、冬（0）	西北太平洋季风、夏（0）	澳大利亚季风、冬（0）	西北太平洋季风、夏（0）
至	澳大利亚季风、冬（1）	印度季风、夏（0）	澳大利亚季风、冬（1）	西北太平洋季风、夏（0）	印度季风、夏（0）
相关系数	0.21	–0.06	–0.39	0.07	–0.29
事件个数	36	36	36	34	33

注：通过 90%（95%）显著性检验的相关系数为 0.22（0.36）；事件个数表示一共有多少年符合两者相关关系。

对长时间记录数据的进一步分析表明，这种不同季风间的相关关系并不是长期稳定的，而是表现出明显的年代际变化特征。例如，西北太平洋季风和之后的澳大利亚季风之间的显著负相关关系出现在 20 世纪 60 年代初期、20 世纪 70 年代中期以及 1985 年之后。印度季风和同期西北太平洋季风的显著负相关关系发生在 1975 年之后。而西北太平洋季风和前期澳大利亚季风的显著正相关关系则出现在 20 世纪 60 年代末～70 年代初，而其他时段正相关性都较弱。

值得注意的是，上述机制的讨论主要基于海平面温度异常强迫。众所周知，除了下垫面强迫，季风同样受到天气尺度以及季节内尺度运动等大气内部变率的影响。

问　　题

1. El Niño 通过哪些物理过程影响印度洋夏季风和东亚夏季风？

2. El Niño 发展和成熟阶段，出现在菲律宾海的异常反气旋的触发和维持机制为何？

3. 热带印度洋的海平面温度异常通过哪些物理过程引发了西北太平洋环流的异常？为什么此海温异常的强迫作用仅在 El Niño 衰减阶段的夏季有显著影

响？讨论热带印度洋和热带西北太平洋海温异常的强迫作用对维持 El Niño 衰减阶段反气旋异常的相对重要性。

4. 菲律宾海反气旋异常通过哪些物理过程影响东亚夏季风？

5. 什么是热带准两年振荡？哪些理论可以解释准两年振荡现象？

参 考 文 献

Barnett T P. 1991. The interaction of multiple time scales in the tropical climate system. J. Climate，4：269-285.

Chang C P，Li T. 2000. A theory for the tropical tropospheric biennial oscillation. J. Atmos. Sci ，57：2209-2224.

Chang C P，Li T. 2001. Nonlinear interactions between the TBO and ENSO. East Asian and Western Pacific Meteorology and Climate：167-179.

Chang C P, Zhang Y, Li T. 2000a. Interannual and interdecadal variations of the East Asian summer monsoon and tropical Pacific SSTs. Part I：Roles of the subtropical ridge. J. Climate，13：4310-4325.

Chang C P, Zhang Y, Li T. 2000b. Interannual and interdecadal variations of the East Asian summer monsoon and tropical Pacific SSTs. Part II：Meridional structure of the monsoon. J. Climate，13：4326-4340.

Chen J M，Li T，Shih J. 2007. Fall persistence barrier of SST in the South China Sea associated with ENSO. J. Climate，20：158-172.

Chen M，Li T，Shen X，et al. 2016. Relative roles of dynamic and thermodynamic processes in causing evolution asymmetry between El Niño and La Niña. J. Climate，29：2201-2220.

Chen T C，Weng S P，Yamazaki N，et al. 1998. Interannual variation in the tropical cyclone formation over the western North Pacific. Mon. Wea. Rev.，126：1080-1090.

Chiang J C H，Sobel A H. 2002. Tropical tropospheric temperature variations caused by ENSO and their influence on the remote tropical climate. J. Climate，15：2616-2631.

Fu X，Wang B. 2001. A coupled modeling study of the annual cycle of Pacific cold tongue. Part I：Simulation and sensitivity experiments. J. Climate，14：765-779.

Fu X，Wang B，Li T. 2002. Impacts of air-sea coupling on the simulation of the mean Asian summer monsoon in the ECHAM4 model. Mon. Wea. Rev.，130：2889-2904.

Fu X，Wang B，Li T，et al. 2003. Coupling between northward propagating ISO and SST in the Indian Ocean. J. Atmos. Sci.，60：1733-1753.

Gaspar P. 1988. Modeling the seasonal cycle of the upper ocean. J. Phys. Oceanogr.，18：161-180.

Gill A E. 1980. Some simple solutions for heat-induced tropical circulation. Q. J. Roy. Met. Soc.，106：447-462.

Gill A E. 1982. Atmosphere and Ocean Dynamics. New York：Academic Press.

Gu D，Li T，Ji Z，et al. 2010. On the Western North Pacific monsoon，Indian monsoon and Australian monsoon phase relations. J. Climate，23：5572-5589.

Hong C C，Li T，Lin H，et al. 2010. Asymmetry of the Indian Ocean basin-wide SST anomalies：Roles of ENSO and IOD. J. Climate，23：3563-3576.

Huang R，Wu Y. 1989. The influence of ENSO on the summer climate change in China and its mechanism. Adv. Atmos. Sci.，6：21-32.

Ju J，Slingo J M. 1995. The Asian summer monsoon and ENSO. Q. J. R. Meteorol. Soc.，121：1133-1168.

Kajikawa Y, Yasunari T. 2003. The role of the local Hadley circulation over the Western Pacific on the zonally asymmetric anomalies over the Indian Ocean. J. Meteor. Soc. Japan，81：259-276.

Kawamura R. 1998. A possible mechanism of the Asian summer monsoon-ENSO coupling. J. Meteorol. Soc. Jpn.，76：1009-1027.

Klein S A，Soden B J，Lau N C. 1999. Remote sea surface temperature variations during ENSO：Evidence for a tropical atmospheric bridge. J. Climate，12：917-932.

Lau K M，Sheu P J. 1988. Annual cycle，quasi-biennial oscillation，and Southern oscillation in global precipitation. J. Geophys. Res.，93：975-988.

Lau K M，Wu H T. 2001. Principal modes of rainfall-SST variability of the Asian summer monsoon：A reassessment of the monsoon-ENSO relationship. J. Climate，14：2880-2895.

Lau K M，Yang S. 1996. The Asian monsoon and predictability of the tropical ocean-atmosphere system. Q. J. R. Meteorol. Soc.，122：945-957.

Lau N C，Nath M J. 2003. Atmosphere-ocean variations in the Indo-Pacific sector during ENSO episodes. J. Climate，16：3-20.

Li C，Yanai M. 1996. The onset and interannual variability of the Asian summer monsoon in relation to land-sea thermal contrast. J. Climate，9：358-375.

Li T，Liu P，Fu X，et al. 2006. Spatiotemporal structures and mechanisms of the tropospheric biennial oscillation in the Indo-Pacific warm ocean regions. J. Climate，19：3070-3087.

Li T，Wang B. 2005. A review on the western North Pacific monsoon：Synoptic-to-interannual variabilities，Terr. Atmos. Oceanic Sci.，16：285-314.

Li T，Wang B，Chang C P，et al. 2003. Atheory for the Indian Ocean dipole-zonalmode. J. Atmos. Sci.，60：2119-2135.

Li T. 2006. Origin of the summertime synoptic-scale wave train in the western North Pacific. J. Atmos. Sci.，63：1093-1102.

Li T. 2010. Monsoon climate variabilities. in climate dynamics：Why does climate vary？. Geophys. Monogr. Ser.，doi：10.1029/2008GM000782.

Li T，Zhang Y. 2002. Processes that determine the quasibiennial and lower-frequency variability of the South Asian monsoon. J. Meteor. Soc. Japan，80：1149-1163.

Li T，Zhang Y S，Chang C P，et al. 2001. On the relationship between Indian Ocean SST and Asian summer monsoon. Geophy. Res. Lett.，28：2843-2846.

Madden R A，Julian P R. 1971. Detection of a 40-50 day oscillation in the zonal wind in the tropical Pacific. J. Atmos. Sci.，28：702-708.

Madden R A，Julian P R. 1972. Description of global-scale circulation cells in the tropics with a 40-50 day period. J. Atmos. Sci.，29：1109-1123.

McCreary J P，Yu Z J. 1992. Equatorial dynamics in a 2.5-layer model. Prog. Oceanogr.，29：61-132.

Meehl G A. 1987. The annual cycle and interannual variability in the tropical Pacific and Indian Ocean regions. Mon. Wea. Rev.，115：27-50.

Meehl G A. 1993. A coupled air-sea biennial mechanism in the tropical Indian and Pacific regions：Role of the ocean. J. Climate，6：31-41.

Meehl G A. 1994. Coupled land-ocean-atmosphere processes and south Asian monsoon variability. Science，266：263-267.

Meehl G A. 1997. The South Asian monsoon and the tropospheric biennial oscillation. J. Climate，10：1921-1943.

Meehl G A，Arblaster J M. 2002. GCM sensitivity experiments for the Indian monsoon and tropospheric biennial oscillation transition conditions. J. Climate，15：923-944.

Mooley D A，Parthasarathy B. 1984. Fluctuations in all-India summer monsoon rainfall during 1871-1978. Clim.

Change，6：287-301.

Mooley D A，Shukla J. 1987. Variability and forecasting of the summer monsoon rainfall over India. Monsoon Meteorology：26-59.

Murakami M. 1979. Large-scale aspects of deep convective activity over the GATE data. Mon. Wea. Rev.，107：994-1013.

Nicholls N. 1978. Air-sea interaction and the quasi-biennial oscillation. Mon. Wea. Rev.，106：1505-1508.

Rasmusson E M，Wang X L，Ropelewski C F. 1990. The biennial component of ENSO variability. J. Mar. Syst.，1：71-96.

Reynolds R W，Smith T M. 1994. Improved global sea surface temperature analyses using optimum interpolation. J. Climate，7：929-948.

Shen S，Lau K M. 1995. Biennial oscillation associated with the East Asian summer monsoon and tropical Pacific sea surface temperatures. J. Meteorol. Soc. Jpn.，73：105-124.

Soman M K，Slingo J M. 1997. Sensitivity of the Asian summer monsoon-aspects of sea-surface-temperature anomalies in the tropical Pacific Ocean. Q. J. R. Meteor. Soc.，123：309-336.

Sui C H，Chung P H，Li T. 2007. Interannual and interdecadal variability of the summertime Western North Pacific subtropical high. Geophys. Res. Lett.，34：L11701.

Tian S F，Yasunari T. 1992. Time and space structure of interannual variations in summer rainfall over China. J. Meteorol. Soc. Jpn.，70：585-596.

Tomita T，Yasunari T. 1993. The two types of ENSO. J. Meteorol. Soc. Jpn.，71：273-284.

Tomita T，Yasunari T. 1996. Role of the northeast winter monsoon on the biennial oscillation of the ENSO/monsoon system. J. Meteorol. Soc. Jpn.，74：399-413.

Walker G T. 1923. Correlations in seasonal variations of weather. VIII，A further study of world weather. Mem. Indian Meteorol. Dep.，24：75-131.

Walker G T. 1924. Correlations in seasonal variations of weather. VIII，A further study of world weather. Mem. Indian Meteorol. Dep.，24：275-332.

Wang B，Chan J C L. 2002. How strong ENSO regulates tropical storm activity over the western North Pacific. J. Climate，15：1643-1658.

Wang B，Clemons S C，Liu P. 2003a. Contrasting the Indian and East Asian monsoons：Implications on geologic timescales. Marine Geology，201：5-21.

Wang B，Ho L. 2002. Rainy seasons of the Asian-Pacific Sumner monsoon. J. Climate，15（4）：386-398.

Wang B，Li T，Chang P. 1995. An intermediate model of the tropical Pacific Ocean. J. Phys. Oceanogr.，25：1599-1616.

Wang B，Li T. 2004. East Asian monsoon-ENSO interactions. East Asian and Western Pacific Meteorology and Climate：177-212.

Wang B，Wu R，Fu X. 2000. Pacific-East Asian teleconnection：How does ENSO affect East Asian climate？J. Climate，13：1517-1536.

Wang B，Wu R，Li T. 2003b. Atmosphere-warm ocean interaction and its impact on Asian-Australian monsoon variation. J. Climate，16：1195-1211.

Wang B，Wu R. 1997. Peculiar temporal structure of the South China Sea summer monsoon. Adv. Atmos. Sci.，14：177-194.

Wang B，Xie X. 1996. Low-Frequency equatorial waves in vertically shear flow. Part I：Stable waves. J. Atmos. Sci.，53：449-467.

Wang B，Zhang Q. 2002. Pacific-East Asian teleconnection. Part II：How the Philippine Sea anticyclone is established during El Niño development. J. Climate，15：3252-3265.

Wang W C，Li K. 1990. Precipitation fluctuation over semiarid region in Northern China and the relationship with El Niño/Southern oscillation. J. Climate，3：769-783.

Webster P J，Magana V O，Palmer T N，et al. 1998. Monsoons：Processes，predictability，and the prospects for prediction. J. Geophys. Res.，103：451-510.

Webster P J，Yang S. 1992. Monsoon and ENSO：Selectively interactive systems. Q. J. R. Meteorol. Soc.，118：877-926.

Wu B，Li T，Zhou T. 2010. Relative contributions of the Indian Ocean and local SST anomalies to the maintenance of the western North Pacific anomalous anticyclone during El Niño decaying summer. J. Climate，23：2974-2986.

Wu B，Zhou T，Li T. 2009. Seasonally evolving dominant interannual variability modes of East Asian climate. J. Climate，22：2992-3005.

Wu B，Zhou T，Li T. 2012. Two distinct modes of tropical Indian Ocean precipitation in boreal winter and their impacts on equatorial Western Pacific. J. Climate，25：921-938.

Xie A，Chung Y S，Liu X，et al. 1998. The interannual variations of the summer monsoon onset over the South China Sea. Theor. Appl. Climatol.，59：201-213.

Xie S P，Hu K，Hafner J，et al. 2009. Indian Ocean capacitor effect on Indo-Western Pacific climate during the summer following El Niño. J. Climate，22：730-747.

Yanai M，Li C，Song Z. 1992. Seasonal heating of the Tibetan Plateau and its effects on the evolution of the Asian summer monsoon. J. Meteorol. Soc. Jpn.，70：319-351.

Yang S，Lau K M. 1998. Influences of sea surface temperature and ground wetness on Asian summer monsoon. J. Climate，11：3230-3246.

Yang S，Lau K M，Sankar-Rao M. 1996. Precursory signals associated with the interannual variability of the Asian summer monsoon. J. Climate，9：949-964.

Yasunari T. 1990. Impact of the Indian monsoon on the coupled atmosphere/ocean system in the tropical Pacific. Meteorol. Atmos. Phys.，44：29-41.

Yasunari T. 1991. The monsoon year—A new concept of the climatic year in the tropics. Bull. Am. Meteorol. Soc.，72：1331-1338.

Yasunari T，Suppiah R. 1988. Some problems on the interannual variability of Indonesian monsoon rainfall. Tropical Rainfall Measurements：113-122.

Zhang R，Sumi A，Kimoto M. 1996. Impact of El Niño on the East Asian monsoon：A diagnostic study of the 86/87 and 91/92 events. J. Meteorol. Soc. Jpn.，74：49-62.